校企合作计算机精品教材

人工智能

主编 何泽奇 韩 芳 曾 辉

航空工业出版社

北 京

内容提要

本书将人工智能的相关知识划分为 3 部分，即原理篇、技术篇和应用篇。其中，原理篇包括走进人工智能、知识表示、确定性推理、搜索策略和不确定性推理；技术篇包括计算智能、机器学习、专家系统、自然语言处理和分布式人工智能与 Agent；应用篇包括人工智能在社会服务中的应用和人工智能在经济生活中的应用。

本书可作为人工智能专业、大数据技术专业、计算机应用技术专业、软件工程专业及其他相关专业的教材，也可供从事人工智能工作的相关人员使用。

图书在版编目（CIP）数据

人工智能 / 何泽奇，韩芳，曾辉主编. -- 北京：航空工业出版社，2021.3（2024.8 重印）
ISBN 978-7-5165-2491-6

Ⅰ. ①人⋯ Ⅱ. ①何⋯ ②韩⋯ ③曾⋯ Ⅲ. ①人工智能 Ⅳ. ①TP18

中国版本图书馆 CIP 数据核字(2021)第 040425 号

人工智能
Rengong Zhineng

航空工业出版社出版发行
（北京市朝阳区京顺路 5 号曙光大厦 C 座四层　100028）
发行部电话：010-85672666　　010-85672683

北京谊兴印刷有限公司印刷	全国各地新华书店经销
2021 年 3 月第 1 版	2024 年 8 月第 5 次印刷
开本：787×1092　1/16	字数：444 千字
印张：19.75	定价：66.00 元

前言
PREFACE

　　人工智能是研究如何使计算机模拟人的某些思维过程和智能行为（如学习、推理、思考、规划等）的学科，目的是使计算机可以像人一样思考，甚至具有超过人的智能。目前，随着计算机技术的发展，人工智能的理论和技术日益成熟，人工智能行业也已进入一个创新发展的时期，故对人才的需求也在急剧增加。为了满足社会对人工智能人才的需求，越来越多的学校开设了"人工智能"这门课程。

　　为此，我们结合多所院校人才培养方案的要求和学生就业发展的实际需要，编写了这本书。

本书特色

一、立德树人，润物无声

　　党的二十大报告指出："育人的根本在于立德。"本书有机融入党的二十大精神，坚持立德树人的教学原则，安排了"自信中国""合作共赢""复兴之路""科技之光""旗帜引领""大国巨匠""居安思危""人民至上"等栏目，将爱国精神、民族意识、创新精神等融入知识学习中，培养高思想、高素质、高技能的专业型人才，实现课程学习与素质教育同向同行的教学理念。

二、校企合作，与时俱进

　　本书邀请相关企业专家指导和参与编写，书中所介绍的技术（如计算智能、机器学习、专家系统、自然语言处理等）紧跟当前科技的发展，选取的案例（如智慧安防社区服务、行政服务大厅、新冠肺炎智能问诊系统、VR智能实验室等）与当前业界动态紧密相关，可以帮助读者更快、更好地了解和熟悉人工智能技术及应用。

三、全新形态，全新理念

　　本书秉持"实例教学，讲练结合"的教学方式，采用理论和例题相结合的方式对人工智能的知识进行讲解，每个知识点都安排了与之对应的例题，方便读者及时练习。同时，还安排了大量简单、典型、实用的案例，如机器人转移积木块、探寻必胜战略、寻找新闻真相、动物识别、宝匣上的拼图、迷宫寻路、天气预测、医疗会诊系统等，激发读者学习积极性，帮助读者达到学以致用的目的。

四、数字资源，丰富多彩

本书配有丰富的数字资源，读者可以借助手机或其他移动设备扫描二维码获取相关内容的微课视频，从而更方便地理解和掌握本书内容。此外，本书还配有习题答案、优质课件和综合教育平台等配套教学资源，读者可以登录文旌综合教育平台"文旌课堂"（www.wenjingketang.com）查看并下载。如果读者在学习过程中有什么疑问，也可登录该网站寻求帮助。

此外，本书还提供了在线题库，支持"教学作业，一键发布"，教师只需通过微信或"文旌课堂"App扫描扉页二维码，即可迅速选题、一键发布、智能批改，并查看学生的作业分析报告，提高教学效率、提升教学体验。学生可在线完成作业，巩固所学知识，提高学习效率。

五、精彩栏目，贴心提醒

本书将人工智能的相关知识划分为原理篇、技术篇和应用篇，整体结构层次清晰，并根据需要在各章的合适位置安排了"高手点拨""指点迷津""添砖加瓦""提示"等栏目，适时提醒和解决读者在学习过程中遇到的问题，让读者少走弯路、提高学习效率，从而更好地掌握当前知识。

本书创作团队

本书由何泽奇、韩芳、曾辉担任主编，辛全仓、孙也、肖莉、谢泉根、戴琴、胡爽、张新琴、吴梨梨、冯玲珑、祖立卓担任副主编。在本书的编写过程中，编者参考了大量的文献资料，在此向相关作者表示诚挚的谢意。

由于编者水平和经验有限，书中存在的不妥之处，敬请广大读者批评指正。

本书编委会

主　编　何泽奇　韩　芳　曾　辉

副主编　辛全仓　孙　也　肖　莉　谢泉根

　　　　　　戴　琴　胡　爽　张新琴　吴梨梨

　　　　　　冯玲珑　祖立卓

目 录
CONTENTS

原理篇

第1章 走进人工智能 2
- 本章导读 2
- 学习目标 2
- 素质目标 2
- 1.1 人工智能的概念与发展 3
  - 1.1.1 人工智能的概念 3
  - 1.1.2 人工智能的发展 4
- 1.2 人工智能研究的各种学派 5
  - 1.2.1 符号主义 6
  - 1.2.2 连接主义 7
  - 1.2.3 行为主义 9
- 1.3 人工智能的研究内容
  与应用领域 10
  - 1.3.1 人工智能的研究内容 10
  - 1.3.2 人工智能的应用领域 13
- 本章小结 18
- 思考与练习 18

第2章 知识表示 20
- 本章导读 20
- 学习目标 20
- 素质目标 20
- 2.1 知识与知识表示 21
  - 2.1.1 知识的概念 21
  - 2.1.2 知识的特性 22
  - 2.1.3 知识的分类 24
  - 2.1.4 知识表示 24
- 2.2 一阶谓词逻辑表示法 25
  - 2.2.1 命题逻辑 26
  - 2.2.2 谓词逻辑 27
  - 2.2.3 谓词公式 28
  - 2.2.4 谓词公式的性质 31
  - 2.2.5 一阶谓词逻辑表示知识 33
  - 2.2.6 案例：机器人转移积木块 33
- 2.3 状态空间表示法 35
  - 2.3.1 问题的状态空间 35

2.3.2　状态空间的图描述 ················ 36
　　2.3.3　状态空间表示问题 ················ 36
　　2.3.4　案例：探寻必胜策略 ············ 37
2.4　产生式表示法 ···································· 38
　　2.4.1　产生式的基本形式 ················ 38
　　2.4.2　产生式系统 ···························· 40
　　2.4.3　产生式系统求解问题 ············ 42
　　2.4.4　案例：字符转换 ···················· 42
2.5　语义网络表示法 ································ 43
　　2.5.1　语义网络的结构 ···················· 44
　　2.5.2　基本的语义关系 ···················· 44
　　2.5.3　语义网络表示知识 ················ 47
　　2.5.4　案例：动物分类 ···················· 51
2.6　框架表示法 ·· 52
　　2.6.1　框架的一般结构 ···················· 52
　　2.6.2　框架表示知识 ························ 55
　　2.6.3　案例：新闻报道 ···················· 55
本章小结 ·· 55
思考与练习 ·· 56

第3章　确定性推理 ································ 59
本章导读 ·· 59
学习目标 ·· 59
素质目标 ·· 59
3.1　推理概述 ·· 60
　　3.1.1　推理的概念 ······························ 60
　　3.1.2　推理方式及分类 ······················ 61
　　3.1.3　推理方向 ·································· 64
　　3.1.4　冲突消解策略 ·························· 67
3.2　自然演绎推理 ···································· 68
　　3.2.1　推理规则的一般形式 ·············· 68
　　3.2.2　利用自然演绎推理
　　　　　解决问题 ································ 70
　　3.2.3　案例：个人喜好 ······················ 70

3.3　归结演绎推理 ···································· 71
　　3.3.1　子句集 ······································ 71
　　3.3.2　归结原理 ·································· 75
　　3.3.3　归结反演 ·································· 80
　　3.3.4　应用归结原理求解问题 ·········· 83
　　3.3.5　案例：寻找新闻真相 ·············· 83
3.4　本章实训：动物识别系统 ············ 86
本章小结 ·· 87
思考与练习 ·· 88

第4章　搜索策略 ···································· 90
本章导读 ·· 90
学习目标 ·· 90
素质目标 ·· 90
4.1　搜索概述 ·· 91
　　4.1.1　搜索的概念 ······························ 91
　　4.1.2　搜索过程 ·································· 91
　　4.1.3　搜索策略 ·································· 93
4.2　盲目搜索策略 ···································· 94
　　4.2.1　宽度优先搜索 ·························· 94
　　4.2.2　深度优先搜索 ·························· 98
　　4.2.3　等代价搜索 ···························· 102
　　4.2.4　案例：宝匣上的拼图 ············ 105
4.3　启发式搜索策略 ······························ 107
　　4.3.1　启发性信息和估价函数 ········ 107
　　4.3.2　A搜索 ···································· 108
　　4.3.3　A*搜索 ·································· 113
　　4.3.4　案例：迷宫寻路 ···················· 116
4.4　本章实训：沙漠寻宝 ···················· 119
本章小结 ·· 121
思考与练习 ·· 121

第5章　不确定性推理 ························ 124
本章导读 ·· 124
学习目标 ·· 124

素质目标 …………………… 124
5.1 不确定性推理概述 ………… 125
    5.1.1 不确定性推理中的
          重要问题 ……………… 126
    5.1.2 不确定性推理方法分类 … 128
5.2 可信度方法 ………………… 130
    5.2.1 基于可信度的不确定性
          表示 …………………… 130
    5.2.2 基于可信度的不确定性
          推理算法 ……………… 131
    5.2.3 案例：天气预测 ………… 132

5.3 证据理论方法 ……………… 135
    5.3.1 证据理论的形式化描述 … 135
    5.3.2 基于证据理论的不确定性
          表示 …………………… 140
    5.3.3 基于证据理论的不确定性
          推理算法 ……………… 141
    5.3.4 案例：医疗会诊系统 …… 143
5.4 本章实训：路况分析 ……… 145
本章小结 …………………………… 146
思考与练习 ………………………… 147

技术篇

第6章 计算智能 ……………… 150
本章导读 …………………………… 150
学习目标 …………………………… 150
素质目标 …………………………… 150
6.1 计算智能概述 ……………… 151
    6.1.1 什么是计算智能 ……… 151
    6.1.2 计算智能分类 ………… 151
6.2 进化计算 …………………… 153
    6.2.1 什么是进化计算 ……… 153
    6.2.2 遗传算法的基本术语 … 153
    6.2.3 遗传算法的基本思想 … 154
    6.2.4 遗传算法流程 ………… 154
    6.2.5 遗传算法的主要特点 … 157
    6.2.6 遗传算法的应用 ……… 158
    6.2.7 案例：函数求解 ……… 159
6.3 群体智能 …………………… 162
    6.3.1 什么是群体智能 ……… 162
    6.3.2 蚁群算法的基本原理 … 163

    6.3.3 蚁群算法的主要过程 … 165
    6.3.4 蚁群算法流程 ………… 166
    6.3.5 蚁群算法的主要特点 … 169
    6.3.6 蚁群算法的应用 ……… 169
    6.3.7 案例：旅行商问题 …… 170
6.4 本章实训：蜂群算法 ……… 172
本章小结 …………………………… 173
思考与练习 ………………………… 174

第7章 机器学习 ……………… 175
本章导读 …………………………… 175
学习目标 …………………………… 175
素质目标 …………………………… 175
7.1 机器学习概述 ……………… 176
    7.1.1 什么是机器学习 ……… 176
    7.1.2 机器学习的相关术语 … 176
    7.1.3 机器学习的分类 ……… 177
    7.1.4 机器学习的应用场景 … 178

7.2 有监督学习 ·············· 179
7.2.1 什么是有监督学习 ········ 179
7.2.2 分类任务 ············· 181
7.2.3 回归任务 ············· 188
7.2.4 案例：手写数字识别 ······ 195
7.3 无监督学习 ·············· 197
7.3.1 什么是无监督学习 ········ 197
7.3.2 聚类任务 ············· 198
7.3.3 案例：数据划分 ········· 202
7.4 本章实训：人脸识别 ········ 203
本章小结 ··················· 204
思考与练习 ················· 205

第8章 专家系统 ·············· 206
本章导读 ··················· 206
学习目标 ··················· 206
素质目标 ··················· 206
8.1 专家系统概述 ············ 207
8.1.1 专家系统的概念与特点 ····· 207
8.1.2 专家系统的起源与发展 ····· 207
8.1.3 专家系统的类型 ········· 208
8.1.4 专家系统的应用 ········· 210
8.2 专家系统的基本结构 ······· 212
8.2.1 知识库 ··············· 213
8.2.2 知识获取机构 ·········· 213
8.2.3 推理机 ··············· 216
8.2.4 综合数据库 ············ 217
8.2.5 人机接口 ············· 217
8.2.6 解释机构 ············· 218
8.3 专家系统的开发过程 ······· 218
8.4 案例分析：医学专家系统 ···· 220
本章小结 ··················· 222
思考与练习 ················· 223

第9章 自然语言处理 ·········· 224
本章导读 ··················· 224
学习目标 ··················· 224
素质目标 ··················· 224
9.1 自然语言处理概述 ········· 225
9.1.1 自然语言处理的基本概念 ··· 225
9.1.2 自然语言处理的发展历程 ··· 225
9.1.3 自然语言处理的研究方向 ··· 225
9.1.4 自然语言处理的基本框架 ··· 227
9.2 自然语言处理的过程划分 ··· 228
9.2.1 语音分析 ············· 228
9.2.2 词法分析 ············· 228
9.2.3 句法分析 ············· 229
9.2.4 语义分析 ············· 229
9.2.5 语用分析 ············· 229
9.3 自然语言处理的
基本流程 ·············· 230
9.3.1 获取语料 ············· 230
9.3.2 语料预处理 ············ 230
9.3.3 特征工程 ············· 231
9.3.4 特征选择 ············· 232
9.3.5 模型训练 ············· 232
9.3.6 模型评估 ············· 232
9.3.7 模型上线应用 ·········· 232
9.3.8 模型重构 ············· 233
9.4 案例分析：情感分析 ······· 233
9.4.1 基于情感词典的方法 ······ 233
9.4.2 基于深度学习的方法 ······ 236
本章小结 ··················· 237
思考与练习 ················· 238

第10章 分布式人工智能
与Agent ·············· 239
本章导读 ··················· 239

| 学习目标 …………………………… 239
| 素质目标 …………………………… 239
| 10.1 分布式人工智能 …………… 240
  10.1.1 分布式人工智能的概念
     与特点 ………………… 240
  10.1.2 分布式人工智能的分类 …… 241
| 10.2 Agent ………………………… 242
  10.2.1 Agent 的概念与特性 ……… 242
  10.2.2 Agent 的结构与类型 ……… 243
| 10.3 Agent 通信 …………………… 248
  10.3.1 Agent 通信的过程 ………… 248

10.3.2 Agent 通信的类型 ………… 248
10.3.3 Agent 通信的方式 ………… 250
| 10.4 多 Agent 系统 ……………… 251
  10.4.1 多 Agent 系统的概念
     与特点 ………………… 251
  10.4.2 多 Agent 系统的基本模型
     与体系结构 …………… 251
  10.4.3 多 Agent 系统的协调、协作
     和协商 ………………… 252
| 本章小结 …………………………… 255
| 思考与练习 ………………………… 256

应用篇

第 11 章 人工智能在社会服务中的应用 ………………… 258

| 本章导读 …………………………… 258
| 学习目标 …………………………… 258
| 素质目标 …………………………… 258
| 11.1 人工智能+安防 ……………… 259
  11.1.1 智慧安防概述 …………… 259
  11.1.2 智慧安防的应用场景 …… 260
  11.1.3 智慧安防的典型案例：
     智慧安防社区服务 …… 264
| 11.2 人工智能+政务 ……………… 266
  11.2.1 智慧政务概述 …………… 266
  11.2.2 智慧政务的应用场景 …… 267
  11.2.3 智慧政务的典型案例：
     行政服务大厅 ………… 270
| 11.3 人工智能+医疗 ……………… 271
  11.3.1 智慧医疗概述 …………… 271
  11.3.2 智慧医疗的应用场景 …… 273

11.3.3 智慧医疗的典型案例：
   新冠肺炎智能问诊系统 …… 275
| 11.4 人工智能+教育 ……………… 277
  11.4.1 智慧教育概述 …………… 277
  11.4.2 智慧教育的应用场景 …… 277
  11.4.3 智慧教育的典型案例：
     VR 智能实验室 ……… 279
| 本章小结 …………………………… 281
| 思考与练习 ………………………… 281

第 12 章 人工智能在经济生活中的应用 ………………… 283

| 本章导读 …………………………… 283
| 学习目标 …………………………… 283
| 素质目标 …………………………… 283
| 12.1 人工智能+金融 ……………… 284
  12.1.1 智慧金融概述 …………… 284
  12.1.2 智慧金融的应用场景 …… 285

12.1.3 智慧金融的典型案例:
　　　　银行智慧网点……………287
12.2　人工智能+农业 …………289
12.2.1　智慧农业概述……………289
12.2.2　智慧农业的应用场景……291
12.2.3　智慧农业的典型案例:
　　　　基于人工智能的
　　　　草莓种植………………295
12.3　人工智能+交通 …………295
12.3.1　智慧交通概述……………295
12.3.2　智慧交通的应用场景………296
12.3.3　智慧交通的典型案例:
　　　　交通信号灯智能
　　　　控制系统………………298
本章小结……………………299
思考与练习……………………300

参考文献　………………………301

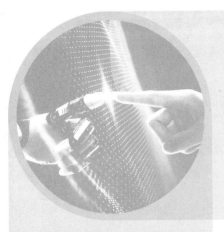

原理篇

第 1 章
走进人工智能

本章导读

人工智能涉及计算机科学、认知科学、神经生理学、仿生学、心理学、哲学、数理逻辑、信息论、控制论等多个学科，它是在这些学科研究的基础上发展起来的综合性很强的交叉性学科，是当今社会计算机科学中最活跃的分支之一。随着互联网技术和硬件设备的不断进步，人工智能在多个领域得到了迅速发展，并渗透到人类生活的方方面面。

本章首先介绍人工智能的概念与发展；然后介绍人工智能研究的各种学派；最后介绍人工智能的研究内容与应用领域。

学习目标

- 熟悉人工智能的基本概念与发展。
- 了解人工智能研究的各种学派。
- 熟悉人工智能的研究内容与应用领域。

素质目标

- 学习人工智能的基础知识，加强对新技术的了解，增强探究意识。
- 关心国家大事，抓住机遇，展现新作为，增强爱党、爱国情感。

1.1 人工智能的概念与发展

1.1.1 人工智能的概念

人工智能（artificial intelligence，AI）是研究、开发用于模拟、延伸和扩展人类智能的理论、方法、技术及应用系统的一门学科。智能与智能的本质是古今中外许多哲学家和脑科专家一直在努力探索和研究的问题，但至今尚未完全研究清楚。因此，至今为止学术界也没有给人工智能下一个明确的定义。下面，列举部分学者对人工智能的描述。

（1）人工智能是某些活动（与人的思想、决策、问题求解和学习等有关的活动）的自动化过程。

（2）人工智能是一种使计算机能够思维，使计算机具有智力的激动人心的新尝试。

（3）人工智能是用计算机模型研究智力行为的技术。

（4）人工智能是一种能够自主执行人类智能行为的技术。

（5）人工智能是一门通过计算过程力图理解和模仿智能行为的学科。

（6）人工智能是研究如何使计算机做事才能够让人过得更好。

（7）人工智能是计算机科学中与智能行为的自动化有关的一个分支。

（8）人工智能是研究和设计具有智能行为的计算机程序，可执行人或动物所具有的智能行为。

分析以上学者们对人工智能的描述，可将人工智能理解为：人工智能是指能够让计算机像人一样拥有智能能力，可以代替人类实现识别、认知、分析和决策等多种功能的技术。例如，智能机器服务员能够将语音识别成文字，然后进行分析理解并与人对话，最后为客户提供服务，如图1-1所示。

图1-1 智能机器服务员

1.1.2 人工智能的发展

人工智能的发展道路曲折起伏，总的来说可分为 7 个时期，依次是孕育期、起步发展期、反思发展期、应用发展期、低迷发展期、稳步发展期和蓬勃发展期，如图 1-2 所示。

人工智能发展时期		历史重要事件
孕育期（1956 年之前）。逻辑推理、计算机、图灵测试的出现孕育了人工智能的产生与发展。	1950 年	1936 年，图灵提出了一种理想计算机的数学模型，即图灵机。1950 年，提出"图灵测试"。
		1946 年，世界上第一台通用计算机 ENIAC 问世。
起步发展期（1956—1976 年）。人工智能概念提出后，相继取得了一批令人瞩目的研究成果，掀起了人工智能发展的第一个高潮期。	1960 年	1956 年，达特茅斯会议上提出"人工智能"的概念，标志着人工智能的诞生。
	1970 年	1959 年，亚瑟·塞缪尔（Arthur Samuel）研发的跳棋程序击败了他本人。
反思发展期（1976—1982 年）。人工智能的突破性进展使人们开始尝试一些不切实际的目标。然而，接二连三的失败和预期目标的落空使人工智能的发展走入低谷。	1980 年	1976 年，机器翻译等项目的失败及一些学术报告的负面影响，导致人工智能的研究经费普遍减少。
应用发展期（1982—1987 年）。模拟人类专家的知识和经验解决问题的专家系统盛行，并在医疗、地质和化学等领域取得成功，推动人工智能进入应用发展的新高潮。		1982 年，商用专家系统 R1 开始在公司运行，用于进行新计算机系统的结构设计。
		1986 年，大卫·鲁内哈特（David Runelhart）提出了反向神经网络。
低迷发展期（1987—1997 年）。随着人工智能的应用规模不断扩大，专家领域的应用领域狭窄、缺乏常识性知识、知识获取困难、推理方法单一等问题逐渐暴露出来。	1990 年	1987 年，直接以 LISP 语言的系统函数为机器指令的通用计算机市场崩溃。
稳步发展期（1997—2010 年）。由于网络技术特别是互联网技术的发展，加速了人工智能的创新研究，促使人工智能技术进一步走向实用化。	2000 年	1997 年，电脑深蓝战胜国际象棋世界冠军加里·卡斯帕罗夫（Garry Kasparov）。
		2006 年，杰弗里·欣顿（Geoffrey Hinton）在神经网络的深度学习领域取得突破。
	2010 年	2014 年，微软发布全球第一款个人智能助理微软小娜。
蓬勃发展期（2010 年至今）。随着大数据、云计算、互联网、物联网等信息技术的发展，以深度神经网络为代表的人工智能技术飞速发展。		2016 年，阿尔法围棋（AlphaGo）战胜世界围棋冠军李世石。
	2020 年	2018 年，央视春晚上，百度阿波罗（Apollo）无人车在荧幕上高调亮相。

图 1-2 人工智能发展历程

自信中国

如今，中国人工智能发展已经处于世界领先地位，专利申请量和授权量都位列世界前茅。国家工业信息安全发展研究中心、工信部电子知识产权中心联合发布的《中国人工智能高价值专利及创新驱动力分析报告》显示，中国 AI 专利申请量和授权量都在快速增长。随着技术迭代发展和产业生态的逐步完善，中国人工智能技术专利继续保持爆发增长态势。截至 2021 年 9 月，中国人工智能领域申请专利共计 909 401 件，授权专利共计 253 811 件。

1.2 人工智能研究的各种学派

人工智能在其研究发展的多年期间，许多不同学科或学科背景的学者们对人工智能做出了各自的解释，提出了不同的观点，因此产生了不同的学派。其中，对人工智能研究影响较大的学派有下列 3 家。

（1）符号主义（symbolicism），又称为逻辑主义（logicism）、心理学派（psychlogism）或计算机学派（computerism），其原理主要为物理符号系统假设（即符号操作系统）和有限合理性原理，如图 1-3 所示。

（2）连接主义（connectionism），又称为仿生学派（bionicsism）或生理学派（physiologism），其原理主要为神经网络及神经网络间的连接机制与学习算法，如图 1-4 所示。

（3）行为主义（actionism），又称为进化主义（evolutionism）或控制论学派（cyberneticsism），其原理主要为控制论及"感知—动作"型控制系统，如图 1-5 所示。

图 1-3　符号主义　　　　　图 1-4　连接主义　　　　　图 1-5　行为主义

各抒己见

上面用 3 幅图分别代表了人工智能的 3 个学派，请大家说一下这 3 幅图的区别，以及为什么可用这 3 幅图代表各个学派呢？

1.2.1 符号主义

符号主义认为人类认知和思维的基元是符号，认知过程是符号操作过程。也就是说，它致力于将人类的认知和思维用某种符号来描述，并把这种符号输入到计算机中，从而模拟人类的认知过程，实现人工智能。其代表人物有赫伯特·西蒙（Herbent Simon）和艾伦·纽厄尔（Allen Newell），如图 1-6 所示。

赫伯特·西蒙　　　　　　艾伦·纽厄尔

图 1-6　符号主义代表人物

符号主义是一种基于逻辑推理的智能模拟方法。符号主义认为人工智能源于数理逻辑。20 世纪 30 年代，数理逻辑开始用于描述智能行为。计算机的出现推动了逻辑演绎系统的实现，表明了计算机可以用于研究人的思维过程和模拟人类智能活动。后来相继发展的启发式算法、专家系统和知识工程理论与技术，都为人工智能的发展作出了重要贡献。

拓展阅读

符号主义是传统人工智能的主流学派，在人工智能中一直处于主导地位。符号主义近期的代表作是知识图谱。知识图谱也称为"语义网络"，它是把所有不同类型的信息连接在一起而得到的一个关系网络，是一种基于图的数据结构。

知识图谱可应用于金融风控场景。例如，企业知识图谱分析平台 HyperGraph，它是联想公司自主开发的，集大规模图数据库、高性能计算引擎和丰富图形展示于一体的企业级知识图谱分析与展示平台。该平台可在秒级别对百亿千亿规模图数据进行实时分析和挖掘，为企业用户提供一个打通多源数据、深入理解数据内涵、构建企业知识体系的可视化分析工具。

该平台通过可视化的方式发掘企业上下游关系、股东关联关系等，并用于支持风控和决策。例如，在乐视网出现资金链断裂的情况时，银行业信贷部门或者风险投资机构通过 HyperGraph 可以快速定位乐视网及其投资的关联公司，并抽取出乐视网相关联企业的画像，如图 1-7 所示。通过画像可以对风险传导路径有很直观的理解，从而能够及时规避相关的贷款或融资申请。

除此之外，知识图谱还可以应用于商业智能、公安侦查、智慧医疗、互联网大数据分析等多个场景。

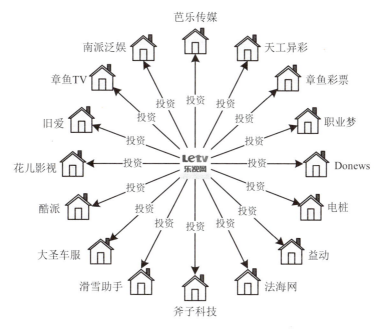

图 1-7　乐视网相关联企业的画像

1.2.2　连接主义

连接主义认为人工智能源于仿生学，特别是人脑模型的研究，它主张模仿人类的神经元（见图 1-8），用神经网络的连接机制实现人工智能。连接主义的代表性成果是 MP 模型，它从神经元开始进而研究神经网络模型和脑模型，开创了用电子装置模拟人类脑部结构和功能的新途径，同时开辟了人工智能新的发展道路。之后，由于当时的理论模型、生物原型和技术条件的限制，脑模型研究落入低潮；直到反向神经网络、支持向量机和深度学习概念的提出，神经网络又开始换发新一轮的生命。

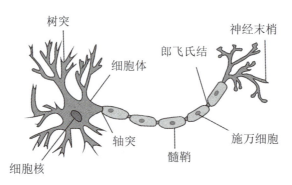

图 1-8　神经元

针锋相对

有人的地方就有斗争。华山派有"剑宗"和"气宗",双方相互斗了几十年。同样,人工智能界也有"山头",人工智能两大派系的斗争早在第一台电子计算机问世前就已经开始了。这两大派系就是符号主义和连接主义。

在符号主义眼里,人工智能应该模仿人类的逻辑方式获取知识,而连接主义奉行利用大数据通过训练的方式学习知识。

斗争之初的几十年间,连接主义的论文引用率一直领先对手。别看奉行连接主义的机器学习如何风光,早年间他们长期受到符号主义的鄙视。1969年,符号主义的代表人物马文·明斯基(Marvin Minsky)(见图1-9)写了一本名为《感知器》(Perceptron)的书,结果直接把神经网络写死了。计算力的匮乏导致人工智能迎来了第一次寒冬,帮助了符号主义实现逆袭,符号主义取得胜利。70年代中期,专家系统的出现推动符号主义走向高峰。

与此同时,连接主义也在悄悄发展,连接主义代表人物约翰·霍普菲尔德(John Hopfield)(见图1-10)在1982年发现了具有学习能力的神经网络算法。相继,连接主义还找到了更简单的统计方法,即支持向量机(SVM),它消耗的计算资源更少。之后,长短期记忆(LSTM)算法也被提出。深度学习终于又重新霸占了学术界和工业界。

图 1-9　马文·明斯基　　　　图 1-10　约翰·霍普菲尔德

从 2010 年开始，机器学习成了人工智能行业的主导。人工智能在机器学习的帮助下，取得了巨大的成就，标志着人工智能的彻底复苏。如今最热的人工智能概念均出自连接主义。近年来，计算机硬件的发展更是让连接主义如鱼得水，连手机的计算能力都能完成识图的任务。

1.2.3 行为主义

行为主义是一种基于"感知—动作"的行为模拟方法。行为主义认为，学习是刺激与反应之间的联结，行为是学习者对环境刺激所做出的反应。学习过程是渐进地尝试错误的过程，强化训练是学习成功的关键。例如，小孩子学走路的时候，走到凹凸不平的路面容易摔倒，摔倒后由于疼痛会哇哇大哭。类似的经历重复几次后会产生两种行为，一是避免走凹凸不平或可能会导致摔倒的路；二是摔倒后无论疼不疼第一反应都是大哭。

行为主义认为人工智能源于控制论。控制论把神经系统的工作原理与信息理论、控制理论、逻辑理论及计算机联系起来。这一学派的代表作品首推六足行走机器人（见图1-11），它可以看作是新一代的"控制论动物"，是一个基于"感知—动作"模式模拟昆虫行为的控制系统。

图1-11　六足行走机器人

合作共赢

人工智能的三大学派从不同的侧面研究了人类的智能，与人脑的思维模型有着对应的关系。对其进行粗略的划分，可认为符号主义研究抽象思维，注重数学可解释性；连接主义研究形象思维，偏向于模仿人脑模型，更加感性；行为主义研究感知思维，偏向于应用和模拟。

以上3个人工智能学派将长期共存与合作，取长补短，并逐步走向融合与集成，共同为人工智能的发展作出贡献。

> 历史和现实告诉我们,开放合作是历史潮流,互利共赢是人心所向。无论是在学习还是工作中,我们都要团结他人,集思广益,互相合作,共同努力完成任务。

1.3 人工智能的研究内容与应用领域

1.3.1 人工智能的研究内容

人工智能涉及多个学科,其研究内容包括知识表示、知识推理、知识应用、机器学习、机器感知、机器思维和机器行为等。

1. 知识表示

人工智能研究的目的是要建立一个能模拟人类智能行为的系统,但知识是一切智能行为的基础,想把知识存储到计算机中,首先要研究知识表示方法。

知识表示是把人类的知识概念化、形式化或模型化。一般地,就是运用符号知识、算法和状态图等来描述待解决的问题。目前,已提出的知识表示方法主要包括符号表示法和连接机制表示法。

2. 知识推理

推理是人脑的基本功能。要让机器实现人工智能,就必须赋予机器推理能力,进行机器推理。

知识推理(见图 1-12)是指在计算机或智能系统中,依据推理控制策略,利用形式化的知识模拟人类的智能推理方式进行求解问题的过程。

图 1-12 知识推理

3. 知识应用

人工智能是否获得广泛应用是衡量其生命力和检验其生存力的重要标志。20世纪70年代,利用知识表示和推理实现的专家系统得到广泛应用,使人工智能走出低谷,获得快速发展。后来机器学习和近年来自然语言处理的应用研究取得了重大进展,又促进了人工智能的进一步发展。当然,知识应用的发展离不开知识表示和知识推理等基础理论及技术的进步。

> **高手点拨**
>
> 知识表示、知识推理和知识应用是传统人工智能研究的三大核心内容。其中,知识表示是基础,知识推理是过程,知识应用是目的。

4. 机器学习

机器学习是继专家系统之后人工智能的又一重要研究领域,也是人工智能和神经计算的核心研究课题之一,是使计算机具有智能能力的根本途径。

学习是人类具有的一种重要智能行为。机器学习(见图 1-13)是指计算机能够模拟人的学习行为,实现自主获取新知识,并重新组织已有的知识结构,不断提升自身解决问题的能力。机器学习可以通过文献资料、与人交谈和观察环境等方式进行学习,从而使计算机自动获取知识。

图 1-13 机器学习

5. 机器感知

机器感知就是使机器具有类似于人的感知能力,包括视觉、听觉、触觉、嗅觉等。其中,机器视觉和机器听觉是当前社会中应用最广的机器感知能力。机器视觉(见图 1-14)是指机器能够识别并理解图片、场景、人物身份等;机器听觉(见图 1-15)是指机器能够识别并理解语言、声音等。

图1-14　机器视觉

图1-15　机器听觉

机器感知是机器获取外部信息的根本途径,是机器智能化不可缺少的组成部分。正如人的智能离不开感知一样,使机器具有感知能力,就需要为它配置上能"听"、会"说"的感觉器官。对此,人工智能中已经形成了两个专门的研究领域,即模式识别和自然语言处理,而且从这两个领域的进展来看,它们已经发展成了相对独立的学科。

6. 机器思维

机器思维（见图1-16）是指对通过感知得来的外部信息,以及机器内部的各种工作信息进行有目的的处理。正如人的智能是来自大脑的思维活动一样,人工智能也主要是通过机器思维实现的。因此,机器思维是人工智能研究中的关键部分,它使机器具有类似于人的思维活动,不仅能够像人一样进行逻辑思维,还可以进行形象思维。

7. 机器行为

机器行为（见图1-17）主要是指计算机的表达能力,即对话、描写、刻画等能力。对于智能机器人,它还应具有行动能力,即移动、行走、取物、操作等。机器行为与机器思维密切相关,机器思维是机器行为的基础,机器行为是机器思维的表现。

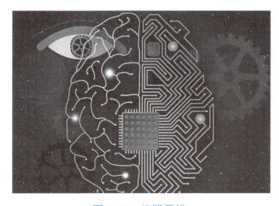

图1-16　机器思维

图1-17　机器行为

1.3.2 人工智能的应用领域

随着人工智能理论研究的发展,人工智能的应用领域越来越宽广,应用效果也越来越显著。总的来说,人工智能的应用主要集中在自动定理证明、问题求解与博弈、专家系统、模式识别、机器视觉、自然语言处理、人工神经网络、分布式人工智能与多 Agent 等领域。

1. 自动定理证明

自动定理证明,又称机器定理证明,是数学和计算机科学相结合的课题,也是人工智能中最先进行研究并得到成功应用的一个领域,它的研究在人工智能方法的发展中起到了重要的推动作用。

自动定理证明的理论价值和应用范围并不局限于数学领域,许多非数学领域的任务,如医疗诊断、信息检索、机器人规划和难题求解等,都可以转化成相应的定理证明问题,或者与定理证明有关的问题。可以说,自动定理证明的研究具有普遍意义。

2. 问题求解与博弈

人工智能的第一个大成就是发展了能够求解难题的下棋(如国际象棋)程序。下棋程序是计算机博弈问题研究的产物,其中主要应用了问题的表示、分解、搜索和归纳等人工智能的基本技术。

博弈问题为搜索策略、机器学习等问题的研究提供了良好的实际背景,所发展起来的一些概念和方法对人工智能的其他问题也很有用。经典的问题有旅行商问题、八皇后问题、背包问题等。到目前为止,对于要解决的问题,人工智能程序已经具备搜索解答空间,寻找较优解答的能力。图 1-18 即为 AlphaGo 与世界围棋冠军李世石进行博弈的画面。

图 1-18 博弈问题

3. 专家系统

专家系统是一个基于专门的领域知识，求解特定问题的智能计算机程序系统。它使用人工智能技术，根据某个领域一个或多个人类专家提供的知识和经验进行推理和判断，模拟人类专家的决策过程，以解决那些需要专家解决的复杂问题。目前在许多领域，专家系统已取得了显著效果。

> **添砖加瓦**
>
> 专家系统与传统计算机程序的本质区别在于，专家系统所要解决的问题一般没有算法解，并且经常要在不完全、不精确或不确定的信息基础上做出结论；而传统计算机程序所解决的问题通常有算法解，并且是在确定性的信息基础上得出结论。

4. 模式识别

模式通常具有实体的形式，如声音、图片、语言、文字、符号、物体和景象等，可以用物理、化学及生物传感器进行具体采集和测量。

模式识别是指用计算机代替人类或帮助人类感知模式，是对人类感知外界功能的模拟。计算机模式识别系统是实现模式识别的载体，可将其理解为具有模拟人类通过感官接收外界信息、识别和理解周围环境等感知能力的计算机系统。

模式识别呈现多样性和多元化趋势，可以在不同的概念上进行，其中生物特征识别成为模式识别的新高潮，包括语音识别、文字识别、人脸识别、手语识别和指纹识别（见图1-19）等。模式识别是一个不断发展的新学科，它的理论基础和研究范围也在不断发展。

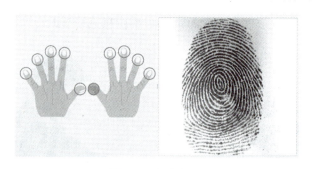

图1-19 指纹识别

> **高手点拨**
>
> 模式所指的不是事物本身，而是从事物中获得的信息。人们在观察、认识事物和现象时，常常寻找它与其他事物和现象的相同与不同之处，根据使用目的进行分类、聚类和判断，人脑的这种思维能力就是模式识别的能力。

5. 机器视觉

机器视觉（见图 1-20）就是用机器代替人眼进行测量和判断，是人工智能正在快速发展的一个分支。机器视觉系统是通过图像摄取装置将被摄取目标转换成图像信号，传送给专用的图像处理系统，得到被摄目标的形态信息，再根据像素分布和亮度、颜色等信息，转变成数字化信号，图像系统通过对这些信号进行各种运算来抽取目标的特征，进而根据判别的结果来控制现场设备的动作。

图 1-20　机器视觉

机器视觉的前沿研究领域包括实时并行处理、主动式定性视觉、动态和时变视觉、三维景物的建模与识别、实时图像压缩传输和复原、多光谱和彩色图像的处理与解释等。机器视觉已在机器人装配、卫星图像处理、工业过程监控、飞行器跟踪和制导及电视实况转播等领域获得极为广泛的应用。

添砖加瓦

机器视觉和计算机视觉的区别。

第一，概念不同。机器视觉就是用机器代替人眼进行测量和判断；计算机视觉是利用计算机及其辅助设备来模拟人的视觉功能，实现对客观世界三维场景的感知、识别和理解。

第二，侧重点不同。机器视觉侧重工程的应用，强调实时性、高精度和高速度；而计算机视觉侧重理论算法的研究，强调理论。

6. 自然语言处理

自然语言处理（见图 1-21）是研究实现人类与计算机系统之间用自然语言进行有效通信的各种理论和方法。因此，解决计算机系统理解自然语言的问题，一直是人工智能研究领域的重要研究课题之一。

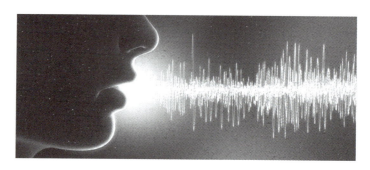

图 1-21　自然语言处理

实现人机间自然语言通信意味着计算机系统既能理解自然语言文本的意义,又能生成自然语言文本来表达给定的意图和思想等。

高手点拨

> 语言的理解和生成是一个极为复杂的解码和编码问题。一个能够理解自然语言的计算机系统看起来就像一个人一样,它不仅需要有上下文知识和信息,还能用信息发生器进行推理。理解和书写语言的计算机系统具有表示上下文知识结构的某些人工智能思想,以及根据这些知识进行推理的某些技术。

7. 人工神经网络

人工神经网络是一个用大量简单处理单元经过广泛连接而组成的人工网络,用来模拟大脑神经系统的结构和功能,其模型结构如图 1-22 所示。人工神经网络的研究道路十分曲折,20 世纪 40 年代,MP 模型(神经元的数学模型)的提出开创了神经科学理论研究的时代;20 世纪 80 年代,BP 神经网络(反向神经网络)的提出推动了人工神经网络的研究;21 世纪,深度学习的出现掀起了人工神经网络的浪潮。

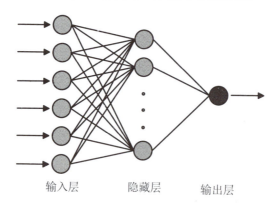

图 1-22　人工神经网络模型结构

现在，人工神经网络已经成为人工智能中一个极其重要的研究领域。随着人工神经网络的深入研究，它取得了很大的进展，并在模式识别、智能机器人、自动控制、预测估计、生物、医学、经济等领域解决了许多现代计算机难以解决的实际问题，表现出了良好的智能特性。

8．分布式人工智能与多 Agent

分布式人工智能（见图 1-23）是分布式计算与人工智能结合的产物。它主要研究在逻辑上或物理上分散的智能动作者如何协调其智能行为，求解单目标和多目标问题，同时为设计和建立大型复杂的智能系统或支持协同工作的计算机系统提供有效途径。

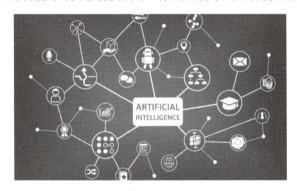

图 1-23　分布式人工智能

多 Agent 一般指多 Agent 系统或多 Agent 技术，是多个 Agent 组成的集合，通过 Agent 的交互来实现系统的功能。多 Agent 的目标是将大而复杂的系统建设成小的、彼此互相通信与协调的、易于管理的系统。多 Agent 是分布式人工智能的一个重要分支。

高手点拨

分布式人工智能与多 Agent 都要研究知识、资源和控制的划分问题。但是两者之间依然存在区别，分布式问题求解往往含有一个全局的概念模型、问题和成功标准；而多 Agent 系统则含有多个局部的概念模型、问题和成功标准。

多 Agent 系统更能体现人类的社会智能，具有更大的灵活性和适应性，更适合开放和动态的世界环境，因而备受重视。与它相关的研究已成为人工智能、计算机科学和控制科学与工程的研究热点。

畅所欲言

请查阅相关资料，然后分组讨论人工智能现有的其他研究内容与应用领域，并畅想人工智能的未来。

本章小结

本章主要介绍了人工智能的基本内容。通过本章的学习,读者应重点掌握以下内容。

(1) 人工智能是指能够让计算机像人一样拥有智能能力,可以代替人类实现识别、认知、分析和决策等多种功能的技术。其发展历程可分为孕育期、起步发展期、反思发展期、应用发展期、低迷发展期、稳步发展期和蓬勃发展期。

(2) 人工智能研究的三大学派包括符号主义、连接主义和行为主义。

(3) 人工智能的研究内容包括知识表示、知识推理、知识应用、机器学习、机器感知、机器思维和机器行为等;人工智能的应用领域包括自动定理证明、问题求解与博弈、专家系统、模式识别、机器视觉、自然语言处理、人工神经网络和分布式人工智能与多Agent等。

思考与练习

1. 选择题

(1) 人工智能诞生的时间是（　　）。
  A．1950 年　　　　　　　　B．1955 年
  C．1956 年　　　　　　　　D．1959 年

(2) 人工神经网络属于人工智能研究的哪个学派?（　　）
  A．符号主义　　　　　　　　B．连接主义
  C．行为主义　　　　　　　　D．进化主义

(3) 符号主义的代表人物不包括（　　）。
  A．赫伯特·西蒙　　　　　　B．约翰·霍普菲尔德
  C．艾伦·纽厄尔　　　　　　D．马文·明斯基

(4)（　　）是把人类的知识概念化、形式化或模型化。
  A．知识表示　　　　　　　　B．知识推理
  C．知识应用　　　　　　　　D．机器学习

(5)（　　）是人工智能中最先进行研究并得到成功应用的一个领域。
  A．自动定理证明　　　　　　B．问题求解
  C．模式识别　　　　　　　　D．机器视觉

2．填空题

（1）人工智能的发展时期依次是_____、_____、_____、_____、_____、_____和_____。

（2）对人工智能研究影响较大的学派主要有_____、_____和_____。

（3）_____、_____和_____是传统人工智能的三大核心研究内容。

（4）_____是一个基于专门的领域知识、求解特定问题的智能计算机程序系统。

（5）_____是用机器代替人眼进行测量和判断；_____是利用计算机和其辅助设备来模拟人的视觉功能，实现对客观世界的三维场景的感知、识别和理解。

3．简答题

（1）什么是人工智能？

（2）简述人工智能的研究内容。

（3）人工智能主要的应用领域有哪些？你认为人工智能还可以应用于哪些领域？

第 2 章
知识表示

本章导读

　　人类的智能活动主要是获得并运用知识，即通过对外部世界进行观察等方式获得知识，然后运用知识做出正确的判断和决策，最后采取正确的行动。由此可见，知识是实现智能的基础。为了实现计算机模拟人类的智能行为，就需要将知识以适当的方式表示出来并存储于计算机中，因此，知识表示成为了人工智能中一个十分重要的研究课题。

　　本章从知识与知识表示的概念入手，介绍不同的知识表示法，包括一阶谓词逻辑表示法、状态空间表示法、产生式表示法、语义网络表示法和框架表示法。

学习目标

- 了解知识和知识表示的基本概念。
- 熟悉各种知识表示法的理论基础。
- 掌握各种知识表示法的表示方法。

素质目标

- 研究知识表示的基础知识，提升知识水平，培养钻研精神。
- 了解国家创新成果，加强基础研究，增强民族自信心，感受国家强大。

2.1 知识与知识表示

2.1.1 知识的概念

知识是人类对自然世界、人类社会、思维方式及运动规律的认识与掌握;是人类在长期的生活及社会实践中、在科学研究及实验中积累起来的经验;是人的大脑通过思维重新组合,把实践中获得的有关信息关联在一起形成的信息结构。

信息之间有多种关联形式,使用最广泛的一种是用"如果……,则……"表示的关联形式,它反映了信息间的因果关系。例如,人类经过多年的观察发现,每当大雨即将来临的时候,就会看到成群结队的蚂蚁在搬家(见图2-1),于是就把"蚂蚁搬家"和"大雨将至"这两个信息关联在一起,得到了相应的知识,即如果蚂蚁搬家,则大雨将至。

图2-1 蚂蚁搬家

知识反映了客观世界中事物之间的关系,不同事物或者相关事物间的不同关系形成了不同的知识。例如,"海水是咸的"是一条知识,它反映了"海水"与"咸"之间的一种关系。又如,"如果天空中乌云密布,则有可能会下雨"是一条知识,它反映了"天空中乌云密布"与"有可能会下雨"之间的一种因果关系。在人工智能中,将前一种知识称为**事实**,而把采用"如果……,则……"关联起来所形成的知识称为**规则**。

人工智能

> **复兴之路**
>
> 中央提出的加快新型基础设施建设（"新基建"）的战略决策，是关系中国经济发展全局的重大战略举措，对国家社会发展具有十分重要的意义。
>
> 电气电子工程师学会（IEEE）终身院士、国际导航与运动控制科学院院士、中南大学人工智能研究所蔡教授强调，人工智能（AI）"新基建"是强国工程，中国应加快发展人工智能"新基建"，为实现人工智能与实体经济高度融合，推动经济转型和升级奠定坚实基础。
>
> 蔡教授还在以"人工智能：科技与经济融合新引擎"为主题的前沿科技论坛第二期线上活动中，做了《加速人工智能建设，助推经济产业发展》主题报告，介绍了人工智能的核心，涉及知识、数据、算法和算力。其中，知识是人工智能之源，人工智能的发展源于知识，并依赖知识。知识是人工智能的重要基础，知识的科学内涵包括知识表示、知识推理、知识应用。

2.1.2 知识的特性

知识是人类对客观世界认识的结晶，并且长期受到实践的检验。其特性包括相对正确性、不确定性、可表示性和可利用性。

1. 相对正确性

在一定的条件和环境下，知识一般是正确的。其中，"一定的条件和环境"是保证知识正确性必不可少的前提。因为任何知识都是在一定条件和环境下产生的，所以只有在这种条件和环境下才是正确的。例如，"1+1=2"这条众所周知的知识，在大部分人的知识范畴中认为它肯定是正确的，这是因为这些人默认它就是用十进制进行运算的，但如果是二进制运算，那么它就是不正确的。

在人工智能中，知识的相对正确性表现得更加突出。除了人类知识本身的相对正确性外，在建造专家系统时为了减小知识库的规模，通常将知识限制在所求问题的范围内。也就是说，只要这些知识能够求解出该特定问题的正确解就行。例如，在动物识别系统中，如果仅识别虎、斑马、长颈鹿、鸵鸟、金钱豹等5种动物，那么，知识"如果该动物是鸟类，则该动物是鸵鸟"就是对的。

各抒己见

知识来源于生活经验，请大家回想一下生活中积累的哪些知识具有相对正确性并举例说明。

2. 不确定性

现实世界是复杂的，知识并不只有"真"和"假"两种状态。由于信息存在精确和不精确的可能，关联存在确定和不确定的可能，因此，知识存在"真"的程度问题，也就是说，知识在"真"与"假"之间还存在许多中间状态。知识的这一特性称为不确定性。

造成知识不确定性的原因主要有以下几个方面。

（1）由随机性引起的不确定性。由随机事件所形成的知识不能简单地用"真"或"假"来刻画，它是不确定的。例如，抛硬币，硬币有正反两面，哪面朝上是随机的。

（2）由模糊性引起的不确定性。由于某些事物客观上存在模糊性，无法把类似的事物严格地区分开。例如，人个子的高与矮，其分界线是模糊的。

（3）由不完全性引起的不确定性。知识是一个逐步完善的过程，在此过程中，人们对事物认识的不完全性必然导致知识的不确定性。例如，"盲人摸象"（见图 2-2），每位盲人只摸到了大象身体的一部分就对大象的样貌做出结论，显然盲人对大象的样貌了解具有不完全性，因此，导致得出不确定的知识。

图 2-2 盲人摸象

（4）由经验依赖引起的不确定性。知识一般是由领域专家提供的，这种知识多数是领域专家在长期的研究和实践中积累起来的经验性知识。由于经验性自身就蕴涵着不精确性，这就形成了知识的不确定性。例如，中医诊脉，其主要依据就是经验。

3. 可表示性

知识的可表示性是指知识可以用适当的形式表示出来,如用语言、文字、图像、符号、神经网络等,这样才能存储和传播。

4. 可利用性

知识的可利用性是指知识可以被利用。人们每天都在利用自己掌握的知识解决各种问题。

2.1.3 知识的分类

知识是人类世界特有的概念,从不同的角度可以将知识分成不同的类别,如表2-1所示。

表2-1 知识的分类

分类角度	类别	描述	例子
从作用范围来划分	常识性知识	人们普遍知道的知识,适用于所有领域	猴子有尾巴
	领域性知识	专业性的知识,面向某个具体领域,只有相应专业的人员才能掌握并用其来求解领域内的有关问题	计算机中央处理器的核心部件包括运算器和控制器
从确定性划分	确定性知识	可指出其值为真或假的知识	雪是白色的
	不确定性知识	不精确的、不完全的、模糊的知识	明天可能会下雨
从知识结构及表现形式划分	逻辑性知识	反映人类逻辑思维过程的知识,一般具有因果关系,具有难以精确描述的特点	如果你感觉喉咙肿痛,则有可能是扁桃体发炎了
	形象性知识	通过事物的形象建立起来的知识	地球仪是圆形的
从知识的作用划分	事实性知识	用于描述领域内有关概念、事实、事物的属性及状态等	一年有12个月
	过程性知识	与领域相关的知识,用于指出如何处理与问题相关的信息,以求得问题的解	汽车维修技术
	控制性知识	又称为深层知识、元知识。用已有的知识进行问题求解的知识,即关于知识的知识	搜索策略

2.1.4 知识表示

知识表示(knowledge representation)是将人类知识形式化或模型化。实际上,就是对知识的一种描述,或者说是一组约定,一种计算机可以接受的用于描述知识的数据结构。

知识表示过程就是把知识编码成某种数据结构的过程。从某种意义上,可以将知识表示视为数据结构及其处理机制的综合,即

$$知识表示=知识的数据结构+知识的处理机制$$

一般来说,同一知识可以有多种不同的表示形式,而不同的表示形式所产生的效果又可能不同。因此,在选择知识表示方法时,应从以下几个方面进行考虑。

(1)所选知识表示方法是否能充分表示领域知识。

(2)所选知识表示方法是否有利于对知识进行使用。

(3)所选知识表示方法是否便于知识的获取、组织、维护和管理。

(4)所选知识表示方法是否便于理解和实现。

知识表示方法有很多,下面着重介绍一阶谓词逻辑表示法、状态空间表示法、产生式表示法、语义网络表示法和框架表示法。

高手点拨

某些领域结构复杂,单一的知识表示方法无法充分表示该领域知识。此时,可以使用多种不同的知识表示方法表示该领域知识。

例如,在机械产品设计领域中,由于一个部件一般由多个子部件组成,部件与子部件既有相同的属性又有不同的属性,即它们既有共性又有个性。在进行知识表示时,应该把这个特点反映出来。单用产生式表示法不能反映出知识间的这种结构关系,单用框架表示法虽然可以反映出这种结构关系,但是不能反映出知识间的产生式关系。此时,可以将产生式表示法和框架表示法结合起来使用。

2.2 一阶谓词逻辑表示法

人工智能中涉及的逻辑可划分为两大类。一类是经典命题逻辑和一阶谓词逻辑,统称为经典逻辑。因为它们的真值只有"真"和"假",所以又称为二值逻辑。另一类是泛指经典逻辑外的那些逻辑,包括三值逻辑、多值逻辑和模糊逻辑等,统称为非经典逻辑。

命题逻辑和谓词逻辑是最先应用于人工智能的两种逻辑。它们在知识的形式化表示方面,特别是定理的自动证明方面,发挥了重要作用。因此,在人工智能的发展史中占有重要的地位。

2.2.1 命题逻辑

命题（proposition）是一个非真即假的陈述句。判断一个句子是否为命题，首先应该判断它是否为陈述句，再判断它是否有唯一的真值。例如，"中国的首都是北京"是陈述句且其真值唯一（为真），因此它是一个命题。没有真假意义的语句不是命题，如感叹句、疑问句等。例如，"我好开心啊""你吃饭了吗"等都不是命题。

若命题的意义为真，称它的真值为真，记作 T（True）；若命题的意义为假，称它的真值为假，记作 F（False）。例如，"太阳从东边升起""一个星期有 7 天"都是真值为 T 的命题；"雪是黑色的""海水是甜的"都是真值为 F 的命题。

提示

一个命题的真值不能同时既为真又为假，但是可以在一种条件下为真，在另一种条件下为假。例如，还是那个"1+1=2"的问题，在十进制条件下，它是真值为 T 的命题；但在二进制条件下，它是真值为 F 的命题。同样，对于命题"今天是晴天"，要看当天的实际情况才能确定其真值。

命题有两种类型，第一种是不能分解的简单陈述句表达的命题，称为原子命题或简单命题。第二种是由连接词、标点符号和原子命题等复合构成的命题，称为复合命题。所有这些命题都有确定的真值。

命题逻辑，就是研究命题和命题之间关系的符号逻辑系统，通常用大写的英文字母表示命题，如

P：长城是中国古代伟大的建筑

表示命题的符号称为命题标识符，如 P 就是命题标识符。命题标识符可以分为两种。

（1）命题常量，一个命题标识符表示的命题是确定的。

（2）命题变元，命题标识符只表示任意命题的位置信息。因为命题变元可以表示任意命题，所以它不能确定其真值，故命题变元不是命题。对于命题变元而言，只有把确定的命题代入后，它才可能有明确的真值。

指点迷津

命题逻辑表示法有较大的局限性，它对事物的描述无法反映事物的结构及逻辑特征，也不能把不同事物的共同特征表述出来。

例如，对于"老王是小明的老师"这一命题，用英文字母 P 表示。则无论如何也看不出老王和小明的师生关系。又如，对于"玫瑰是花""百合是花"这两个命题，用命

题逻辑表示,也无法将两者中都是花的共同特征通过形式化表示出来。

于是,在命题逻辑的基础上发展起来了谓词逻辑。从某种程度上讲,命题逻辑可看作是谓词逻辑的一种特殊形式。

2.2.2 谓词逻辑

谓词(predicate)逻辑是基于命题中谓词分析的一种逻辑。一阶谓词逻辑是谓词逻辑中最直观的一种。

谓词就是用于刻画个体的性质、状态和个体之间关系的语言成分。例如,对于上一节提到的"玫瑰是花""百合是花"这两个命题,分别用符号 P、Q 表示,但是 P 和 Q 的谓语有共同的属性,即"是花"。于是,引入一个符号表示"是花",再引入一种方法表示个体的名称,就能把"某某是花"这个命题的本质属性刻画出来。故而,可以使用谓词表示命题。

一个谓词可分为谓词名和个体两部分,其一般形式为

$$P(x_1, x_2, \cdots, x_n)$$

其中,P 是谓词名,x_1、x_2、$\cdots$、x_n 是个体。对于上面的命题,可以用谓词表示为 Flowers(Rose)、Flowers(Lily)。其中,Flowers 是谓词名,Rose(玫瑰)和 Lily(百合)都是个体,Flowers 刻画了 Rose 和 Lily 是花这一共同特征。

学以致用

现有命题"李丽是一名教师"和"张章是一名教师",请用谓词表示这两个命题。

个体可以是常量、变元或函数。个体常量、个体变元和函数统称为项,用项表示对象。谓词中包含的个体数目称为谓词的元数。例如,$P(x)$ 是一元谓词,$P(x,y)$ 是二元谓词,$P(x_1, x_2, \cdots, x_n)$ 是 n 元谓词。

个体是常量时,表示一个或者一组指定的个体。例如,命题"王夕是一名学生",可表示为一元谓词 Student(WangXi)。其中,Student 是谓词名,WangXi 是个体,也是对象,Student 刻画了 WangXi 是学生这一特性。

添砖加瓦

一个命题的谓词表示不是唯一的。例如,命题"王夕是一名学生"也可表示为二元谓词 Is-a(WangXi,Student)。

个体是变元时,表示没有指定的一个或者一组个体。例如,"$x>5$"可表示为 Greater(x,5),其中,x 是变元。

当变元用一个具体个体的名字代替时,则变元被常量化。当谓词中的变元都用特定的个体取代时,谓词就具有一个确定的真值,即 T 或 F。

添砖加瓦

个体变元的取值范围称为个体域。个体域可以是有限的,也可以是无限的。例如,若用 I(x) 表示"x 是整数",则个体域是所有整数,它是无限的。

个体是函数时,表示一个个体到另一个个体的映射。例如,命题"我的朋友是学生",可表示为一元谓词 Students(*friends*(I));命题"小李的狗和小王的猫在一起玩耍",可表示为二元谓词 Play(*dog*(Li),*cat*(Wang))。其中 *friends*(I)、*dog*(Li) 和 *cat*(Wang) 都是函数。

函数可以递归调用。例如,"小李的爷爷"可表示为 *father*(*father*(Li))。

提示

函数与谓词表面上很相似,但是这是两个完全不同的概念。谓词是有唯一的真值,而函数无真值可言,它只是在个体域中从一个个体到另一个个体的映射,其最终值还是个体。

谓词、常量、变元和函数都是谓词逻辑中的语法元素。它们的符号表示规则通常如下。

（1）谓词符号,通常用大写英文字母、首字母大写的英文字母串或大写的英文字母串表示,如 P、Flowers、FLOWERS 等。

（2）常量符号,通常是对象名称,如 Rose、Lily、WangXi、A 等。

（3）变元符号,通常用小写字母表示,如 x、y、z 等。

（4）函数符号,通常用小写英文字母或小写英文字母串表示,如 *father*、*f*、*g* 等。

在谓词 $P(x_1, x_2, \cdots, x_n)$ 中,若 $x_i (i=1,2,\cdots,n)$ 都是个体常量、变元或函数,称它为**一阶谓词**。如果某个 x_i 本身又是一阶谓词,则称它为二阶谓词,其余可以此类推。例如,命题"小李作为一名教授为学生授课",可表示为二阶谓词 Teaches Professor(Li),Students,其中,个体 Professor(Li) 是一个一阶谓词。本书只对一阶谓词逻辑进行讨论。

2.2.3 谓词公式

谓词公式也称为合式公式,是由谓词符号、常量符号、变元符号、函数符号,以及连接词、量词、括号、逗号等按照一定语法规则组成

谓词公式

的字符串表达式。满足如下规则的谓词演算可得到谓词公式。

（1）单个谓词是谓词公式，称为原子谓词公式或原子公式。

（2）若 A 是谓词公式，则 $\neg A$ 也是谓词公式。

（3）若 A，B 都是谓词公式，则 $A \vee B$，$A \wedge B$，$A \rightarrow B$，$A \leftrightarrow B$ 也都是谓词公式。

（4）若 A 是谓词公式，则 $(\forall x)A$，$(\exists x)A$ 也都是谓词公式。

（5）有限步应用上述（1）～（4）规则生成的公式也是谓词公式。

谓词公式中的谓词符号、常量符号、变元符号、函数符号在上一小节已经介绍过了，接下来主要介绍连接词和量词的相关内容。

1．连接词

连接词，又称连词。无论是命题逻辑还是谓词逻辑，均可用连接词把一些简单的命题连接起来构成一个复合命题，用来表示较复杂的知识。常用的连接词如表 2-2 所示。

表 2-2 连接词

符号	名称	描述	谓词表示	优先级
$\neg$	否定/非	表示否定位于它后面的命题	命题"我不喜欢红色"可表示为 $\neg$Like(I, Red)	高 ↑ ↓ 低
$\wedge$	合取	表示它连接的两个命题具有"与"关系	命题"老李是一位校长也是一名教师"可表示为 Schoolmaster(Li) $\wedge$ Teacher(Li)	
$\vee$	析取	表示它连接的两个命题具有"或"关系	命题"李斯在读书或写字"可表示为 Reading(LiSi, Book) $\vee$ Writing(LiSi, Words)	
$\rightarrow$	蕴含/条件	$P \rightarrow Q$ 表示"P 蕴含 Q"，即表示"如果 P，则 Q"。其中，P 称为条件的前件，Q 称为条件的后件	命题"如果明天天气晴朗，则我会去室外玩耍"可表示为 Weather(Tomorrow, Sunny) $\rightarrow$ Play(I, Outdoor)	
$\leftrightarrow$	等价/双条件	$P \leftrightarrow Q$ 表示"P 当且仅当 Q"	命题"小王会吃这个冰激凌，当且仅当冰激凌是香草口味"可表示为 Eats(Wang, IceCream) $\leftrightarrow$ Taste(IceCream, Vanilla)	

简单命题有唯一的真值，由连接词和简单命题构成的复合命题也有唯一的真值。表 2-3 给出了由以上连接词连接的命题的真值。这里需要注意，"蕴涵"连接词的后项取真值 T（不

管其前项的真值如何),或者其前项取真值 F(不管其后项的真值如何),则蕴涵取真值 T,否则蕴涵取真值 F。也就是说,只有前项为真,后项为假时,蕴涵才为假,其余都为真。

表 2-3 谓词逻辑真值表

P	Q	$\neg P$	$P \wedge Q$	$P \vee Q$	$P \rightarrow Q$	$P \leftrightarrow Q$
T	T	F	T	T	T	T
T	F	F	F	T	F	F
F	T	T	F	T	T	F
F	F	T	F	F	T	T

高手点拨

"蕴涵"与汉语中的"如果……,则……"是有区别的。汉语中"则"前后要有联系,而命题中"则"前后可以毫无关系。例如,如果"珠穆朗玛峰不是世界最高的山",则"一天有 24 个小时",可表示为 $P \rightarrow Q$,它是一个真值为 T 的命题。

2. 量词

为了刻画谓词与个体之间的关系,在谓词逻辑中引入两个量词,分别是全称量词和存在量词。

(1) **全称量词**($\forall$),$\forall x$ 表示"对个体域中的所有个体 x,或者任意一个个体 x"。例如,"所有学生都有书",可表示为 $(\forall x)(\text{Student}(x) \rightarrow \text{Have}(x, \text{Book}))$。

(2) **存在量词**($\exists$),$\exists x$ 表示"在个体域中存在个体 x"。例如,"某个学生在踢足球",可表示为 $(\exists x)(\text{Student}(x) \rightarrow \text{Plays}(x, \text{Football}))$。

全称量词和存在量词可以出现在同一命题中。例如,设谓词 $F(x, y)$ 表示 x 与 y 是朋友,则两个量词出现在同一命题中表示的含义如下。

(1) $(\forall x)(\forall y) F(x, y)$ 表示对于个体域中的任何两个个体 x 和 y,x 与 y 都是朋友。

(2) $(\forall x)(\exists y) F(x, y)$ 表示对于个体域中的任何个体 x 都存在个体 y,x 与 y 是朋友。

(3) $(\exists x)(\exists y) F(x, y)$ 表示在个体域中存在个体 x 与个体 y,x 与 y 是朋友。

(4) $(\exists x)(\forall y) F(x, y)$ 表示在个体域中存在个体 x,与个体域中的任何个体 y 都是朋友。

高手点拨

当全称量词和存在量词出现在同一个命题中时,量词的次序将影响命题的意思。

> 例如，$(\forall x)(\exists y)(\text{Student}(x) \to \text{Teacher}(y, x))$ 表示"每个学生都有一个老师"；而 $(\exists y)(\forall x)(\text{Student}(x) \to \text{Teacher}(y, x))$ 表示"有一个人是所有学生的老师"。

位于量词后面的单个谓词或者用括号括起来的谓词公式称为<u>量词的辖域</u>。辖域内与量词中同名的变元称为<u>约束变元</u>，不受约束的变元称为<u>自由变元</u>。例如，在 $(\exists x)(P(x, y) \to Q(x, y)) \vee R(x, y)$ 中，$(P(x, y) \to Q(x, y))$ 是 $(\exists x)$ 的辖域，辖域内的变元 x 是受 $(\exists x)$ 约束的变元，而 $R(x, y)$ 中的 x 是自由变元。公式中的所有 y 都是自由变元。

2.2.4 谓词公式的性质

在谓词逻辑中，必须先考虑个体变元和函数在个体域中的取值，然后才能针对变元与函数的具体取值为谓词指派真值。对于个体变元和函数在个体域中取值的不同，一个谓词公式的解释可能有多个，因此，谓词公式在不同的个体域中具有不同的性质。对于每一个解释，谓词公式都可求出一个真值。

1. 永真性和永假性

如果谓词公式 P 对个体域 D 上的任何一个解释都取真值 T，则称 P 在 D 上是永真的；如果 P 在每个非空个体域上均永真，则称 P 永真。

如果谓词公式 P 对个体域 D 上的任何一个解释都取真值 F，则称 P 在 D 上是永假的；如果 P 在每个非空个体域上均永假，则称 P 永假。

> **提示**
>
> 为了判断某个公式永真，必须对每个个体域上的所有解释逐个判定，当解释的个数为无限时，公式的永真性就很难判断了。

2. 可满足性和不可满足性

对于谓词公式 P，如果至少存在一个解释使得公式 P 在此解释下的真值为 T，则称公式 P 是可满足的，否则，则称公式 P 是不可满足的。

3. 等价性

设 P 和 Q 是两个谓词公式，D 是它们共同的个体域，若对 D 上的任何一个解释，P 和 Q 都有相同的真值，则称 P 和 Q 在 D 上是等价的。如果 D 是任意个体域，则称 P 和 Q 是等价的，记作 $P \Leftrightarrow Q$。

表 2-4 列出了一些常用的等价式。

表 2-4　谓词公式的等价式

运　算	等价式	运　算	等价式
交换律	$P \vee Q \Leftrightarrow Q \vee P$	吸收律	$P \vee (P \wedge Q) \Leftrightarrow P$
	$P \wedge Q \Leftrightarrow Q \wedge P$		$P \wedge (P \vee Q) \Leftrightarrow P$
结合律	$(P \vee Q) \vee R \Leftrightarrow P \vee (Q \vee R)$	补余律	$P \vee \neg P \Leftrightarrow T$
	$(P \wedge Q) \wedge R \Leftrightarrow P \wedge (Q \wedge R)$		$P \wedge \neg P \Leftrightarrow F$
分配律	$P \vee (Q \wedge R) \Leftrightarrow (P \vee Q) \wedge (P \vee R)$	量词转换律	$\neg(\exists x)P \Leftrightarrow (\forall x)(\neg P)$
	$P \wedge (Q \vee R) \Leftrightarrow (P \wedge Q) \vee (P \wedge R)$		$\neg(\forall x)P \Leftrightarrow (\exists x)(\neg P)$
德摩根定律	$\neg(P \vee Q) \Leftrightarrow \neg P \wedge \neg Q$	量词分配律	$(\forall x)(P \wedge Q) \Leftrightarrow (\forall x)P \wedge (\forall x)Q$
	$\neg(P \wedge Q) \Leftrightarrow \neg P \vee \neg Q$		$(\exists x)(P \vee Q) \Leftrightarrow (\exists x)P \vee (\exists x)Q$
双重否定律	$\neg\neg P \Leftrightarrow P$	连接词化归律	$P \to Q \Leftrightarrow \neg P \vee Q$
逆否律	$P \to Q \Leftrightarrow \neg Q \to \neg P$		

提 示

在这些等价式中，补余律也称为否定律，双重否定律也称为对合律。

4．永真蕴涵

对于谓词公式 P 和 Q，如果 $P \to Q$ 永真，则称公式 P 永真蕴涵 Q，记作 $P \Rightarrow Q$，且称 Q 为 P 的逻辑结论，P 为 Q 的前提。

表 2-5 列出了一些常用的永真蕴涵式。

表 2-5　谓词公式的永真蕴涵式

推　理	永真蕴涵式	描　述
假言推理	$P, P \to Q \Rightarrow Q$	由 P 为真及 $P \to Q$ 为真，可推出 Q 为真
拒取式推理	$\neg Q, P \to Q \Rightarrow \neg P$	由 Q 为假及 $P \to Q$ 为真，可推出 P 为假
假言三段论	$P \to Q, Q \to R \Rightarrow P \to R$	由 $P \to Q$，$Q \to R$ 为真，可推出 $P \to R$ 为真
全称固化	$(\forall x)P(x) \Rightarrow P(y)$	y 是个体域中的任一个体，利用此永真蕴涵式可消去公式中的全称量词
存在固化	$(\exists x)P(x) \Rightarrow P(y)$	y 是个体域中某一个可使 $P(y)$ 为真的个体，利用此永真蕴涵式可消去公式中的存在量词

表 2-5（续）

推　理	永真蕴涵式	描　述
反证法	Q 为 $P_1, P_2, \cdots, P_n$ 的逻辑结论，当且仅当 $(P_1 \wedge P_2 \wedge \cdots \wedge P_n) \wedge \neg Q$ 是不可满足的。该定理是归结反演的理论依据	

提　示

上面列出的等价式和永真蕴涵式是进行演绎推理的重要依据，因此这些公式又称为推理规则，具体应用将在第 3 章讲解。

2.2.5　一阶谓词逻辑表示知识

用一阶谓词逻辑表示知识的一般步骤如下。

（1）定义谓词及个体，确定每个谓词及个体的确切意义。

（2）根据要表达的事物或概念，为谓词中的变元赋予特定的值。

（3）根据语义用适当的连接符号将各个谓词连接起来，形成谓词公式。

2.2.6　案例：机器人转移积木块

设在一个房间内，有一个机器人，一个壁橱，一个积木块，两张桌子 A 和 B。机器人在壁橱的旁边，且两手空空。桌子 A 上放着积木块，桌子 B 上是空的。机器人把积木块从桌子 A 上转移到桌子 B 上，然后回到壁橱的旁边，如图 2-3 所示。请用一阶谓词逻辑来表示机器人转移积木块的过程。

机器人转移积木块

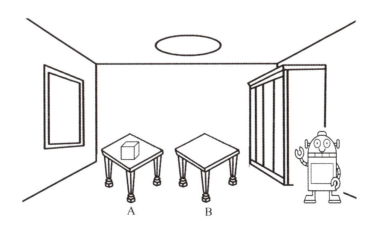

图 2-3　机器人转移积木块

解：（1）根据问题定义谓词及个体。

谓词包括 Table(x) 表示 x 是桌子，EmptyHand(x) 表示 x 双手是空的，At(x,y) 表示 x 在 y 的旁边，Holds(y,w) 表示 y 拿着 w，On(w,x) 表示 w 在 x 的上面，EmptyTable(x) 表示桌子 x 上是空的。

其中，本问题中涉及的个体常量有机器人 ROBOT、壁橱 ALCOVE、积木块 BOX、桌子 A 和桌子 B。

（2）为谓词中的变元赋予特定的值。

将个体常量代入谓词中，得到 At(ROBOT,ALCOVE)、EmptyHand(ROBOT)、Table(A)、On(BOX,A)、Table(B)、EmptyTable(B)。

（3）根据问题的描述，将问题的初始状态和目标状态分别用谓词公式表示。

问题的初始状态

$$At(ROBOT, ALCOVE) \wedge EmptyHand(ROBOT) \wedge$$
$$Table(A) \wedge On(BOX, A) \wedge Table(B) \wedge EmptyTable(B)$$

问题的目标状态

$$At(ROBOT, ALCOVE) \wedge EmptyHand(ROBOT) \wedge$$
$$Table(B) \wedge On(BOX, B) \wedge Table(A) \wedge EmptyTable(A)$$

（4）求解问题，利用一阶谓词逻辑来表示机器人转移积木块的过程。

高手点拨

对此问题的求解，实际上就是要寻找一组机器人可执行的操作，利用这组操作实现从初始状态到目标状态的转变。

机器人可执行的操作可以分为先决条件和动作两部分。先决条件直接用谓词公式表示，而动作通过动作前后的状态变化表示出来，即通过删除和增加动作发生前状态表中的谓词公式来描述相应的动作。

机器人将积木块从桌子 A 转移到桌子 B 所要执行的操作有 3 个。

GoTo(x,y)，表示从 x 处走到 y 处

PickUp(x)，表示在 x 处拿起盒子

SetDown(x)，表示在 x 处放下盒子

表 2-6 是这 3 个操作的先决条件和动作表示。

表 2-6 操作的先决条件和动作

操作		描述
GoTo(x,y)	先决条件	At(ROBOT,x)
	动作	删除 At(ROBOT,x)
		增加 At(ROBOT,y)

表2-6（续）

操作		描述
PickUp(x)	先决条件	On(BOX,x) ∧ Table(x) ∧ At(ROBOT,x) ∧ EmptyHand(ROBOT)
	动作	删除 On(BOX,x) ∧ EmptyHand(ROBOT)
		增加 Holds(ROBOT,BOX)
SetDown(x)	先决条件	Table(x) ∧ At(ROBOT,x) ∧ Holds(ROBOT,BOX)
	动作	删除 Holds(ROBOT,BOX)
		增加 On(BOX,x) ∧ EmptyHand(ROBOT)

机器人转移积木块的过程可表示为

GoTo(ALCOVE, A) ∧ PickUp(BOX) ∧ GoTo(A, B) ∧ SetDown(BOX) ∧ GoTo(B, ALCOVE)

> **提示**
>
> 机器人在执行每一操作之前，要先检查是否满足所需的先决条件，只有满足先决条件，才执行相应的动作。例如，机器人拿起桌子 A 上的积木块这一操作，其先决条件是 On(BOX,A) ∧ Table(A) ∧ At(ROBOT,A) ∧ EmptyHand(ROBOT)。对先决条件成立与否的验证可用归结原理来完成，详见第 3 章。

2.3 状态空间表示法

人工智能研究中运用的问题求解方法多数是采用试探搜索方法。也就是说，问题求解方法多数是通过在某个可能的解空间内寻找一个最优解来求解问题的。这种基于解答空间的问题表示和求解方法就是*状态空间表示法*，它是以状态和操作符为基础来表示和求解问题的。

2.3.1 问题的状态空间

状态是为描述某类不同事物间的差别而引入的一组最少变量 $q_0, q_1, \cdots, q_n$ 的有序集合，其矢量形式如下

$$Q = [q_0, q_1, \cdots, q_n]^T$$

式中每个元素 $q_i (i = 0,1,2,\cdots,n)$ 为集合的分量，称为**状态变量**。给定每个分量确定的值就得到一个具体的状态。

使问题从一种状态变换到另一种状态的手段称为**操作符或算符**。操作符可以是走步、过程、规则、数学算子、运算符号或逻辑符号等。

问题的状态空间是一个表示该问题全部可能状态及其关系的图，它包含 4 种说明的集

合，分别是所有可能的状态集合 S、操作符集合 O、包含问题的初始状态集合 S_0（是 S 的非空子集）及目标状态集合 G。因此，状态空间可记为四元组 (S, O, S_0, G)。

从初始状态集合 S_0 到目标状态集合 G 的路径称为 求解路径。求解路径上的操作符序列是状态空间的一个 解。例如，操作符序列 $O_1, O_2, \cdots, O_k$ 使初始状态 S_0 转换为目标状态 G，则 $O_1, O_2, \cdots, O_k$ 是待求解问题的一个解，如图 2-4 所示。

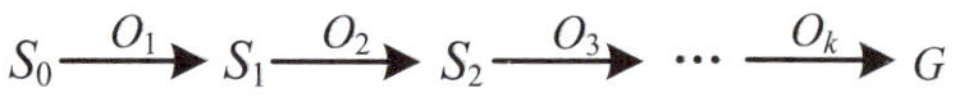

$$S_0 \xrightarrow{O_1} S_1 \xrightarrow{O_2} S_2 \xrightarrow{O_3} \cdots \xrightarrow{O_k} G$$

图 2-4　状态空间的一个解

2.3.2　状态空间的图描述

状态空间可用有向图描述。图的节点表示问题的状态，图的弧表示状态之间的关系，也就是求解问题的步骤。初始状态对应于实际问题的已知信息，是图中的根节点。在问题的状态空间描述中，寻找一种状态转换为另一种状态的某个操作符序列就等价于在一个图中寻找实现状态转换的某一路径。

如图 2-5 所示，用有向图描述状态空间。该图表示对状态 S_0 允许使用操作符 O_1，O_2 和 O_3，并分别使 S_0 转换为 S_1，S_2 和 S_3，之后再对状态 S_1，S_2 和 S_3 进行操作，直到目标状态出现。若 S_{10} 属于目标状态集 G，则 O_2, O_6, O_{10} 就是问题的一个解。

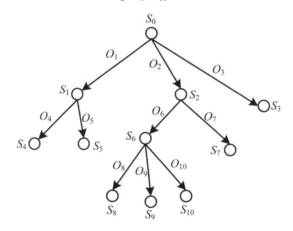

图 2-5　状态空间的图描述

2.3.3　状态空间表示问题

状态空间表示问题的一般步骤如下。

（1）定义状态的描述形式。
（2）用所定义的状态描述形式把问题的所有可能状态都表示出来。
（3）定义一组操作符，通过这组操作符可把问题从一种状态转换为另一种状态。
（4）绘制状态空间图，寻找将问题从初始状态转换为目标状态的操作符序列。

2.3.4 案例：探寻必胜策略

探寻必胜策略

假设有 7 个钱币，任一选手只能将已分好的一堆钱币分成两堆个数不等的钱币，两位选手轮流进行，直到每一堆都只有一个或两个钱币为止。哪个选手遇到不能分的情况就为输。假设对方先走，请用状态空间表示法确定我方必胜的策略。

解：（1）由于该问题中钱币的堆数在改变，因此，可用 n 元组 $(x_1,x_2,\cdots,x_n)$ 表示该问题的状态。其中，x_n 表示该堆钱币的数量。

（2）该问题的初始状态为(7)，获胜的状态为(2,2,2,1)、(2,2,1,1,1)和(2,1,1,1,1,1)，问题求解过程中可能涉及的状态有(6,1)、(5,2)、(4,3)、(5,1,1)、(4,2,1)、(3,2,2)、(3,3,1)、(4,1,1,1)、(3,2,1,1)、(2,2,2,1)、(3,1,1,1,1)、(2,2,1,1,1)和(2,1,1,1,1,1)。

（3）该问题中涉及的操作符有：

Part(0) 表示将数量第二的钱币堆分出去 1 个。
Part(1) 表示将数量最多的钱币堆分出去 1 个。
Part(2) 表示将数量最多的钱币堆分出去 2 个。
Part(3) 表示将数量最多的钱币堆分出去 3 个。

> **提示**
>
> 求解问题的过程中使用操作符时，要求钱币堆的总钱币数大于分出去的钱币数量。

（4）钱币分堆问题的状态空间图如图 2-6 所示。

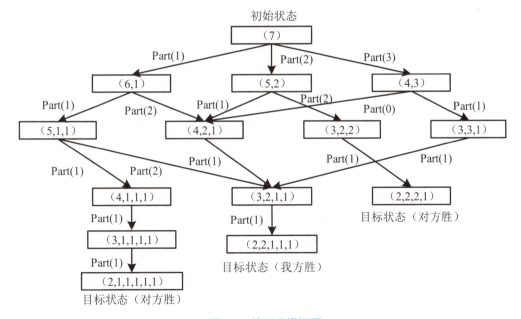

图 2-6 钱币分堆问题

由图 2-6 可知，我方获胜的状态为(2,2,1,1,1)，则我方必胜的策略之一为操作序列 {Part(2),Part(1),Part(1),Part(1)}。

> **知识拓展**
>
> 状态空间表示法求解问题的结果往往不唯一。例如，我方必胜策略问题的解也可以是{Part(1),Part(2),Part(1),Part(1)}。其中，使用操作符最少或总代价最小的解为其最优解。

2.4 产生式表示法

产生式表示法，又称产生式规则表示法，是由美国数学家波斯特（E.Post）于1943年提出的，如今已应用到多个领域中。

2.4.1 产生式的基本形式

产生式通常用来描述事实、规则及它们的不确定性程度，适合于表示事实知识和规则知识。

1. 确定性事实知识的产生式表示

确定性事实知识可看成是断言一个语言变量的值或是多个语言变量间关系的陈述句。语言变量的值或语言变量间的关系可以是一个词，不一定是数字。例如，雪是白色的，其中雪是语言变量，其值是白色的；小花喜欢猫，其中小花和猫是两个语言变量，两者的关系值是喜欢。

确定性事实知识一般用三元组表示

（对象，属性，值）

或者

（关系，对象1，对象2）

例如，"雪是白色的"表示为（Snow，Color，White）；"小花喜欢猫"表示为（Like，Xiaohua，Cat）。

2. 不确定性事实知识的产生式表示

不确定性事实知识一般用四元组表示

（对象，属性，值，置信度）

或者

（关系，对象1，对象2，置信度）

其中，置信度代表该事实为真的相信程度，可用一个 0 到 1 之间的数来表示。

例如，"这只狗的名字不太可能叫小白"表示为（Dog，Name，Xiaobai， 0.2）；"杰克极有可能喜欢露丝"表示为（Love，Jack，Rose， 0.9）。

3. 确定性规则知识的产生式表示

规则知识一般用来描述事物间的因果关系。确定性规则知识的产生式表示的基本形式为

$$IF \quad P \quad THEN \quad Q$$

或者

$$P \rightarrow Q$$

其中，P 是产生式的前提，也可称为前项，用于指出使用该产生式需要满足的条件；Q 是产生式的结论，也可称为后项，用于指出当满足前提 P 的条件时，应该得出的事实或应该执行的操作。

由此可知，整个产生式的含义是如果满足前提 P，则可得到事实 Q 或执行 Q 所规定的操作。例如，产生式

$$IF \quad 一个整数大于 3 \quad AND \quad 小于 5 \quad THEN \quad 这个整数是 4$$

中，"一个整数大于 3 AND 小于 5"是前提，"这个整数是 4"是结论。

4. 不确定性规则知识的产生式表示

不确定性规则知识的产生式表示的基本形式为

$$IF \quad P \quad THEN \quad Q \quad （置信度）$$

或者

$$P \rightarrow Q \quad （置信度）$$

其中，置信度代表满足前提 P 得出的结论 Q 的可信程度。

例如，产生式

$$IF \quad 他感觉头疼 \quad AND \quad 流鼻涕 \quad THEN \quad 他感冒了 \quad （0.8）$$

该产生式表示当前提中列出的各个条件都满足时，结论"他感冒了"的可能性为 0.8。

📑 添砖加瓦

产生式与谓词逻辑中蕴涵式的基本形式相同，但是蕴涵式只是产生式的一种特殊情况，并且两者之间存在很大的区别：

（1）式中运算范围不同。蕴涵式只包括逻辑蕴涵，而产生式中除逻辑蕴含外，还包括各种操作、规则、变换、算子、函数等。

（2）知识表示范围不同。蕴含式只能表示确定性知识，其真值非真即假，而产生式不仅可以表示确定性知识，还可以表示不确定性知识。

（3）匹配要求不同。对于蕴涵式来说，其匹配要求是精确的，而在产生式中，匹配可以是精确的，也可以是不精确的，只要按某种算法求出的相似度落在预先指定的范围内就认为是可匹配的。

为了严格地描述产生式，下面用巴克斯范式给出产生式的形式描述。

<产生式>::=<前提>→<结论>

<前提>::=<简单条件>|<复合条件>

<结论>::=<事实>|<操作>

<复合条件>::=<简单条件>AND<简单条件>[AND<简单条件>…]

|<简单条件>OR<简单条件>[OR<简单条件>…]

<操作>::=<操作名>[(<变元>，…)]

其中，符号"::="表示"定义为"，符号"|"表示"或者是"，符号"[]"表示"可省略"。

2.4.2 产生式系统

产生式系统是人工智能系统中常用的一种程序结构，是一种知识表示系统。产生式系统把一组产生式放在一起，让它们互相配合，协同工作，并且可以让一个产生式生成的结论作为另一个产生式的已知事实使用，以求得问题的结论。

一般来说，一个产生式系统由规则库、推理机和综合数据库三部分组成。它们之间的关系如图2-7所示。

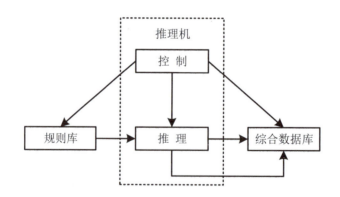

图2-7 产生式系统的基本结构关系

1. 规则库

规则库是用于描述相应领域内知识的产生式集合。规则库中包含着将问题从初始状态转换成目标状态（或解状态）的那些变换规则。

> **知识库**
>
> 规则库是产生式系统求解问题的基础,其知识是否完整、一致,表达是否准确、灵活,对知识的组织是否合理等,将直接影响到系统的性能。因此,在建立规则库时应注意以下问题。
>
> (1)有效地表达领域内的过程知识。规则库中存放的主要是过程性知识,用于实现对问题的求解。
>
> (2)对规则库中的知识进行合理的组织与管理,检测并排除冗余及矛盾的知识,保持知识的一致性。
>
> (3)采用合理的结构形式,可使推理避免访问那些与当前问题求解无关的知识,从而提高求解问题的效率。

2. 综合数据库

综合数据库又称为事实库、上下文、黑板等。它是一个用于存放问题求解过程中各种当前信息的数据结构,如问题的初始状态、原始证据、推理中得到的中间结论及最终结论等。

当规则库中某条产生式的前提可与综合数据库中的某些已知事实匹配时,该产生式就被激活,并把它推出的结论放入综合数据库中,作为后面推理的已知事实。显然,综合数据库的内容是不断变化的,是动态的。

3. 推理机

推理机是由一个或一组程序组成,负责整个产生式系统的运行,控制和协调规则库与综合数据库的运行,实现对问题的求解。推理机主要做以下4项工作。

(1)匹配。按一定的策略从规则库中选择适当的规则与综合数据库中的已知事实进行匹配。

> **高手点拨**
>
> 所谓匹配是指规则的前提条件与综合数据库中的已知事实进行比较。如果两者一致,或者近似一致且满足预先规定的条件,则称匹配成功,相应的规则可使用,否则称为匹配不成功,相应规则不可用于当前的推理。

(2)冲突消解。匹配成功的规则可能不止一条,这称为发生了冲突。此时,推理机必须调用相应的解决冲突策略进行消解,以便从匹配成功的规则中选出一条执行。

(3)执行。在执行某一条规则时,如果该规则的后项是一个或多个结论,则把这些结论加入综合数据库中;如果规则的后项是一个或多个操作,则执行这些操作。

> **提示**
>
> 对于不确定性知识，在执行每一条规则时，还需要按一定算法计算结论的不确定性。

（4）检查推理终止条件。随时检查综合数据库中是否包含了最终结论，以便在适当的时候停止系统的运行。

2.4.3 产生式系统求解问题

产生式系统求解问题的一般步骤如下。

（1）初始化综合数据库，把问题的初始已知事实送入综合数据库中。

（2）根据相关领域的知识建立规则库。

（3）若规则库中存在尚未使用过的规则，而且它的前提可与综合数据库中的已知事实匹配，则转第（4）步；若不存在这样的事实，则转第（6）步。

（4）执行当前选中的规则，并对该规则做上标记，把该规则执行后得到的结论送入综合数据库中，如果该规则的结论部分指出的是某些操作，则执行这些操作。

（5）检查综合数据库中是否已包含了问题的解，若已包含，则终止问题的求解过程；否则第（3）步。

（6）要求用户提供进一步的关于问题的已知事实，若能提供，则转第（3）步，否则终止问题的求解过程。

（7）若规则库中不再有未使用过的规则，则终止问题的求解过程。

> **高手点拨**
>
> 在上述的第（5）步中，为了检查综合数据库中是否包含问题的解，可采用如下两种简单的处理方法。
>
> （1）把问题最终的结论全部列于一张表中，每当执行一条规则得到一个结论时，就检查该结论是否包含在表中，若包含在表中，说明它就是最终结论，求得了问题的解。
>
> （2）对每条是最终结论的产生式规则做标记，当执行到上述步骤中的第（4）步时，首先检查该选中的规则是否带有这个标记，若带有，则由该规则推出的结论就是最终结论，即求得了问题的解。

2.4.4 案例：字符转换

现有字符A和B，求字符F。其中，字符之间存在的转换规则有5条，分别是$A \land B \to C$、

A∧C→D、B∧C→G、B∧E→F 和 D→E。

解：（1）初始化综合数据库。将已知字符 A 和 B 存放在于综合数据库。

（2）根据问题建立如下规则库。

r_1: IF A∧B THEN C
r_2: IF A∧C THEN D
r_3: IF B∧C THEN G
r_4: IF B∧E THEN F
r_5: IF D THEN E

（3）通过推理机进行推理，其中初始字符有 A 和 B，目标字符是 F。

推理机的工作过程主要是从规则库中取出一条规则（如 r_1），检查其前提（A∧B）是否可与综合数据库中的已知事实（A 和 B）匹配成功。若匹配成功，则执行该条规则，并将得到的结论部分（C）加入综合数据库中，并标注执行过的规则（标注 r_1），以避免下次再被匹配。检测综合数据库中的内容，判断是否含有推理终止条件（综合数据库中含有字符 F）。若含有，则推理结束。

表 2-7 中描述了推理机工作过程中使用的规则及综合数据库中数据的变化情况。

表 2-7 推理机工作过程

规则	综合数据库	是否匹配	执行规则后综合数据库	标注	检测是否含有推理终止条件
r_1	A、B	是	A、B、C	已选用	否
r_2	A、B、C	是	A、B、C、D	已选用	否
r_3	A、B、C、D	是	A、B、C、D、G	已选用	否
r_5	A、B、C、D、G	是	A、B、C、D、G、E	已选用	否
r_4	A、B、C、D、G、E	是	A、B、C、D、G、E、F	已选用	是

2.5 语义网络表示法

语义网络最早是 1968 年由奎利恩（J.R.Quillian）在研究人类联想记忆时提出的一种心理学模型，他认为记忆是由概念间的联系实现的。随后在他设计的可教式语言理解器中又把它用作知识表示方法。1972 年，赫伯特·西蒙正式提出了语义网络的概念，讨论了它与一阶谓词逻辑的关系，并将语义网络应用到了自然语言理解的研究中。

2.5.1 语义网络的结构

语义网络是通过概念及语义关系（或语义联系）来表示知识的一种网络图。从图论的观点出发，语义网络是一种带标识的有向图。

语义网络由节点和节点间的弧组成。节点表示各种事物、概念、情况、属性、状态、事件和动作等；弧表示它所连接的节点间的各种语义关系。节点和弧都必须带有标识，以便区分各种不同对象及对象间的各种语义关系。

> **提示**
>
> 在语义网络中，节点可以是一个语义子网络；弧的方向是有意义的，不能随意调换，且弧箭头所指向的节点称为上层节点，弧尾部所连接的节点称为下层节点。

从结构上来看，语义网络一般由一些最基本的语义单元组成。这些最基本的语义单元称为语义基元，可用如下三元组来表示。

$$(节点1，弧，节点2)$$

语义基元结构的有向图表示如图 2-8 所示。其中，A 和 B 分别代表节点，而 R 代表 A 和 B 之间的某种语义关系。

当把多个语义基元用相应的语义关系关联在一起时，就形成了一个语义网络，其结构如图 2-9 所示。

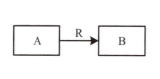

图 2-8 语义基元结构

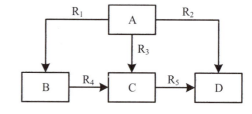

图 2-9 语义网络结构

2.5.2 基本的语义关系

基本语义关系是构成复杂语义关系的基本单元，也是语义网络表示知识的基础。一些基本的语义关系可以组合成任意复杂的语义关系。以下是一些经常使用的基本语义关系。

1. 类属关系

类属关系是指具有共同属性的不同事物间的分类关系、成员关系或实例关系，它体现的是具体与抽象、个体与集体的层次分类。例如，"是一只""是一个""是一种"等。常用的类属关系有以下 3 种。

（1）ISA（Is-A）表示一个事物是另一个事物的实例。例如，"鹦鹉是一只鸟"，其语义网络表示如图 2-10 所示。

（2）AMO（A-Member-Of）表示一个事物是另一个事物的成员。例如，"李琦是学生会人员"，其语义网络表示如图 2-11 所示。

（3）AKO（A-Kind-Of）表示一个事物是另一个事物的一种类型。例如，"鸟是动物"，其语义网络表示如图 2-12 所示。

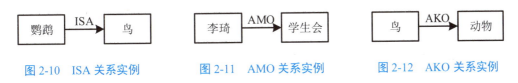

图 2-10　ISA 关系实例　　　图 2-11　AMO 关系实例　　　图 2-12　AKO 关系实例

知识库

在类属关系中，最主要的特征是属性的继承性，下层节点可以继承上层节点的所有属性。

例如，"鹦鹉是一只鸟"，节点鸟的属性是有羽毛和翅膀，节点鹦鹉的属性是会模仿人说话。这一知识的语义网络表示中，鹦鹉处于下层节点，鸟处于上层节点，因此，鹦鹉可以继承鸟的属性，即鹦鹉的属性是有羽毛、翅膀和会模仿人说话。

2．包含关系

包含关系也称为聚集关系，是指具有组织或结构特征的部分与整体之间的关系，它和类属关系的最主要的区别就是包含关系一般不具备属性的继承性。

常用的包含关系有 Part-of、Member-of 等，它表示一个事物是另一个事物的一部分，体现了部分与整体的关系。用包含关系连接的上下层节点的属性可能是不相同的。例如，"轮胎是汽车的一部分"，其语义网络表示如图 2-13 所示。

图 2-13　包含关系实例

3．属性关系

属性关系是指事物和属性之间的关系。常用的属性关系有下列两种。

（1）Have 表示一个节点具有另一个节点所描述的属性。例如，"鸟有翅膀"，其语义网络表示如图 2-14 所示。

（2）Can 表示一个节点能做另一个节点的事情。例如，"洗衣机可以洗衣服"，其语义网络表示如图 2-15 所示。

图 2-14　Have 关系实例　　　　　图 2-15　Can 关系实例

4．时间关系

时间关系是指不同事件发生的先后关系，节点间不具备属性继承性。常用的时间关系有 Before、After 等。例如，"香港回归之后，澳门也回归了"，其语义网络表示如图 2-16 所示。

图 2-16　时间关系实例

5．位置关系

位置关系是指不同事物在位置方面的关系，节点间不具备属性继承性。常用的位置关系有 Located-on、Located-under、Located-inside 和 Located-outside 等，分别表示一物体在另一物体之上、之下、之中和之外，还有 Located-at 表示一物体在某一位置等。例如，"清华大学位于北京"，其语义网络表示如图 2-17 所示。

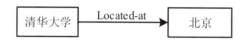

图 2-17　位置关系实例

6．因果关系

因果关系是指由于某一事物的发生而导致另一事物的发生，适合表示规则性知识。通常用 If-then 关系表示两个节点之间的因果关系，其含义是"如果……，则……"。例如，"如果明天下雨，则出门需要带雨伞"，其语义网络表示如图 2-18 所示。

图 2-18　因果关系实例

7．相近关系

相近关系又称为相似关系，是指不同事物在形状、内容等方面相似或接近。常用的相近关系有 Similar-to 和 Near-to，分别表示一事物与另一事物相似和相近。例如，"狗长得像狼"，其语义网络表示如图 2-19 所示。

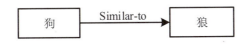

图 2-19 相近关系实例

8．组成关系

组成关系是一种一对多的关系，用于表示某一事物由其他一些事物构成，通常用 Composed-of 关系表示。Composed-of 关系所连接的节点间不具备属性继承性。例如，"整数由正整数、负整数和零组成"，其语义网络表示如图 2-20 所示。

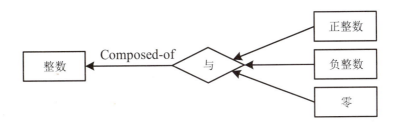

图 2-20 组成关系实例

2.5.3 语义网络表示知识

语义网络除了可以描述事物本身之外，还可以描述事物之间错综复杂的关系。因此，通常把有关一个事物或一组相关事物的知识用一个语义网络来表示。例如，知识"苹果树是一种果树，果树又是树的一种，树有根和叶，而且树是一种植物"，其语义网络表示如图 2-21 所示。

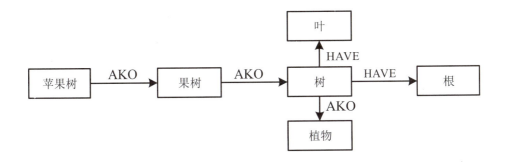

图 2-21 有关苹果树的语义网络表示

知识是复杂多样的，下面着重介绍语义网络表示知识的方法。

1. 动作、情况和事件的表示

上述例子中的节点都是用来表示一个事物或是一个具体的概念，其实，节点还可以表示某一动作、某一情况或某一事件。此时，节点可以有一组向外的弧，用于指出不同的情况。

（1）动作的表示。有些表示知识的语句既有发出动作的主体，又有接受动作的客体。此时，可以增加一个动作节点用于指出动作的主体和客体。

例如，知识"我送给他一本书"中涉及的对象有"我""他"和"书"，为了表示这个事实，增加一个动作节点，即"送给"节点。该知识的语义网络表示如图 2-22 所示。

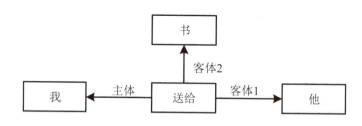

图 2-22　带有动作节点的语义网络表示

（2）情况的表示。如果语句中的动作表示了一些其他情况，如动作作用的时间等，则需要增加一个情况节点用于指出各种不同的情况。

例如，知识"请在 2020 年 9 月前归还图书"中只涉及一个对象"图书"，而且这条知识表示了在 2020 年 9 月前归还图书这一情况。为了表示归还的时间，可以增加一个"归还"节点和一个"情况"节点，这样不仅说明了归还的对象是图书，而且很好地表示了归还图书的时间。该知识的语义网络表示如图 2-23 所示。

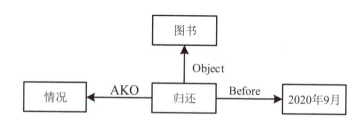

图 2-23　带有情况节点的语义网络表示

（3）事件的表示。如果要表示的知识可以看成是发生的一个事件，那么可以增加一个事件节点来描述这条知识。

例如，知识"红队邀请蓝队进行了一场篮球比赛，结局是红队以 10∶7 的成绩获胜"的语义网络表示如图 2-24 所示。其中，增加了节点"篮球赛"表示事件。

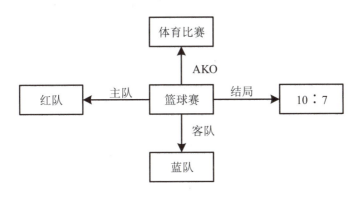

图 2-24 带有事件节点的语义网络表示

2．连词和量词的表示

语义网络可以表示含有"并且""或者""所有""存在"等连接词或量词的复杂知识。

（1）合取与析取的表示。为了能表示知识中含有的合取与析取的语义关系，语义网络表示法通过增加合取节点和析取节点来表示。

例如，用语义网络表示知识"参观博物馆的人员有男有女，有年老的，有年轻的"，如图 2-25 所示。其中，A、B、C、D 分别代表 4 种情况的参观者。

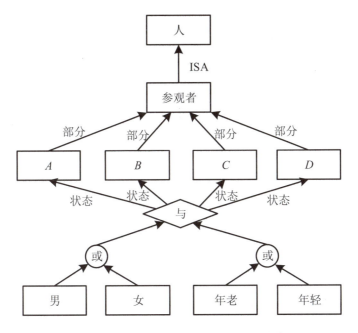

图 2-25 具有合取和析取关系的语义网络表示

（2）存在量词和全称量词的表示。在用语义网络表示知识时，存在量词可以直接用"是一种""是一个"等语义关系表示；全称量词可以采用语义网络分区技术表示，该技术也称为分块语义网络,用来解决量词的表示问题。

知识库

语义网络分区技术的基本思想是把一个复杂的命题划分成若干个子命题,每个子命题用一个简单的语义网络来表示,称为一个子空间,多个子空间构成一个大空间。每个子空间可看作是大空间中的一个节点,称为超节点。空间可以逐层嵌套,子空间之间用弧相互连接。

例如,知识"每个学生都学习了一门外语"用语义网络表示如图 2-26 所示。

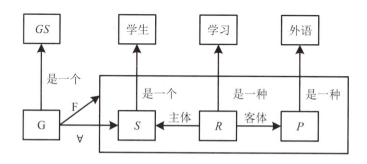

图 2-26 具有全称量词的语义网络表示

其中,G 代表整个陈述句,且 G 是一般陈述句 GS 的一个实例。G 中的每一个元素至少有两个特性,即句中的关系 F(Form)和全称量词 ∀。S 代表学生,R 代表学习的动作,P 代表一门外语。

高手点拨

在图 2-26 中,弧 F 由节点 G 指向子空间,代表 G 中的元素具有子空间表示的关系。弧 ∀ 由节点 G 指向节点 S,代表 G 中包含的变元 S 具有全称量词。

在知识"每个学生都学习了一门外语"中,只有代表学生的变元 S 具有全称量词,因此,其语义网络图中仅有一条指向节点 S 的弧 ∀。若某个事实中存在多个具有全称量词的变元,则需要多条弧 ∀,且弧 ∀ 由表示知识的节点出发,指向表示具有全称量词变元的节点。

拓展训练

请用语义网络表示法表示事实"每个学生都学习了每门外语"。

3. 语义网络表示知识的步骤

语义网络表示知识的一般步骤如下。

（1）确定问题中所有对象和各对象的属性。

（2）确定所讨论对象间的关系。

（3）根据语义网络中所涉及的关系，对语义网络中的节点及弧进行整理，包括增加节点、增加弧和归并节点等。

> **高手点拨**
>
> 语义网络中所涉及的关系，以及相应节点和弧的整理方式主要有下列 6 种。
>
> ① 在语义网络中，如果节点中的联系是 ISA、AMO、AKO 等类属关系，则下层节点对上层节点具有继承性。整理同一层节点的共同属性，并抽出这些属性，加入上层节点中，以免造成信息冗余。
>
> ② 如果要表示的知识中含有动作关系，则增加动作节点，并从该节点引出多条弧将动作的主体节点和客体节点连接起来。
>
> ③ 如果要表示的知识中的动作表示了一些其他情况，则增加情况节点，并从动作节点引出一条弧指向该情况节点。
>
> ④ 如果要表示的知识中含有"与"和"或"关系，可在语义网络中增加"与"和"或"节点，并用弧将这些"与"和"或"与其他节点连接起来表示知识中的语义关系。
>
> ⑤ 如果要表示的知识是含有全称量词和存在量词的复杂问题，则采用语义网络分区技术来表示。
>
> ⑥ 如果要表示的知识是规则性的知识，则应仔细分析问题中的条件与结论，并将它们作为语义网络中的两个节点，然后用 If-then 弧将它们连接起来。

（4）将各对象作为语义网络的一个节点，各对象间的关系作为网络中各节点的弧，连接形成语义网络。

2.5.4 案例：动物分类

现有动物猫、狗、猪、羊，它们都是哺乳动物。斯芬克斯猫是猫，但是它没有毛。松狮是狗，长得像狮子。野猪是猪，但是生活在森林中。山羊和绵羊都是羊，但是山羊头上长着角，绵羊没有，绵羊能产羊毛，但是山羊不能。

解：（1）知识中涉及的对象有动物、猫、狗、猪、羊、哺乳动物、斯芬克斯猫、猫毛、松狮、狮子、野猪、森林、山羊、绵羊、羊角、羊毛等。

（2）分析对象之间的关系。动物和哺乳动物，哺乳动物和猫、狗、猪及羊，猫和斯芬克斯猫，狗和松狮，猪和野猪，羊和山羊及绵羊之间的关系都属于"是一种"的关系，用 AKO 来表示。斯芬克斯猫和猫毛之间是一种属性关系，用 Not-have 来表示；山羊和羊角、绵羊和羊毛之间也是属性关系，用 Have 来表示。松狮和狮子之间是相近关系，用 Similar-to 来表示。野猪和森林之间是位置关系，用 Located-at 来表示。

（3）整理语义网络中的节点和弧，连接形成语义网络，如图 2-27 所示。

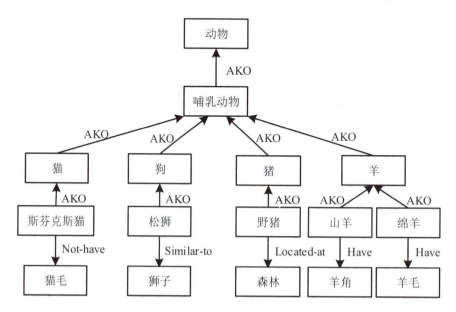

图 2-27　动物分类的语义网络表示

2.6　框架表示法

1975 年美国著名的人工智能学者马文·明斯基在论文中提出了框架理论。他从心理学的证据出发，认为人的知识是以框架结构寄存在人脑中的。当人们面临新的情况，或对问题的看法有重要变化时，总是从自己的记忆中找出一个合适的框架，然后根据细节加以修改补充，从而形成对新事物的认识。

框架表示法是一种结构化的知识表示方法，现已在多种系统中得到了应用。

2.6.1　框架的一般结构

框架（frame）是一种描述对象属性的数据结构，是由若干个节点和关系构成的网络。其中，对象代表一个物体、事件或概念等。

一个框架由若干个被称为"槽"（slot）的结构组成，每个槽又可根据实际情况划分为若干个"侧面"(facet)。一个槽用于描述所论述对象某一方面的属性,一个侧面用于描述相应属性的一个方面。槽和侧面所具有的属性值分别称为槽值和侧面值。

用框架表示知识的系统中一般含有多个框架,一个框架一般又含有多个不同槽和不同侧面,因此,分别用不同的框架名、槽名及侧面名表示。无论是对框架、槽或侧面,都可以为其附加上一些说明性的信息,如一些约束条件,用于指出什么样的值才能填入到槽和侧面中。

框架一般结构的表示形式如表 2-8 所示。

表 2-8 框架一般结构的表示形式

<框架名>			
槽名 1:	侧面名 $_{11}$	侧面值 $_{111}$,侧面值 $_{112}$,…,侧面值 $_{11p_1}$	
	侧面名 $_{12}$	侧面值 $_{121}$,侧面值 $_{122}$,…,侧面值 $_{12p_2}$	
	…		
	侧面名 $_{1m}$	侧面值 $_{1m1}$,侧面值 $_{1m2}$,…,侧面值 $_{1mp_m}$	
槽名 2:	侧面名 $_{21}$	侧面值 $_{211}$,侧面值 $_{212}$,…,侧面值 $_{21p_1}$	
	侧面名 $_{22}$	侧面值 $_{221}$,侧面值 $_{222}$,…,侧面值 $_{22p_2}$	
	…		
	侧面名 $_{2m}$	侧面值 $_{2m1}$,侧面值 $_{2m2}$,…,侧面值 $_{2mp_m}$	
…			
槽名 n:	侧面名 $_{n1}$	侧面值 $_{n11}$,侧面值 $_{n12}$,…,侧面值 $_{n1p_1}$	
	侧面名 $_{n2}$	侧面值 $_{n21}$,侧面值 $_{n22}$,…,侧面值 $_{n2p_2}$	
	…		
	侧面名 $_{nm}$	侧面值 $_{nm1}$,侧面值 $_{nm2}$,…,侧面值 $_{nmp_m}$	
约束:	约束条件 $_1$		
	约束条件 $_2$		
	…		
	约束条件 $_n$		

由上述表示形式可以看出,一个框架可以有任意有限数目的槽,一个槽可以有任意有限数目的侧面,一个侧面可以有任意有限数目的侧面值。

高手点拨

> 槽值或侧面值既可以是数值、字符串、布尔值,也可以是满足某个给定条件时要执行的动作或过程,还可以是另一个框架的名字,以实现一个框架对另一个框架的调用,表示框架之间的横向联系。约束条件是任选的,当不指出约束条件时,表示没有约束。

例如,表2-9描述了优质商品的框架。

表2-9 优质商品框架

框架名:<优质商品>
商品名称:
生产厂商:
获奖情况:获奖等级:
颁奖部门:
获奖时间:单位(年/月/日)

该框架中有3个槽,槽名分别是"商品名称""生产厂商"和"获奖情况",分别描述了"优质商品"的3种属性。其中,"获奖情况"槽又包含了3个侧面,分别是"获奖等级""颁奖部门"和"获奖时间"。对于侧面"获奖时间",用"单位"指出了该侧面值的标准限制,要求所填的时间必须按照"年/月/日"的顺序填写。

对于上述框架,当把具体的信息填入槽或侧面后,就得到了一个实例框架。例如,把某一款优质商品的信息填入优质商品框架中,就可得到该款商品的框架表示,如表2-10所示。

表2-10 优质商品框架

框架名:<优质商品>
商品名称:旺旺小小酥
生产厂商:旺旺公司
获奖情况:获奖等级:一等
颁奖部门:食品安全局
获奖时间:2020/9/1

2.6.2 框架表示知识

框架表示知识的一般步骤如下。

（1）分析待表示知识中的对象及其属性，合理设置框架中的槽。

（2）考察各对象间的各种联系。使用一些常用的名称或根据具体需要定义一些表达联系的槽名，来描述上下层框架间的联系。常用的槽名有 ISA 槽、AKO 槽、INSTANCE 槽和 Part-of 槽等。

（3）对各层对象的槽和侧面进行合理的组织安排，避免信息描述的重复。

2.6.3 案例：新闻报道

以下是一则关于地震的新闻报道，请用框架表达这段报道。

今天，一次强度为里氏 8.5 级的强烈地震袭击了下斯洛文尼亚地区，造成 25 人死亡和 5 亿美元的财产损失。下斯洛文尼亚地区主席说，多年来，靠近萨迪壕金斯断层的重灾区一直是一个危险地区，这是本地区发生的第 3 号地震。

解：（1）确定新闻中的对象及其属性。本报道中的对象是地震 3，关于地震的关键属性是地震发生的地点、时间、伤亡人数、财产损失数量、震级、断层情况。

（2）将有关数据填入相应的槽中，如表 2-11 所示。

表 2-11 地震框架

框架名：<地震 3>
地点：下斯洛文尼亚
时间：今天
伤亡人数：25
财产损失：5 亿美元
震级：8.5
断层：萨迪壕金斯

本章小结

本章主要介绍了知识表示的方法。通过本章的学习，读者应重点掌握以下内容。

（1）知识表示是将人类知识形式化或模型化。实际上，就是对知识的一种描述，或者说是一组约定，一种计算机可以接受的用于描述知识的数据结构。

（2）一阶谓词逻辑表示法是基于命题中谓词分析的一种逻辑表示方法。

（3）状态空间表示法是指基于解答空间的问题表示和求解方法，它是以状态和操作符为基础来表示和求解问题的。

（4）产生式表示法，又称产生式规则表示法，使用产生式表示系统中的规则。其中，产生式通常用来描述事实、规则及它们的不确定性程度，适合于表示事实知识和规则知识。

（5）语义网络是通过概念及语义关系（或语义联系）来表示知识的一种网络图，它是由节点和节点间的弧组成。

（6）框架是一种描述对象属性的数据结构，是由若干个节点和关系构成的网络。一个框架由若干个被称为"槽"的结构组成，每个槽又可根据实际情况划分为若干个"侧面"。

思考与练习

1. 选择题

（1）知识的特性不包括下列哪一项（　　）。

  A．相对确定性　　　　　　　　B．经验性

  C．不确定性　　　　　　　　　D．可利用性

（2）一阶谓词逻辑不属于下列哪类逻辑（　　）。

  A．经典逻辑　　　　　　　　　B．二值逻辑

  C．非经典逻辑　　　　　　　　D．谓词逻辑

（3）产生式系统的组成部分不包括下列哪一项（　　）。

  A．模拟器　　　　　　　　　　B．规则库

  C．组合数据库　　　　　　　　D．推理机

（4）语义网络的组成部分包括（　　）。

  A．节点　　　　　　　　　　　B．弧

  C．节点和弧　　　　　　　　　D．语义关系

（5）框架一般结构中不包括（　　）。

  A．框架名和槽名　　　　　　　B．框架条件

  C．侧面名和侧面值　　　　　　D．约束条件

2．填空题

（1）知识表示是将人类知识_____或_____。实际上，就是对知识的一种描述，或者说是一组约定，一种计算机可以接受的用于描述知识的数据结构。知识表示可视为_____和_____的综合。

（2）一阶谓词逻辑表示法是基于_____的一种逻辑表示方法。谓词就是用于刻画个体的_____、_____和个体之间关系的语言成分。

（3）基于解答空间的问题表示和求解方法就是_____，它是以_____和_____为基础来表示和求解问题的。

（4）产生式通常用来描述_____、_____及它们的_____，适合于表示事实知识和规则知识。

（5）语义网络是通过_____来表示知识的一种网络图。从图论的观点出发，语义网络是一种_____的有向图。

（6）框架是一种描述_____的数据结构，是由若干个_____和_____构成的网络。

3．简答题

（1）简述什么是谓词公式，以及谓词公式的性质有哪些。

（2）简述状态空间表示问题的一般步骤。

（3）简述产生式与谓词逻辑中蕴涵式的区别。

（4）基本语义关系是构成复杂语义关系的基本单元，也是语义网络表示知识的基础，请简述语义网络中常用的基本语义关系有哪些。

（5）简述框架表示知识的一般步骤。

4．实践题

（1）请用一阶谓词逻辑表示下列知识。

① 我既喜欢音乐又喜欢绘画。

② 201房间里面有个物体。

③ 所有的消防车都是红色的。

④ 有学生每天都去打篮球。

⑤ 不是每个学生都喜欢跑步。

（2）在一个房间内有一只猴子、一把香蕉和一个箱子，分别位于A，B，C三处，如图2-28所示。香蕉挂在天花板下方，但是猴子的高度摘不到香蕉，那么这只猴子要怎么做才能摘到香蕉呢？

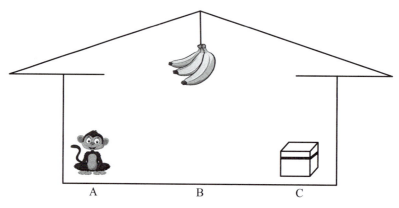

图 2-28 猴子摘香蕉

（3）今天天气晴朗，小明要洗 6 件脏衣服，请用产生式表示法判断衣服是否要晾在户外。注意：为了节约用水，小明习惯积累 5 件脏衣服才使用洗衣机洗。而且只有在天气晴朗的情况下，小明才将衣服晾在户外，否则使用干衣机烘干。

（4）用语义网络表示下列知识。

树和草都是植物，而且它们都有根和叶。水草是草且生长在水中。果树是树且可以结果子。苹果树是果树的一种，它可以结苹果。

（5）请用框架表示法表示教师信息。提示：教师的信息包括姓名、年龄、性别、职称、部门、住址、工资和开始工作时间。

第 3 章
确定性推理

本章导读

知识表示方法能够将知识以某种模式表示出来并存储到计算机中,而计算机真正的智能是其具有思维能力,即能运用知识进行推理来求解问题。

本章从推理的概念入手,介绍确定性推理的方式,包括自然演绎推理和归结演绎推理。

学习目标

- 熟悉推理的概念、方式及分类。
- 理解推理方向和冲突消解策略。
- 掌握自然演绎推理和归结演绎推理的推理方法,并能够使用它们求解问题。

素质目标

- 熟悉确定性推理,探究技术原理,增加知识储备,培养钻研精神。
- 了解时代新科技,激发学习兴趣和创新思维,增强民族自信心。

3.1 推理概述

3.1.1 推理的概念

推理是指从已知事实出发，按照某种策略，运用已掌握的知识，推导出其中蕴含的事实性结论或归纳出某些新的结论的过程。

推理所用的事实可分为两种，一种是推理前用户提供的与求解问题有关的初始证据；另一种是推理过程中所得到的中间结论，这些中间结论可以作为进一步推理的证据。

通常，智能系统的推理过程由推理机来完成。所谓推理机就是智能系统中用来实现推理的那些程序。

科技之光

国家"十三五"科技创新成就展上，科普机器人"小科"（见图 3-1）受邀来到现场，全面展示了海量科普知识问答、诗词创作、开放式对话等"技能"。

图 3-1 科普机器人"小科"

不仅如此，小科还能够与现场观众进行拟人化交互，回答现场观众五花八门的提问，如"小科小科，你知道什么是碳中和吗？""牛顿第一定律是什么？""什么是宇宙背景辐射？""什么是自然语言处理？"等问题，引得不少"围观"。

事实上，尽管小科有着可爱的机器人外形，但是不同于常见的生活服务机器人，其背后有着更加复杂的人工智能技术支撑，可以说核心组件是具有认知、理解、学习和推理能力的"AI 大脑"。

"AI 大脑"一方面依靠超大规模人工智能预训练模型——悟道 2.0，另一方面则在大模型中融入了大规模知识图谱，从而赋予了小科学习知识和推理的能力。

3.1.2 推理方式及分类

人类的智能活动有多种思维方式,相应地,对人类智能进行模拟的人工智能也有多种推理方式。下面从不同的角度对推理方式进行分类。

1. 按推理的逻辑基础分类

按推理的逻辑基础分类,推理可分为演绎推理、归纳推理和默认推理。

(1)演绎推理是从已知的一般性知识出发,推出蕴含在已知知识中的适合于某种个别情况的结论。它是一种从一般到个别的推理方式。

演绎推理是人工智能系统中的一种重要的推理方式,它的一般模式是三段论式。三段论式包含3个部分,即大前提、小前提和结论。

① 大前提是已知的一般性知识或推理过程得到的判断。
② 小前提是关于某种具体情况或某个别事实的判断。
③ 结论是由大前提推出的,并适合于小前提的新判断。

例如,下面是一个三段论式推理的例子。
① 大前提:计算机系的学生都会编程。
② 小前提:张强是计算机系的一名学生。
③ 结论:张强会编程。

> **高手点拨**
>
> 上述三段式式推理的例子中,①是一般性知识,②是具体情况,③是经过演绎推理得出的结论。
>
> 在任何情况下,由演绎推理推出的结论都是蕴含在大前提的一般性知识之中的。

(2)归纳推理是从大量特殊事例出发,归纳出一般性结论的推理过程。它是一种由个别到一般的推理方式。

归纳推理的基本思想是先从已知事实中猜测出一个结论,然后对这个结论的正确性加以证明,数学归纳法就是归纳推理的一个典型例子。

对于归纳推理,按照所选事例的广泛性可分为完全归纳推理和不完全归纳推理。

① 完全归纳推理是指在进行归纳时需要考察相应事物的全部对象,并根据这些对象是否具有某种属性,从而推出该类事物是否具有此属性。例如,计算机质量检测时,如果对每一台计算机都进行检测,且质量都合格,就可以推出"计算机质量合格"的结论。

② 不完全归纳推理是指在进行归纳时只考察相应事物的部分对象，就得出关于该事物的结论。例如，随机抽取部分计算机进行质量检测，如果这部分计算机都合格，则可以推出"计算机质量合格"的结论。

添砖加瓦

按照推理所使用的方式，归纳推理还可分为枚举归纳推理、类比归纳推理、统计归纳推理和差异归纳推理等。

知识库

演绎推理与归纳推理的区别如下。

演绎推理是在已知领域内的一般性知识的前提下，通过演绎证明一个结论的正确性或者求解一个具体问题。由演绎推理推出的结论实际上早已蕴含在一般性知识中。演绎推理只不过是将已有事实揭露出来，因此它不能增殖新知识。

归纳推理所推出的结论是没有包含在前提内容中的，这种由个别事物或现象推出一般性知识的过程，是增殖新知识的过程。

例如，一位计算机维修员从书本学习知识到通过大量实例积累经验，是一种归纳推理方式。计算机维修员运用这些一般性知识去维修计算机的过程则属于演绎推理。

（3）默认推理又称为缺省推理，是在知识不完全的情况下假设某些条件已经具备所进行的推理。也就是说，在进行推理时，如果对某些证据不能证明其不成立的情况下，先假设它们是成立的，并将它们作为推理的依据进行推理。

例如，要编制人工智能课程的测试题，但是不知道参加测试的计算机系学生是否都会编程，则默认计算机系学生都会编程，因此，可以推出"这份人工智能课程的测试题中可以含有编程题"。

高手点拨

在使用默认推理方式进行推理的过程中，如果加入的新知识或所推出的中间结论与已有知识发生矛盾，则说明前面有关证据的假设是不正确的，这时就需要撤销原来的假设及由此假设所推出的所有结论，重新按照新情况进行推理。

2. 按推理时所用知识的确定性分类

按推理时所用知识的确定性分类，推理可分为确定性推理和不确定性推理。

（1）确定性推理是指推理时所使用的知识都是确定的，推出的结论也都是确定的，而且它们的真值非真即假，不会有第三种情况出现。

（2）不确定性推理是指推理时所用的知识不都是确定的，推出的结论也是不确定的，它们的真值会位于真与假之间。

现实世界中的事物和现象大都是不确定的，很难用精确的数学模型表示与处理，而人们又经常在知识不完全、不精确的情况下进行推理，因此，要使计算机能模拟人类思维，就必须使它具有不确定性推理的能力。

添砖加瓦

> 经典逻辑推理是最先提出的一类推理方式，是根据经典逻辑的规则进行的一种推理。经典逻辑主要包括命题逻辑和一阶谓词逻辑，它们的真值都是确定的。因此，经典逻辑推理是一种确定性推理。
>
> 非经典逻辑推理是基于非经典逻辑的规则进行的一种推理。非经典逻辑主要包括三值逻辑、多值逻辑和模糊逻辑等，它们的真值都是不确定的。因此，非经典逻辑推理是一种不确定性推理。

3．按推理过程中是否会出现反复的情况分类

按推理过程中所推出的结论是否单调地增加，或者按推理过程所得到的结论是否越来越接近最终目标分类，推理可分为单调推理和非单调推理。

（1）单调推理是指在推理的过程中随着推理的向前推进及新知识的加入，推出的结论呈单调增加的趋势，并且结论越来越接近最终目标。单调推理在推理的过程中不会出现反复的情况，如基于经典逻辑的演绎推理。

（2）非单调推理是指在推理过程中由于新知识的加入，不仅没有加强已推出的结论，反而否定了它，使得推理退回到前面的某一步，然后重新开始推理。非单调推理一般在知识不完全的情况下发生，如默认推理。

4．按推理过程中是否运用启发性知识分类

按推理过程中是否运用与问题有关的启发性知识分类，推理可分为启发式推理和非启发式推理。

（1）如果在推理过程中，运用了与问题有关的启发性知识，如解决问题的策略、技巧及经验等，以加快推理过程，求得问题最优解，则称这种推理过程为启发式推理。

（2）如果在推理过程中，不运用启发性知识，只按照一般的控制逻辑进行推理，则称这种推理过程为非启发式推理。

> **添砖加瓦**
>
> 非启发式推理缺乏对待求解问题的针对性,所以推理效率较低,且当待求解问题所需计算量过大时,容易出现组合爆炸的问题。

3.1.3 推理方向

推理方向用来确定推理的驱动方式,包括数据(证据)驱动和目标驱动。所谓数据驱动是指推理过程从初始证据开始直到目标结束;而目标驱动则是指推理过程从目标开始进行反向推理,直到出现与初始证据相吻合的结果。

按照推理方向不同,推理可分为正向推理、逆向推理和混合推理。

1. 正向推理

正向推理是一种从已知事实出发,正向使用推理规则的推理方式,它是一种数据驱动的推理方式,又称为前项链推理或自底向上推理。

正向推理的基本思路如下。

(1)从用户提供的初始已知事实出发,在知识库 KB 中找出当前适用的知识,构成知识集 KS。

(2)按某种冲突消解策略从 KS 中选出一条知识进行推理,并将推出的新事实加入数据库 DB 中,作为下一步推理的已知事实。

(3)在知识库中选取可适用知识进行推理,如此重复这一过程,直到求得了问题的解或者知识库中再无可适用的知识为止。

正向推理的过程可用如图 3-2 所示的算法描述。

(1)将用户提供的初始已知事实送入数据库 DB 中。

(2)检查 DB 中是否已经包含了该问题的解,若有,则求解结束,并成功退出,否则执行下一步。

(3)根据 DB 中的已知事实,扫描知识库 KB,检查 KB 中是否含有可适用(即可与 DB 中已知事实匹配)的知识,若有则转到(4),否则转到(6)。

(4)把 KB 中所有的适用知识都选出来,构成可适用的知识集 KS。

(5)若 KS 不为空,则按某种冲突消解策略从中选出一条知识进行推理,并将推出的新知识加入 DB 中,然后转到(2);若 KS 为空,则转到(6)。

(6)询问用户是否可进一步补充新事实,若可以补充,则将补充的新事实加入 DB 中,然后转到(3),否则表示求不出解,失败退出。

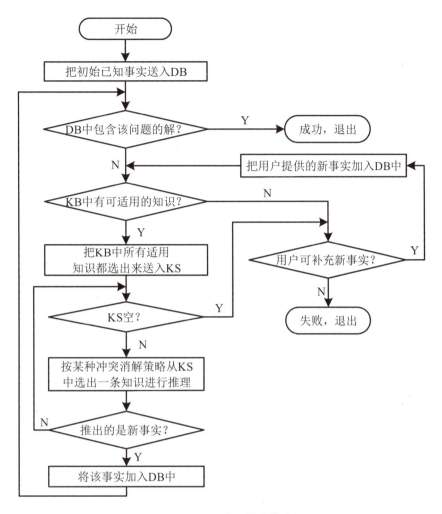

图 3-2　正向推理算法描述

2．逆向推理

逆向推理是一种以某个假设为出发点，反向运用推理规则的推理方式，它是一种目标驱动的推理方式，又称为反向链推理或自顶向下推理。

逆向推理的基本思路如下。

（1）选定一个假设（目标）。

（2）寻找支持该假设的证据，若所需的证据都能找到，则原假设成立；若无论如何都找不到所需要的证据，则说明原假设不成立，需要另作新的假设。

逆向推理的过程可用如图 3-3 所示的算法描述。

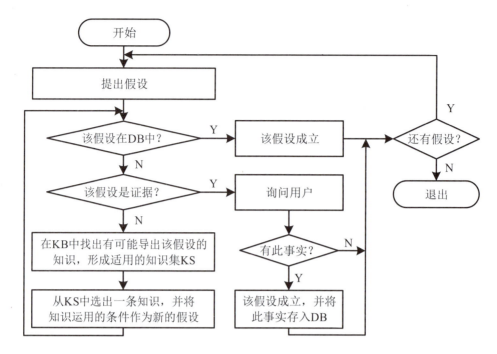

图 3-3 逆向推理算法描述

（1）提出要求证的假设。

（2）检查该假设是否已在数据库 DB 中，若在，则该假设成立，退出推理或者对下一个假设进行验证；否则，转到下一步（3）。

（3）判断假设是否是证据，即它是否为应由用户证实的原始事实。若是，则咨询用户，否则，转到（4）。

（4）在知识库 KB 中寻找有可能导出该假设的知识，形成适用的知识集合 KS，然后转到（5）。

（5）从 KS 中选出一条知识，并将知识运用的条件作为新的假设，然后转到（2）。

3．混合推理

混合推理是把正向推理和逆向推理结合起来使用以解决较复杂问题的方法。当问题中出现已知事实不充分、正向推理推出的结论可信度不高或用户希望得到更多的结论等情况时，通常需要采用混合推理。

混合推理分为 3 种类型，即先正向后逆向混合推理、先逆向后正向混合推理和双向混合推理。

（1）先正向后逆向混合推理是指先正向推理，从已知事实出发推出部分结论，然后再用逆向推理对这些结论进行证实或提高它们的可信度，其推理过程如图 3-4 所示。

（2）先逆向后正向混合推理是指先逆向推理，从假设出发推出一些中间假设，然后再用正向推理对这些中间假设进行证实，其推理过程如图 3-5 所示。

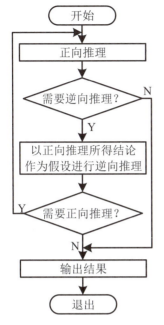
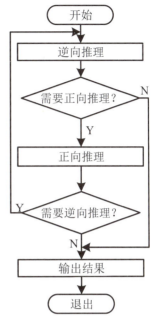

图 3-4　先正向后逆向混合推理过程　　　图 3-5　先逆向后正向混合推理过程

（3）双向混合推理是指正向推理与逆向推理同时进行，并在推理过程中的某一步完美衔接在一起的推理。

高手点拨

> 双向混合推理中，一方面根据已知事实进行正向推理，但并不能推导出最终目标；另一方面从某假设出发进行逆向推理，但并不能推至原始事实，而是让由正向推理所得到的中间结论恰好与逆向推理所要求的证据相遇，此时推理结束。逆向推理时所作的假设就是推理的最终结论。

3.1.4　冲突消解策略

在推理过程中，系统要不断地用自己当前已知的事实与知识库中的知识进行匹配，匹配过程中会出现 3 种情况。

（1）已知事实不能与知识库中的任何知识匹配成功。

（2）已知事实恰好只与知识库中的一个知识匹配成功。

（3）已知事实可与知识库中的多个知识匹配成功，或者有多个已知事实都可与知识库中某一知识匹配成功，或者有多个已知事实可与知识库中的多个知识匹配成功。

> **提示**
>
> 已知事实与知识库中的知识匹配成功的含义，对正向推理而言，是指产生式规则的前项和已知事实匹配成功；对于逆向推理而言，是指产生式规则的后项和假设匹配成功。

如果推理过程中，出现情况（3），即不仅有知识匹配成功，而且有多个知识匹配成功，则称为发生了冲突。按一定的策略从匹配成功的多个知识中选出一个知识用于当前推理的过程称为冲突消解。解决冲突时所用的策略称为冲突消解策略。

目前已有多种冲突消解策略，其基本思想都是对知识进行排序。常用的冲突消解策略有以下几种。

（1）按就近原则排序，即把最近使用过的规则赋予较高的优先级。

（2）按已知事实的新鲜性排序。一般认为新鲜事实是对旧知识的更新和改进，因此，后生成的事实比先生成的事实具有较高的优先级。

（3）按匹配度排序。在不确定性推理时，匹配度不仅可确定两个知识模式是否可匹配，还可用于冲突消解。根据匹配程度来决定哪一个产生式规则优先应用。

（4）按领域问题特点排序。该方法按照求解问题领域的特点将知识排成固定的次序。

（5）按上下文限制排序，即将知识按照所描述的上下文分成若干组，在推理过程中根据当前数据库中的已知事实与上下文的匹配情况，确定选择某组中的某条知识。

（6）按条件个数排序。多条规则生成结论相同的情况下，由于条件个数较少的规则匹配所花费的时间较少而且容易实现，所以将条件少的规则赋予较高的优先级，优先启用。

（7）按规则的次序排序，即以知识库中预先存入规则的排列顺序作为知识排列的依据，排在前面的规则具有较高的优先级。

3.2 自然演绎推理

自然演绎推理是指从一组已知为真的事实出发，直接运用命题逻辑或谓词逻辑中的推理规则推出结论的过程。

3.2.1 推理规则的一般形式

自然演绎推理中的推理规则有假言推理、拒取式推理、三段论式推理等。

1. 假言推理

假言推理的一般形式为

$$P, P \to Q \Rightarrow Q$$

它表示如果谓词公式 P 和 $P \to Q$ 都为真，则可推出 Q 为真的结论。例如，由"这个图形是正方形"和"如果一个图形是正方形，则该图形的四边相等"可推出"这个图形的四边相等"的结论。

2. 拒取式推理

拒取式推理的一般形式为

$$P \to Q, \neg Q \Rightarrow \neg P$$

它表示如果谓词公式 $P \to Q$ 为真且 Q 为假，则可推出 P 为假的结论。例如，"如果吃多了，则肚子胀"和"肚子不胀"可以推出"没有吃多"。

> **提示**
>
> 在使用上述两种推理规则时，注意避免两种类型的错误，即肯定后项的错误和否定前项的错误。
>
> （1）肯定后项的错误是指 $P \to Q$ 为真时，希望通过肯定后项 Q 为真来推出前项 P 为真。这显然是错误的推理逻辑，因为当 $P \to Q$ 及 Q 为真时，前项 P 既可能为真，也可能为假。例如，由"如果一个图形是正方形，则该图形的四边相等"和"这个图形的四边相等"推不出"这个图形是正方形"（因为也可能是菱形）。
>
> （2）否定前项的错误是指当 $P \to Q$ 为真时，希望通过否定前项 P 来推出后项 Q 为假。这也是不允许的，因为当 $P \to Q$ 及 P 为假时，后项 Q 既可能为真，也可能为假。例如，"如果吃多了，则肚子胀"和"没有吃多"推不出"肚子不胀"。

3. 三段论式推理

三段论式推理的一般形式为

$$P \to Q, Q \to R, \Rightarrow P \to R$$

它表示如果谓词公式 $P \to Q$ 和 $Q \to R$ 都为真，则可推出谓词公式 $P \to R$ 为真的结论。其中，两个前提中共有的项 Q 称为中项。

例如，大前提"知识分子都是应该受到尊重的"和小前提"人民教师都是知识分子"可以推出结论"人民教师都是应该受到尊重的"。其中，"知识分子"是两个前提共有的项。

> **提示**
>
> 三段论式推理的 3 个组成部分有时是可以省略的,不必严格写出,注意表述清楚即可。

3.2.2 利用自然演绎推理解决问题

利用自然演绎推理方法求解问题的一般步骤如下。

(1) 根据已知事实和待求解问题定义谓词。

(2) 将已知事实和待求解问题用谓词公式表示。

(3) 使用推理规则进行推理。

利用自然演绎
推理解决问题

3.2.3 案例:个人喜好

现有已知事实,小李喜欢所有编程课;所有的程序设计语言课都是编程课;Python 是一门程序设计语言课。请求证:小李喜欢 Python 这门课。

【证明】　(1) 根据已知事实和待求解问题定义谓词如下。

$Programming(x)$ 表示 x 是编程课

$Like(x, y)$ 表示 x 喜欢 y

$Course(x)$ 表示 x 是一门程序设计语言

(2) 将已知事实和待求解问题用谓词公式表示如下。

$Programming(x) \rightarrow Like(Li, x)$

$(\forall x)[Course(x) \rightarrow Programming(x)]$

$Course(Python)$

(3) 使用推理规则进行推理。

因为

$$(\forall x)[Course(x) \rightarrow Programming(x)]$$

所以由全称固化得

$$Course(y) \rightarrow Programming(y)$$

由假言推理得

$Course(Python), Course(y) \rightarrow Programming(y) \Rightarrow Programming(Python)$

由假言推理得

$Programming(Python), Programming(x) \rightarrow Like(Li, x) \Rightarrow Like(Li, Python)$

因此,小李喜欢 Python 这门课。

> **高手点拨**
>
> 一般来说，由已知事实推出的结论可能有多个，只要其中包括了待证明的结论，就认为问题得到了解决。

3.3 归结演绎推理

在人工智能中，几乎所有的问题都可以转化成一个定理证明问题。对于定理证明问题，如果用一阶谓词逻辑表示的话，该问题的实质就是要求对前提 P 和结论 Q 证明 $P \rightarrow Q$ 是永真的。然而，要证明谓词公式的永真性，必须对谓词公式中所含变元的所有个体域上的每一个解释进行验证，这是极其困难的。为了简化问题，在推理时常采用归结演绎推理。

归结演绎推理是一种基于归结原理的机器推理技术。实际上，它是一种基于逻辑的"反证法"，把关于永真性的证明转化为关于不可满足性的证明，即要证明 $P \rightarrow Q$ 永真，只要能够证明 $P \wedge \neg Q$ 是不可满足的就可以了。

3.3.1 子句集

归结原理是在子句集的基础上讨论问题的，因此，讨论归结演绎推理之前需要先讨论子句集。

1. 基本定义

原子谓词公式是一个不能再分解的命题。原子谓词公式及其否定，统称为文字。例如，$P(x)$、$Q(x)$、$\neg P(x)$、$\neg Q(x)$ 等都是文字。其中 $P(x)$ 称为正文字，$\neg P(x)$ 称为负文字，$P(x)$ 与 $\neg P(x)$ 为互补文字。

任何文字的析取式称为子句，如 $P(x) \vee Q(x)$、$P(x, f(x)) \vee Q(x, g(x))$ 都是子句。任何文字本身也是子句，如 $P(x)$、$Q(x)$ 也是子句。不包含任何文字的子句称为空子句，记为 NIL。

> **指点迷津**
>
> 由于空子句不含有文字，而且任何解释都不能满足它，所以，空子句是永假的、不可满足的。

由子句构成的集合称为子句集。

2. 谓词公式化为子句集的基本步骤

在谓词逻辑中，任何一个谓词公式都可以通过应用等价关系及推理规则化成相应的子句集，从而能够比较容易地判断谓词公式的不可满足性。下面结合具体的例子说明把谓词公式化为子句集的基本步骤。

例如，现有谓词公式 $(\forall x)(\exists y)((P(x,y) \vee Q(x,y)) \rightarrow R(x,y))$，请将其化为子句集。

谓词公式化为子句集
的基本步骤

（1）通过谓词公式的等价性消去谓词公式中的"$\rightarrow$"和"$\leftrightarrow$"符号。

使用谓词公式的等价式有

$$P \rightarrow Q \Leftrightarrow \neg P \vee Q \quad (连接词化归律)$$
$$P \leftrightarrow Q \Leftrightarrow (\neg P \vee Q) \wedge (\neg Q \vee P)$$

上例可等价变换为

$$(\forall x)(\exists y)(\neg(P(x,y) \vee Q(x,y)) \vee R(x,y))$$

指点迷津

谓词公式的等价式 $P \leftrightarrow Q \Leftrightarrow (\neg P \vee Q) \wedge (\neg Q \vee P)$ 的推导过程如下。

$$P \leftrightarrow Q \Leftrightarrow (P \rightarrow Q) \vee (Q \rightarrow P)$$
$$\Leftrightarrow (\neg P \vee Q) \wedge (\neg Q \vee P)$$

（2）通过谓词公式的等价性把否定符号（$\neg$）移到紧靠谓词的位置上。

使用谓词公式的等价式有

$$\neg\neg P \Leftrightarrow P \quad (双重否定律)$$
$$\neg(P \vee Q) \Leftrightarrow \neg P \wedge \neg Q \quad (德摩根定律)$$
$$\neg(P \wedge Q) \Leftrightarrow \neg P \vee \neg Q \quad (德摩根定律)$$
$$\neg(\exists x)P \Leftrightarrow (\forall x)(\neg P) \quad (量词转换律)$$
$$\neg(\forall x)P \Leftrightarrow (\exists x)(\neg P) \quad (量词转换律)$$

上例可等价变换为

$$(\forall x)(\exists y)((\neg P(x,y) \wedge \neg Q(x,y)) \vee R(x,y))$$

添砖加瓦

把否定符号移到紧靠谓词的位置上，减少了否定符号的辖域。

（3）变元标准化。所谓变元标准化就是重新命名变元，是指在一个量词的辖域内，把谓词公式中受该量词约束的变元全部用另外一个没有出现过的任意变元代替，使不同量

词约束的变元有不同的名字。例如，
$$(\forall x)P(x) \equiv (\forall y)P(y)$$
$$(\exists x)P(x) \equiv (\exists y)P(y)$$

本例中量词约束的变元只有 x、y，它们的名字已经不同，因此本例中不需要进行变元标准化操作。

高手点拨

现有谓词公式 $(\forall x)((\exists y)P(x,y) \vee (\exists y)Q(x,y))$，该公式中量词约束的变元有 x、y、y，而 $(\exists y)P(x,y)$ 和 $(\exists y)Q(x,y)$ 中的两个 y 属于不同量词，对其变元进行标准化操作后可等价变换为 $(\forall x)((\exists y)P(x,y) \vee (\exists z)Q(x,z))$。

（4）化为前束形。前束形就是指把所有量词都移动到公式的前面，即

$$前束形 = （前缀）\{母式\}$$

其中，（前缀）是量词串，$\{母式\}$ 是不含量词的谓词公式。

化为前束形的方法是把所有量词都移到公式的左边，并且在移动时不能改变量词的相对顺序。

指点迷津

由于在第（3）步已对变元进行了标准化，每个量词都有自己的变元，这就消除了任何由变元引起冲突的可能，因此这种移动是可行的。

对于上面的例子，因为所有的量词已经位于公式的最左边，所以，不需要进行该步骤。

（5）消去存在量词。消去存在量词时，需要区分以下两种情况。

① 存在量词不出现在全称量词的辖域内。此时只要用一个新的个体常量替换受该存在量词约束的变元，就可以消去存在量词。

指点迷津

采用上述消去存在量词的方法是因为原谓词公式为真，则总能找到一个个体常量替换量词约束的变元后，仍然使谓词公式为真。这里的个体常量就是不含变元的 Skolem 函数。

② 若存在量词位于一个或多个全称量词的辖域内，例如，

$$(\forall x_1)(\forall x_2)\cdots(\forall x_n)(\exists y)P(x_1, x_2, \cdots, x_n, y)$$

则需要用 Skolem 函数 $f(x_1, x_2, \cdots, x_n)$ 替换受该存在量词约束的变元 y，即

$$y = f(x_1, x_2, \cdots, x_n)$$

可见，Skolem 函数把每个 x_1、x_2、$\cdots$、x_n 值，映射到存在的那个 y。最后再消去该存在量词。

📘 添砖加瓦

> 用 Skolem 函数代替每个存在量词量化的变元的过程称为 Skolem 化。Skolem 函数所使用的函数符号必须是新的。

对于上面的例子，存在量词 $(\exists y)$ 位于全称量词 $(\forall x)$ 的辖域内，所以需要用 Skolem 函数来替换。设 y 的 Skolem 函数为 $f(x)$，则替换后得到

$$(\forall x)((\neg P(x, f(x)) \wedge \neg Q(x, f(x))) \vee R(x, f(x)))$$

（6）化为 Skolem 标准形。其一般形式如下

$$(\forall x_1)(\forall x_2)\cdots(\forall x_n)M(x_1, x_2, \cdots, x_n)$$

其中，M 是子句的合取式，称为 Skolem 标准形的母式。

一般利用谓词公式等价式的分配律

$$P \vee (Q \wedge R) \Leftrightarrow (P \vee Q) \wedge (P \vee R)$$
$$\text{或}\ \ P \wedge (Q \vee R) \Leftrightarrow (P \wedge Q) \vee (P \wedge R)$$

可把谓词公式化为 Skolem 标准形。

对于上例，化为 Skolem 标准形后为

$$(\forall x)((\neg P(x, f(x)) \vee R(x, f(x))) \wedge (\neg Q(x, f(x)) \vee R(x, f(x))))$$

（7）消去全称量词。由于母式中的全部变元均受全称量词的约束，并且全称量词的次序已无关紧要，因此，谓词公式中可以省掉全称量词，但是剩下的母式，仍假设其变元是全称量词量化的。

上例中消去全称量词后，为

$$(\neg P(x, f(x)) \vee R(x, f(x))) \wedge (\neg Q(x, f(x)) \vee R(x, f(x)))$$

（8）消去合取词，把母式用子句集表示。

对于上例有

$$\{\neg P(x, f(x)) \vee R(x, f(x)), \neg Q(x, f(x)) \vee R(x, f(x))\}$$

（9）子句变元标准化。对子句集中的某些变元重新命名，使任意两个子句中不出现相同的变元名。

🚩 指点迷津

> 由于每一个子句都对应着母式中的一个合取元，并且所有变元都是由全称量词量化的，因此，任意两个不同子句的变元之间实际上不存在任何关系，故而，更换变元名是不会影响公式真值的。

对于上例，可把子句集中第二个子句的变元名 x 更换为 y，可得到

$$\{\neg P(x, f(x)) \vee R(x, f(x)), \neg Q(y, f(y)) \vee R(y, f(y))\}$$

显然，在子句集中各子句之间是合取关系。

【例 3-1】 将下列谓词公式化为子句集。

$$(\forall x)(P(x) \to (\exists y)(P(y) \wedge R(x, y)))$$

【解】 （1）消去蕴含符号"→"，谓词公式可转换为

$$(\forall x)(\neg P(x) \vee (\exists y)(P(y) \wedge R(x, y)))$$

（2）消去存在量词，谓词公式可转换为

$$(\forall x)(\neg P(x) \vee (P(f(x)) \wedge R(x, f(x))))$$

（3）化为 Skolem 标准形，谓词公式可转换为

$$(\forall x)((\neg P(x) \vee P(f(x)) \wedge (\neg P(x) \vee R(x, f(x)))$$

（4）消去全称量词，谓词公式可转换为

$$(\neg P(x) \vee P(f(x)) \wedge (\neg P(x) \vee R(x, f(x))$$

（5）消去合取词，把母式用子句集表示，可得

$$\{(\neg P(x) \vee P(f(x)), (\neg P(x) \vee R(x, f(x))\}$$

（6）子句变元标准化，把子句集中第二个子句的变元名 x 更换为 y，可得

$$\{(\neg P(x) \vee P(f(x)), (\neg P(y) \vee R(y, f(y))\}$$

添砖加瓦

谓词公式可以化为相应的子句集，定理"谓词公式不可满足的重要条件是其子句集不可满足"表明了两者之间的不可满足性是等价的。

由此定理可知，要证明一个谓词公式是不可满足的，只要证明相应的子句集是不可满足的就可以了。

3.3.2 归结原理

对谓词公式的不可满足性分析可以转化为对其子句集的不可满足性分析。为了判定子句集的不可满足性，就需要对子句集中的子句进行判定。对于不可满足性，子句与子句集之间具有以下联系。

（1）由谓词公式化为子句集的过程可知，子句集中子句之间是合取关系。因此，子句集中只要有一个子句为不可满足的，则整个子句集就是不可满足的。

（2）空子句是不可满足的。因此，一个子句集中如果包含有空子句，则此子句集就一定是不可满足的。

基于以上叙述，鲁宾逊（J.A.Robinson）于 1965 年提出了归结原理。

归结原理也称为消解原理，是一种通过证明子句集不可满足性，实现定理证明的理论

及方法，它使机器定理证明进入了应用阶段。

归结原理的基本思想是检查子句集 S 中是否含有空子句，如含有空子句，则表明 S 是不可满足的；若不含空子句，则使用归结法，在子句集 S 中选择合适的子句进行归结，一旦通过归结得到空子句，就说明子句集 S 是不可满足的。

归结原理可分为命题逻辑归结原理和谓词逻辑归结原理。

1. 命题逻辑归结原理

设 C_1 与 C_2 是子句集中的任意两个子句，如果 C_1 中的文字 L_1 与 C_2 中的文字 L_2 互补，那么可从 C_1 和 C_2 中分别消去 L_1 和 L_2，并将两个子句余下的部分做析取，构成一个新的子句 C_{12}，这一过程称为归结。其中，C_{12} 称为 C_1 和 C_2 的归结式，C_1 和 C_2 称为 C_{12} 的亲本子句。

例如，现有子句集

$$\{\neg P, P \vee Q \vee R, \neg Q \vee R, \neg R\}$$

设子句集中的子句分别为 $C_1 = \neg P$、$C_2 = P \vee Q \vee R$、$C_3 = \neg Q \vee R$、$C_4 = \neg R$，首先对 C_1 和 C_2 进行归结，得到

$$C_{12} = Q \vee R$$

然后再用 C_{12} 和 C_3 进行归结，得到

$$C_{123} = R$$

最后用 C_{123} 和 C_4 进行归结，得到

$$C_{1234} = \text{NIL}$$

拓展训练

> 上例中，如果改变子句的归结顺序，是否可以得到相同的结果？请回答该问题，并给出归结过程。

归结过程可用树形图直观地表示出来，该树形图称为归结树。上例中的归结过程如图 3-6 所示。

归结原理中有一个重要的定理：归结式 C_{12} 是其亲本子句 C_1 与 C_2 的逻辑结论，如果 C_1 与 C_2 为真，则 C_{12} 为真。

由这个定理可得到如下两个重要的推论。

（1）设 C_1 与 C_2 是子句集 S 中的两个子句，C_{12} 是它们的归结式，若用 C_{12} 代替 C_1 和 C_2 后得到新子句集 S_1，则由 S_1 不可满足性可推出原子句集 S 的不可满足性，即

$$S_1 \text{ 的不可满足性} \Rightarrow S \text{ 的不可满足性}$$

（2）设 C_1 与 C_2 是子句集 S 中的两个子句，C_{12} 是它们的归结式，若把 C_{12} 加入原子句

集 S 中，得到新子句集 S_2，则 S 与 S_2 在不可满足的意义上是等价的，即

$$S_2\text{的不可满足性} \Leftrightarrow S\text{的不可满足性}$$

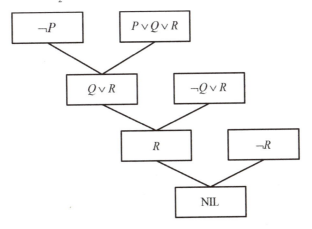

图 3-6　归结过程的树形表示

学有所获

由上述推论可得到下列结论。

（1）为证明子句集 S 的不可满足性，只要对其中可进行归结的子句进行归结，并把归结式加入子句集 S 中，或者用归结式代替它的亲本子句，然后证明新子句集的不可满足性就可以了。

（2）如果归结过程中得到空子句，根据空子句的不可满足性，即可得到原子句集 S 是不可满足的。

2．谓词逻辑归结原理

在谓词逻辑中，由于子句集中的谓词一般都含有变元，因此不能像命题逻辑那样直接消去互补文字，而需要先用最一般合一对变元进行置换，然后才能进行归结。可见谓词逻辑的归结要比命题逻辑的归结更麻烦。

谓词逻辑归结原理

例如，设有两个子句如下

$$C_1 = P(x) \vee Q(x)$$
$$C_2 = \neg P(y) \vee R(z)$$

由于 $P(x)$ 与 $P(y)$ 不同，所以 C_1 与 C_2 不能直接进行归结，因此，使用最一般合一

$$\sigma = \{y/x\}$$

对两个子句分别进行置换，可得

$$C_1\sigma = P(y) \vee Q(y)$$
$$C_2\sigma = \neg P(y) \vee R(z)$$

然后对它们进行归结，消去 $P(y)$ 和 $\neg P(y)$，得到归结式如下

$$Q(y) \vee R(z)$$

知识库

合一可以简单地理解为寻找相对变元的置换，从而使两个谓词公式一致。其中，置换是指在谓词公式中用置换项去置换变元。它们的相关定义及表示形式如下。

（1）置换是形如 $\{t_1/x_1, t_2/x_2, \cdots, t_n/x_n\}$ 的有限集合。其中，x_1、x_2、$\cdots$、x_n 是互不相同的变元，t_1、t_2、$\cdots$、t_n 是不同于 x_i 的项（常量、变元或函数）。t_i/x_i 表示用 t_i 置换 x_i，并且要求 t_i 与 x_i 不能相同，而且 x_i 不能循环地出现在另一个 t_i 中。例如，$\{a/x, b/y, f(c)/z\}$ 是一个置换，$\{f(y)/x, g(x)/y\}$ 不是一个置换，因为 x、y 循环地出现在项 $g(x)$、$f(y)$ 中。

设 θ 是一个置换，C 是一个谓词逻辑表达式，对 C 进行置换 θ 可记为 $C\theta$。

（2）设有公式集 $F = \{F_1, F_2, \cdots, F_n\}$，若存在一个置换 θ，可使 $F_1\theta = F_2\theta = \cdots = F_n\theta$，则称 θ 是 F 的一个合一。同时称 F_1、F_2、$\cdots$、F_n 是可合一的。

设 θ 是公式集 F 的一个合一，如果对 F 的任意一个合一 θ 都存在一个置换 λ，使得 $\theta = \sigma \cdot \lambda$，则称 σ 是最一般合一。一个公式集的最一般合一是唯一的。

用最一般合一去置换那些可合一的谓词公式，可使它们变成完全一致的谓词公式。

谓词逻辑中关于归结的定义如下。

设 C_1 与 C_2 是两个没有相同变元的子句，L_1 与 L_2 分别是 C_1 与 C_2 中的文字，若 σ 是 L_1 和 $\neg L_2$ 的最一般合一，则称

$$C_{12} = (C_1\sigma - \{L_1\sigma\}) \cup (C_2\sigma - \{L_2\sigma\})$$

为 C_1 与 C_2 的二元归结式。

【例 3-2】 现有子句 $C_1 = P(x) \vee (\neg Q(a))$ 和 $C_2 = \neg P(b) \vee Q(y) \vee R(c)$，求其二元归结式。

【解】 选 $L_1 = P(x)$、$L_2 = \neg P(b)$，则 L_1 与 $\neg L_2$ 的最一般合一为 $\sigma = \{b/x\}$。因此可得

$$C_1\sigma = P(b) \vee (\neg Q(a))$$
$$C_2\sigma = \neg P(b) \vee Q(y) \vee R(c)$$

根据定义可得

$$\begin{aligned}C_{12} &= (C_1\sigma - \{L_1\sigma\}) \cup (C_2\sigma - \{L_2\sigma\}) \\&= (P(b) \vee (\neg Q(a)) - \{P(b)\}) \cup (\neg P(b) \vee Q(y) \vee R(c) - \{\neg P(b)\}) \\&= (\{P(b), \neg Q(a)\} - \{P(b)\}) \cup (\{\neg P(b), Q(y), R(c)\} - \{\neg P(b)\}) \\&= \{\neg Q(a)\} \cup \{Q(y), R(c)\}\end{aligned}$$

$$= \{\neg Q(a), Q(y), R(c)\}$$
$$= \neg Q(a) \vee Q(y) \vee R(c)$$

指点迷津

为了说明方便，此处的集合只是一种表示形式，不代表谓词公式的子句集。

拓展训练

请选择子句中的其他文字求解上例的二元归结式。

在谓词逻辑中，对子句进行归结推理时，要注意以下 3 个问题。

（1）若归结的子句 C_1 与 C_2 中具有相同的变元时，需要更改其中一个变元的名字，否则可能无法做最一般合一，导致无法进行归结。

【例 3-3】 设子句 $C_1 = \neg P(x) \vee Q(b)$ 和 $C_2 = P(a) \vee R(x)$，求其二元归结式。

【解】 C_1 与 C_2 中有相同的变元，不符合定义的要求，将 C_2 中的变元名字 x 改为 y，则 $C_2 = P(a) \vee R(y)$。此时，$L_1 = \neg P(x)$、$L_2 = P(a)$，L_1 与 $\neg L_2$ 的最一般合一为 $\sigma = \{a/x\}$。因此可得

$$C_1\sigma = \neg P(a) \vee Q(b)$$
$$C_2\sigma = P(a) \vee R(y)$$

根据定义可得

$$C_{12} = (C_1\sigma - \{L_1\sigma\}) \cup (C_2\sigma - \{L_2\sigma\})$$
$$= ((\neg P(a) \vee Q(b)) - \{\neg P(a)\}) \cup ((P(a) \vee R(y)) - \{P(a)\})$$
$$= (\{\neg P(a), Q(b)\} - \{\neg P(a)\}) \cup (\{P(a), R(y)\} - \{P(a)\})$$
$$= \{Q(b)\} \cup \{R(y)\}$$
$$= \{Q(b), R(y)\}$$
$$= Q(b) \vee R(y)$$

（2）在求归结式时，不能同时消去两个互补文字对，因为消去两个互补文字对所得的结果不是两个亲本子句的逻辑推论。

（3）如果参加归结的子句内含有可合一的文字，则在进行归结之前，可对这些文字进行最一般合一，实现这些子句内部的化简。

【例 3-4】 现有子句 $C_1 = \neg P(y) \vee (\neg Q(b))$ 和 $C_2 = P(x) \vee P(f(a)) \vee R(c)$，求其二元归结式。

【解】 C_2 中有可合一的文字 $P(x)$ 与 $P(f(a))$，用它们的最一般合一 $\theta = \{f(a)/x\}$ 进行

置换，可得 $C_2\theta = P(f(a)) \vee R(c)$。此时对 C_1 和 $C_2\theta$ 进行归结，以得到 C_1 与 C_2 的二元归结式。

选 $L_1 = \neg P(y)$、$L_2 = P(f(a))$，则 L_1 与 $\neg L_2$ 的最一般合一为 $\sigma = \{f(a)/y\}$。因此可得

$$C_1\sigma = \neg P(f(a)) \vee (\neg Q(b))$$
$$C_2\theta\sigma = P(f(a)) \vee R(c)$$

根据定义可得

$$C_{12} = (C_1\sigma - \{L_1\sigma\}) \cup (C_2\theta\sigma - \{L_2\sigma\})$$
$$= (\{\neg P(f(a)), (\neg Q(b))\} - \{\neg P(f(a))\}) \cup (\{P(f(a)) \vee R(c)\} - \{P(f(a))\})$$
$$= \{\neg Q(b), R(c)\}$$
$$= \neg Q(b) \vee R(c)$$

知识库

在上例中，把 $C_2\theta$ 称为 C_2 的因子。一般来说，若子句 C 中有两个或两个以上的文字具有最一般合一 σ，则称 $C\sigma$ 为子句 C 的因子。如果 $C\sigma$ 是一个单文字，则称它为 C 的单元因子。

应用因子的概念可对谓词逻辑中的归结原理给出如下定义。

若 C_1 与 C_2 是无公共变元的子句，则子句 C_1 与 C_2 的二元归结式是下列二元归结式之一。

① C_1 与 C_2 的二元归结式；
② C_1 的因子 $C_1\sigma_1$ 与 C_2 的二元归结式；
③ C_1 与 C_2 的因子 $C_2\sigma_2$ 的二元归结式；
④ C_1 的因子 $C_1\sigma_1$ 与 C_2 的因子 $C_2\sigma_2$ 的二元归结式。

提示

如果子句集 S 没有归结出空子句，则既不能说 S 是不可满足的，也不能说 S 是可满足的。这是因为，有可能是没有找到合适的归结演绎步骤。但是如果确定不存在任何方法能将 S 归结出空子句，则可以确定 S 是可满足的。

3.3.3 归结反演

要证明定理的不可满足性，只要证明其相应谓词公式子句集的不可满足性即可。归结原理指明了证明子句集不可满足性的方法，因此可用归结原理实现定理证明。

指点迷津

根据定理"Q 为 $P_1 \wedge P_2 \wedge \cdots \wedge P_n$ 的逻辑结论,当且仅当 $P_1 \wedge P_2 \wedge \cdots \wedge P_n \wedge \neg Q$ 是不可满足的"可知,如欲证明定理的不可满足性,只需证明谓词公式 $P_1 \wedge P_2 \wedge \cdots \wedge P_n \wedge \neg Q$ 是不可满足的。再根据定理"谓词公式不可满足的充要条件是其子句集不可满足"可知,要证明定理的不可满足性,只要证明其相应谓词公式子句集的不可满足性即可。

应用归结原理证明定理的过程称为归结反演。其证明步骤如下。

(1) 将已知前提用谓词公式表示。设该谓词公式的形式为

$$A_1 \wedge A_2 \wedge \cdots \wedge A_n$$

(2) 将待证明的结论用谓词公式 B 表示,否定结论 B,并将结论的否定 $\neg B$ 与前提谓词公式 $A_1 \wedge A_2 \wedge \cdots \wedge A_n$ 组成新的谓词公式

$$G = A_1 \wedge A_2 \wedge \cdots \wedge A_n \wedge (\neg B)$$

(3) 求谓词公式 G 的子句集 S。

归结反演

(4) 应用归结原理,证明子句集 S 的不可满足性,从而证明谓词公式 G 的不可满足性。若谓词公式 G 不可满足,则说明对结论 B 的否定是错误的,从而证明了结论 B 为真,推断出定理成立。

【例 3-5】 假设任何通过计算机考试并获奖的人都是快乐的,任何勤奋学习或幸运的人都可以通过所有的考试。李不是幸运的人但他勤奋学习,任何勤奋学习的人都能获奖。求证:李是快乐的。

【证明】 (1) 用谓词公式表示待证明问题的前提。

问题中涉及的谓词有 $Pass(x, y)$ 表示 x 可以通过考试,$Win(x, prize)$ 表示 x 能获得奖励,$Study(x)$ 表示 x 勤奋学习,$Lucky(x)$ 表示 x 是幸运的,$Happy(x)$ 表示 x 是快乐的。

将问题含有的前提条件用谓词公式表示如下。

① "任何通过计算机考试并获奖的人都是快乐的"可表示为

$$(\forall x)(Pass(x, computer) \wedge Win(x, prize) \rightarrow Happy(x))$$

② "任何勤奋学习或幸运的人都可以通过所有的考试"可表示为

$$(\forall x)(\forall y)(Study(x) \vee Lucky(x) \rightarrow Pass(x, y))$$

③ "李不是幸运的人但他勤奋学习"可表示为

$$\neg Lucky(Li) \wedge Study(Li)$$

④ "任何勤奋学习的人都能获奖"可表示为

$$(\forall x)(Study(x) \rightarrow Win(x, prize))$$

则待证明问题的前提可用谓词公式表示为

$$(\forall x)(\text{Pass}(x,\text{computer}) \wedge \text{Win}(x,\text{prize}) \to \text{Happy}(x))$$
$$\wedge (\forall x)(\forall y)(\text{Study}(x) \vee \text{Lucky}(x) \to \text{Pass}(x,y))$$
$$\wedge \neg \text{Lucky}(\text{Li}) \wedge \text{Study}(\text{Li})$$
$$\wedge (\forall x)(\text{Study}(x) \to \text{Win}(x,\text{prize}))$$

（2）结论"李是快乐的"用谓词公式表示为

$$\text{Happy}(\text{Li})$$

否定结论，可表示为

$$\neg \text{Happy}(\text{Li})$$

则含有否定结论的谓词公式 G 为

$$(\forall x)(\text{Pass}(x,\text{computer}) \wedge \text{Win}(x,\text{prize}) \to \text{Happy}(x))$$
$$\wedge (\forall x)(\forall y)(\text{Study}(x) \vee \text{Lucky}(x) \to \text{Pass}(x,y))$$
$$\wedge \neg \text{Lucky}(\text{Li}) \wedge \text{Study}(\text{Li})$$
$$\wedge (\forall x)(\text{Study}(x) \to \text{Win}(x,\text{prize}))$$
$$\wedge \neg \text{Happy}(\text{Li})$$

（3）将上述谓词公式转化为子句集 S 为

$\{\neg \text{Pass}(x,\text{computer}) \vee \neg \text{Win}(x,\text{prize}) \vee \text{Happy}(x), \neg \text{Study}(y) \vee \text{Pass}(y,z),$
$\neg \text{Lucky}(u) \vee \text{Pass}(u,v), \neg \text{Lucky}(\text{Li}), \text{Study}(\text{Li}), \neg \text{Study}(w) \vee \text{Win}(w,\text{prize}), \neg \text{Happy}(\text{Li})\}$

（4）应用归结原理进行归结，归结过程可用归结树表示，如图 3-7 所示。

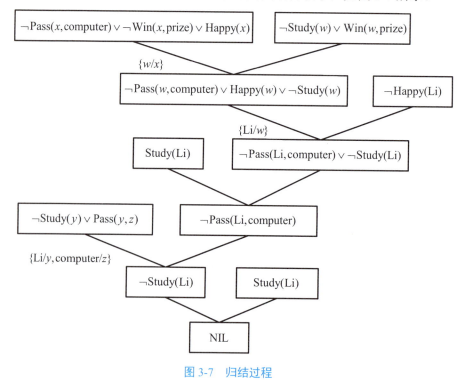

图 3-7　归结过程

归结过程中得到空子句,根据空子句的不可满足性,即可得到该子句集 S 是不可满足的,从而判定谓词公式 G 是不可满足的。因此,对于结论的否定是错误的,所以结论为真,即可证明"李是快乐的"。

3.3.4 应用归结原理求解问题

归结原理不仅可用于对已知结果的证明,还可用于对未知结果的求解。应用归结原理求解问题的步骤如下。

（1）将已知前提 F 用谓词公式表示,并化为相应的子句集 S。

（2）把待求解的问题 Q 用谓词公式表示,并否定 Q,再与答案谓词 ANSWER 构成析取式,即 ¬Q ∨ ANSWER。

应用归结原理求解问题

> **指点迷津**
>
> ANSWER 是一个为了求解问题而专设的谓词,其变元必须与问题公式的变元完全一致。

（3）把析取式 ¬Q ∨ ANSWER 化为子句集,并将其加入子句集 S 中,得到新的子句集 S_1。

（4）应用归结原理对 S_1 进行归结。

（5）若得到归结式 ANSWER,则答案就在 ANSWER 中。

3.3.5 案例:寻找新闻真相

某记者到一个孤岛上采访,遇到一个难题,即岛上有许多人说假话,因而难以保证新闻报道的正确性。不过这个岛上的人有一特点,即说假话的人从来不说真话,说真话的人也从来不说假话。

有一次,记者遇到了孤岛上的 3 个人,为了弄清楚谁说真话,谁说假话,他向 3 个人中的每一个人都提了一个同样的问题,即"谁是说谎者"。结果,A 回答:"B 和 C 都是说谎者";B 回答:"A 和 C 都是说谎者";C 回答:"A 和 B 中至少有一个是说谎者"。请问记者如何才能从这些回答中确定谁是说谎者,谁不是说谎者。

【解】 （1）将已知前提用谓词公式表示。问题中涉及的谓词有 T(x) 表示 x 说真话。如果 A 说的是真话,则有

$$T(A) \rightarrow \neg T(B) \wedge \neg T(C)$$

如果 A 说的是假话，则有

$$\neg T(A) \to T(B) \lor T(C)$$

对 B 和 C 说的话做同样的处理，可得

$$T(B) \to \neg T(A) \land \neg T(C)$$

$$\neg T(B) \to T(A) \lor T(C)$$

$$T(C) \to \neg T(A) \lor \neg T(B)$$

$$\neg T(C) \to T(A) \land T(B)$$

根据谓词公式的等价性将上述公式化为子句集 S，可表示为

$$\{\neg T(A) \lor \neg T(B), \neg T(A) \lor \neg T(C), T(A) \lor T(B) \lor T(C), \neg T(B) \lor \neg T(C),$$
$$\neg T(C) \lor \neg T(A) \lor \neg T(B), T(C) \lor T(A), T(C) \lor T(B)\}$$

（2）把待求解的问题用谓词公式表示，将其否定并与答案谓词 ANSWER 构成析取式。设 u 代表说真话的人，则有 $T(u)$，将其否定与 ANSWER 作析取，可得

$$\neg T(u) \lor ANSWER(u)$$

（3）将析取式化为子句集并加入子句集 S 中，得到新的子句集 S_1，如下所示

$$\{\neg T(A) \lor \neg T(B), \neg T(A) \lor \neg T(C), T(A) \lor T(B) \lor T(C), \neg T(B) \lor \neg T(C),$$
$$\neg T(C) \lor \neg T(A) \lor \neg T(B), T(C) \lor T(A), T(C) \lor T(B), \neg T(u) \lor ANSWER(u)\}$$

（4）对子句集 S_1 进行归结，其归结过程的归结树如图 3-8 所示。

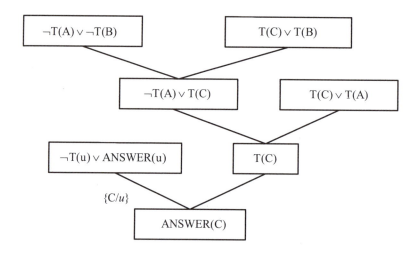

图 3-8　对子句集 S_1 进行归结的过程

由 ANSWER(C) 可知 C 是说真话的人，即 C 不是说谎者。

指点迷津

通过分析可知，无论怎么对子句集 S_1 进行归结，都推不出 ANSWER(A) 和 ANSWER(B)。因此，A 和 B 是说谎者，其证明过程如下。

假设 A 说的不是真话，则有 ¬T(A)，把它的否定 T(A) 加入子句集 S 中，得到新的子句集 S_2，可得

$$\{\neg T(A) \vee \neg T(B), \neg T(A) \vee \neg T(C), T(A) \vee T(B) \vee T(C), \neg T(B) \vee \neg T(C),$$
$$\neg T(C) \vee \neg T(A) \vee \neg T(B), T(C) \vee T(A), T(C) \vee T(B), T(A)\}$$

应用归结原理对 S_2 进行归结，其归结过程的归结树如图 3-9 所示。

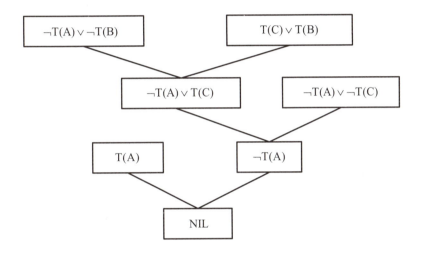

图 3-9　对子句集 S_2 的归结过程

由此可知，假设"A 说的不是真话"是正确的，可确定 A 是说谎者。

同理，可证明 B 也是说谎者。

拓展训练

请写出证明 B 是说谎者的过程。

高手点拨

在归结过程中，子句集中的所有子句不一定会全部用到，只要在定理证明时能够归结出空子句，在求解问题答案时能够归结出 ANSWER 就可以了。

3.4 本章实训：动物识别系统

1. 实训目的

（1）熟悉一阶谓词逻辑和产生式表示法。
（2）掌握产生式系统的运行机制。
（3）掌握基于确定性推理的基本方法。

2. 实训内容

设计并编程实现一个能够识别鸵鸟、企鹅、信天翁、金钱豹、虎、长颈鹿和斑马这7种动物的识别系统。

3. 实训要求

用一阶谓词逻辑和产生式规则表示知识，以动物识别系统的产生式规则为例，建立规则库和综合数据库，并能对它们进行添加、删除和修改操作。

4. 实训步骤

（1）分析动物识别系统中的产生式规则。根据动物识别的专家知识，确定规则库中的产生式规则。例如，根据专家知识"如果该动物有羽毛，则该动物是鸟""如果该动物会飞，而且会下蛋，则该动物是鸟""如果该动物是鸟，有长脖子和长腿但是不会飞，则该动物是鸵鸟"等，可得到如下产生式规则。

r_1： IF 该动物有羽毛 THEN 该动物是鸟
r_2： IF 该动物会飞 AND 会下蛋 THEN 该动物是鸟
r_3： IF 该动物是鸟 AND 有长腿
            AND 有长脖子
            AND 不会飞
         THEN 该动物是鸵鸟

（2）建立规则库。所有产生式规则组成规则库。

高手点拨

上述产生式规则的表示形式直观易懂，但是不便于在计算机系统中存储与运算。因此，为了提高动物识别系统的性能，常用数字或字母表示已知事实。例如，可用"1"表示"有羽毛"，用"2"表示"是鸟"，则有 r_1： IF 1 THEN 2。

（3）设计动物识别系统。在动物识别系统中，主要通过判断综合数据库中的前提条件与产生式规则的前提是否匹配实现动物识别。

指点迷津

在动物识别系统中，用数字表示已知事实，则可用列表表示综合数据库。例如，综合数据库中的前提条件"该动物有羽毛，还有长腿和长脖子，但是不会飞"可表示为"list[i]=[1，3，4，5]"，其中"1"表示有羽毛，"3"表示有长腿，"4"表示有长脖子，"5"表示不会飞。

遍历综合数据库中的前提条件"1"，发现它与规则 r_1 的前提条件匹配，可得到结论"2"，并将"2"加入综合数据库中作为前提条件，可得"list[i]=[1，3，4，5，2]"，接着遍历综合数据库中的前提条件，依次可遍历到"2""3""4"和"5"与规则 r_3 中的前提匹配，所以，可得出结论"6"（"6"表示是鸵鸟），动物识别成功。

高手点拨

动物识别系统中识别的终止条件分为 3 种情况。

（1）当所得结论是鸵鸟、企鹅、信天翁、金钱豹、虎、长颈鹿或斑马时，遍历停止，识别成功。

（2）当规则库中所有的规则都使用完，仍然没有得到最终结论，遍历停止，识别失败。

（3）当综合数据库中所有的已知事实都遍历完，并且没有可以重新提供的已知事实，遍历停止，识别失败。

5. 实训报告要求

（1）根据动物识别的专家知识，确定识别其余动物的产生式规则，建立规则库。
（2）编写程序实现动物识别，并提交源代码。
（3）总结实训的心得体会。

本章小结

本章主要介绍了确定性推理的相关知识。通过本章的学习，读者应重点掌握以下内容。

（1）推理是指从已知事实出发，按照某种策略运用已掌握的知识，推导出其中蕴含的事实性结论或归纳出某些新的结论的过程。

（2）按推理的逻辑基础分类，推理可分为演绎推理、归纳推理和默认推理；按推理时所用知识的确定性分类，推理可分为确定性推理和不确定性推理；按推理过程中是否出现反复的情况分类，推理可分为单调推理和非单调推理；按推理过程中是否运用与问题有关的启发性知识分类，推理可分为启发式推理和非启发式推理。

（3）推理方向用来确定推理的驱动方式，可分为正向推理、逆向推理和混合推理。

（4）自然演绎推理是指从一组已知为真的事实出发，直接运用命题逻辑或谓词逻辑中的推理规则推出结论的过程。

（5）归结演绎推理是一种基于归结原理的机器推理技术。

思考与练习

1．选择题

（1）下列不属于按推理的逻辑基础分类的是（　　）。

　　A．演绎推理　　　　　　　　　　B．单调推理
　　C．归纳推理　　　　　　　　　　D．默认推理

（2）下列选项中属于发生冲突的是（　　）。

　　A．已知事实不能与知识库中的任何知识匹配成功
　　B．已知事实恰好只与知识库中的一个知识匹配成功
　　C．已知事实与知识库中的多个知识匹配成功
　　D．以上三项都正确

（3）如果谓词公式 $P \rightarrow Q$ 和 $Q \rightarrow R$ 都为真，则可推出的结论是（　　）。

　　A．$P \rightarrow R$ 为真　　　　　　　B．$R \rightarrow P$ 为真
　　C．$Q \rightarrow P$ 为真　　　　　　　D．$R \rightarrow Q$ 为真

（4）下列子句集中具有不可满足性的一项是（　　）。

　　A．$\{P(x), Q(x)\}$　　　　　　　B．$\{P(x), Q(x), R(x)\}$
　　C．$\{P(x), Q(x), \neg P(x)\}$　　　D．$\{P(x), \neg Q(x), R(x)\}$

（5）下列说法中错误的一项是（　　）。

　　A．归结式 C_{12} 是其亲本子句 C_1 与 C_2 的逻辑结论
　　B．如果子句集 S 在归结过程中得到空子句，则子句集 S 是不可满足的
　　C．谓词公式不可满足的充要条件是其子句集不可满足
　　D．如果 C_1 与 C_2 为真，则其归结式 C_{12} 不一定为真

2．填空题

（1）推理是指从_____出发，按照某种策略运用已掌握的知识，推导出其中_____或归纳出某些新的结论的过程。

（2）推理方向用来确定推理的驱动方式，包括_____和_____。

（3）自然演绎推理是指从一组已知为真的事实出发，直接运用_____中的推理规则推出结论的过程。

（4）不包含任何文字的子句称为_____，记为_____。

（5）应用归结原理证明定理的过程称为_____。

3．简答题

（1）简述推理的方式及分类。

（2）简述推理方向的类别。

（3）简述什么是归结演绎推理。

4．实践题

（1）将下列谓词公式化为子句集。

① $(\forall x)(P(x) \to (\exists y)(P(y) \land R(x,y)))$

② $(\exists x)(P(x) \land (\forall x)(P(y) \to R(x,y)))$

（2）已知事实：A；B；$A \to C$；$B \land C \to D$；$D \to Q$。求证：Q 为真。

（3）某公司招聘工作人员，有 3 人来应聘，即 A、B、C。经过面试后公司表示有如下想法。

① 3 人中至少录取 1 人。

② 如果录取 A 而不录取 B，则一定录取 C。

③ 如果录取 B，则一定录取 C。

请用归结原理求证：公司一定录取 C。

（4）任何兄弟都有同一个父亲，A 和 B 是兄弟，且 A 的父亲是 C。请用归结原理回答：B 的父亲是谁。

第 4 章
搜索策略

本章导读

现实世界中多数问题都是非结构化的，一般不能用直接求解的方法来求解这样的问题，而只能利用已有的知识一步一步地摸索着前进。因此，常常使用基于搜索策略的方法来求解问题。搜索策略是人工智能的基本求解策略之一，已在人工智能各领域得到了广泛应用。

本章主要介绍基于状态空间表示法的搜索策略，包括盲目搜索策略和启发式搜索策略。

学习目标

- 熟悉搜索的基本内容。
- 理解搜索策略的思想。
- 掌握宽度优先搜索、深度优先搜索和等代价搜索等盲目搜索策略。
- 掌握 A 搜索和 A^* 搜索等启发式搜索策略。

素质目标

- 了解科技前沿新应用，开阔视野，抓住机遇，展现新作为。
- 关注卓越新科技，感受国家的发展、民族的强大，增强民族意识，加深爱党、爱国的情感。

4.1 搜索概述

4.1.1 搜索的概念

在求解实际问题的过程中，常遇到以下两个问题。

（1）如何寻找可利用的知识，即如何确定推理路线，才能在尽量少付出代价的前提下圆满解决问题。

（2）如果存在多条路线可求解问题，如何从中选出一条求解代价最小的路径，以提高求解程序的运行效率。

为解决上述问题，常采用搜索法求解问题。

搜索就是根据问题的实际情况，按照一定的策略或规则，从知识库中寻找可利用的知识，从而构造出一条代价较小的推理路线，使问题得到解决的过程。

搜索是人工智能中的一个核心技术，是推理不可分割的一部分，它直接关系到智能系统的性能和运行效率。在搜索问题中，主要的工作是找到正确的搜索策略。搜索策略反映了状态空间或问题空间扩展的方法，也决定了状态或问题的访问顺序。

4.1.2 搜索过程

状态空间表示法用图结构来描述问题的所有可能状态，其问题的求解过程可转化为在状态空间图中寻找一条从初始节点到目标节点的路径。搜索策略可看成是一种在状态空间图中寻找路径的方法。

在人工智能中，通过运用搜索策略解决问题的基本思想是：首先把问题的初始状态（即起始节点）作为当前状态，选择适用的操作符对其进行操作，生成一组子状态（即后继节点），然后检查目标状态是否在其中出现。若出现，则搜索成功，找到了问题的解；若未出现，则按某种搜索策略从已生成的状态中再选一个状态作为当前状态。重复上述过程，直到目标状态出现或者不再有可供操作的状态及操作符为止。

在运用搜索策略求解问题的过程中，涉及的数据结构除了状态空间图之外，还需要两个辅助的数据结构，即存放已访问但未扩展节点的 OPEN 表，以及存放已扩展节点的 CLOSED 表。状态空间图的搜索过程如图 4-1 所示。

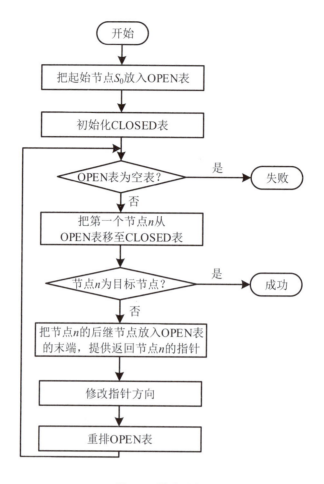

图 4-1　搜索过程

（1）建立一个只含起始节点 S_0 的搜索图，并将 S_0 放入 OPEN 表中。

（2）建立一个 CLOSED 表，并将其初始化为空表。

（3）判断 OPEN 表是否为空表，若为空表，则失败退出；否则继续（4）。

（4）选择 OPEN 表上的第一个节点（称为节点 n），将其从 OPEN 表移出，并放入 CLOSED 表中。

（5）判断节点 n 是否为目标节点。若 n 为目标节点，则有解并成功退出，此解为沿着指针从节点 n 到 S_0 的这条路径[指针将在第（7）步中设置]。否则，执行（6）。

（6）扩展节点 n，生成后继节点集合 M，并将集合 M 中的成员作为 n 的后继节点添加入搜索图中。

（7）针对 M 中后继节点的不同情况，分别做如下处理。

① 对那些未曾在搜索图中出现过的（既未曾在 OPEN 表中，也未在 CLOSED 表中出现过）M 成员，设置其父节点指针指向 n，并加入 OPEN 表中。

② 对那些原来已在搜索图中出现过，但还没有扩展的（已经在 OPEN 表或 CLOSED 表中出现过）M 成员，确定是否需要将其原来的父节点更改为 n。

③ 对那些先前已在搜索图中出现过，并已经扩展了的（已在 CLOSED 表中）M 成员，确定是否需要修改其后继节点指向父节点的指针。若修改了其父节点，则将该节点从 CLOSED 表中移出，重新加入 OPEN 表中。

添砖加瓦

上述集合 M 中后继节点的 3 种情况分别是：①中提到的 M 成员是新生成的；②中提到的 M 成员是原生成但未扩展的；③中提到的 M 成员是原生成并已扩展的。

（8）按某一方式或按某个估价值，重排 OPEN 表。继续执行步骤（3）。

知识库

上述搜索过程可生成一个搜索图。不同的搜索策略可得到不同的搜索树。其中，搜索树是搜索图的一个子集。

在搜索树中，除初始节点 S_0 外，任意一个节点都含有唯一一个指向其父节点的指针。从目标节点开始，将指针指向的状态回串起来，即找到一条求解路径。

添砖加瓦

在搜索过程中需要解决的基本问题有：
（1）搜索过程是否一定能找到一个解。
（2）当搜索过程找到一个解时，找到的是否是最佳解。
（3）搜索过程的时间与空间复杂性如何。
（4）搜索过程是否能终止运行或是否会陷入一个死循环。

4.1.3 搜索策略

根据搜索过程中是否运用与问题有关的信息，可以将搜索策略分为盲目搜索策略和启发式搜索策略。

在搜索过程中对 OPEN 表的节点排序，主要目的是希望从未扩展节点中选出一个最具有希望的节点作为下一个扩展节点使用。若此时的排序是任意的或者是盲目的，则为盲目搜索；若排序是以各种启发式思想或其他准则为依据的，则为启发式搜索。

添砖加瓦

盲目搜索策略一般不需要重排 OPEN 表，启发式搜索策略需要根据不同的规则重排 OPEN 表。

匠心筑梦

2020 年 8 月，在一场以"深度科技造福人类"为主题的科技活动上，创新工场董事长兼 CEO 李某和某图灵奖得主共同探讨了新冠肺炎疫情时期，AI 如何助力未来的经济社会更加富有弹性、宜居和可持续。

李某介绍，疫情期间有医疗企业利用 AI 平台开发抑制病毒的新药小分子。该图灵奖得主本人就参与了几个将 AI 用于药物研发的项目，据他介绍，在化学和生物领域，需要进行测试的组合方式太多，逐个进行研究是不可能的，所以需要一个合理的搜索策略。该图灵奖得主本人也说："我们希望能用 AI 缩短研究时间，通过重组已有药物，研发新型抗病毒药物。"

可见，一个合理的搜索策略对缩短抗病毒药物研究时间具有至关重要的作用。

4.2 盲目搜索策略

盲目搜索策略又称无信息搜索策略，也就是说，在搜索过程中，只按照预先规定的搜索策略进行搜索，而没有任何中间信息来改变这些策略。常用的盲目搜索策略有宽度优先搜索、深度优先搜索和等代价搜索等。

4.2.1 宽度优先搜索

宽度优先搜索又称广度优先搜索，其基本思想是从起始节点开始，逐层对节点进行依次扩展（或搜索），同时考察它是否为目标节点。例如，如图 4-2 所示的搜索树，其搜索顺序应为 A→B→C→D→E→F→G→H。

扫一扫

宽度优先搜索

提示

在对下层节点进行扩展（或搜索）之前，必须完成对当前层所有节点的扩展（或搜索）。

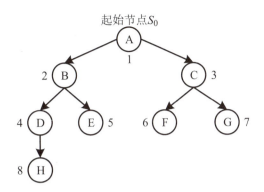

图 4-2　宽度优先搜索

宽度优先搜索的搜索过程可用如图 4-3 所示的算法描述。

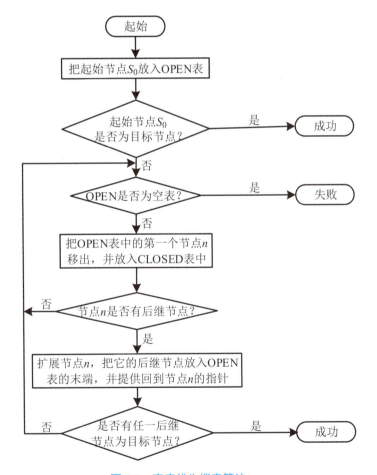

图 4-3　宽度优先搜索算法

【例 4-1】　猫捉老鼠问题，猫位于 A 处，它发现 K 处有一只老鼠（见图 4-4），请用宽度优先搜索算法帮猫寻找捕捉路线。

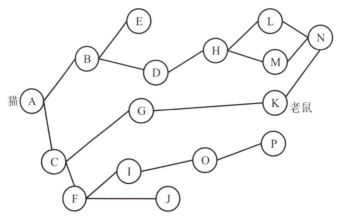

图 4-4 猫和老鼠的位置表示

【解】 使用宽度优先搜索算法解决猫捉老鼠问题的步骤如下。

（1）猫所在的位置 A 是起始节点，将 A 放入 OPEN 表中。

（2）判断该起始节点 A 是否为一目标节点，若是，则求得一个解并成功退出；否则继续。节点 A 不是老鼠所在的位置，所以不是目标节点。

（3）判断 OPEN 表是否为空表，若是空表，则没有解，失败退出；否则继续。OPEN 表中有节点 A，非空，继续执行。

（4）把 OPEN 表中的第一个节点（记为节点 n）移出，并放入 CLOSED 表中。将节点 A 从 OPEN 表中移出，并放入 CLOSED 表中。

（5）判断节点 n 是否有后继节点，若有，则继续；否则，转向（3）。节点 A 有后继节点，继续执行。

（6）扩展节点 n，把节点 n 的所有后继节点放入 OPEN 表的末端，并提供从这些后继节点回到父节点 n 的指针。即扩展节点 A，其后继节点有 B 和 C，将它们放入 OPEN 表的末端，并提供回到父节点 A 的指针。

（7）判断刚产生的这些后继节点中是否存在一个目标节点，若存在，则找到一个解，成功退出。解可从目标节点到起始节点的返回指针中得到。否则转向（3）。后继节点 B 和 C 都不是目标节点，转向（3）。

循环执行上述操作，其 OPEN 表和 CLOSED 表的状态变化如表 4-1 所示。

表 4-1 OPEN 表和 CLOSED 表的状态变化

循环次数	OPEN 表	CLOSED 表
0（初始化）	A	空
1	B、C	A
2	C、D、E	A、B
3	D、E、F、G	A、B、C

表 4-1（续）

循环次数	OPEN 表	CLOSED 表
4	E、F、G、H	A、B、C、D
5	F、G、H	A、B、C、D、E
6	G、H、I、J	A、B、C、D、E、F
7	H、I、J、K	A、B、C、D、E、F、G

知识库

在搜索过程中，OPEN 表中的节点排序准则是后进入的节点排在先进入的节点后面。例如，表 4-1 的第 3 次循环中，节点 F、G 在节点 D、E 之后进入 OPEN 表中，所以节点 F、G 排在节点 D、E 的后面。因此，OPEN 表是一个队列结构，节点进出 OPEN 表的顺序是先进先出。

CLOSED 表是一个顺序表，表中各节点按顺序标号，正在考察的节点在表中编号最大。例如，表 4-1 的第 7 次循环后得到的 CLOSED 表中的节点按照从 1 至 7 的顺序编号，其中正在考察的节点 G 的编号为 7。

从表 4-1 可以看出，在第 7 次循环中，步骤（7）判断 G 产生的后继节点 K 是目标节点。此时，找到一个解，成功退出。便可得到猫捉老鼠的捕捉路线为 A→C→G→K。该搜索结束后得到的搜索树如图 4-5 所示。

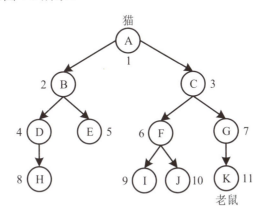

图 4-5　宽度优先搜索树

高手点拨

如果问题有解，目标节点必出现在 OPEN 表中，根据返回指针，在 CLOSED 表中回溯得到求解路径。

知识库

宽度优先搜索是一个通用的与问题无关的方法,其性质有:
(1)当问题有解时,一定能找到解,且得到的是路径最短的解。
(2)当目标节点和起始节点较远时将会产生许多无用节点,搜索效率低。

4.2.2 深度优先搜索

深度优先搜索的基本思想是从起始节点开始,在其子节点中选择一个节点进行考察,如果不是目标节点,则在该子节点的子节点中选择一个节点进行考察,一直如此向下搜索,如果发现不能到达目标节点,则返回到上一个节点,然后选择该节点的另一个子节点往下搜索,如此反复,直到搜索到目标节点或搜索完全部节点为止。例如,如图 4-6 所示的搜索树,其搜索顺序应为 A→B→D→H→E→C→F→G。

深度优先搜索

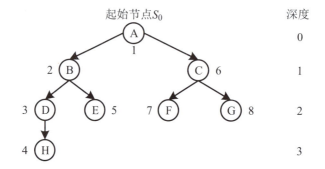

图 4-6 深度优先搜索

添砖加瓦

节点深度的定义如下。
(1)起始节点(即根节点)的深度为 0。例如,图 4-6 中节点 A 的深度为 0。
(2)任何其他节点的深度等于其父节点深度加 1。例如,图 4-6 中节点 D 的深度是 2,等于其父节点 B 的深度 1 加 1。
深度相等的节点可以任意排列。例如,图 4-6 中节点 B 和 C 的排列也可以是先 C 后 B。

对于许多问题,其状态空间搜索树的深度可能为无限深,或者可能至少要比某个可接受的解答序列的已知深度的上限还要深。为了防止搜索过程沿着无益的路径扩展下去,往往需要给出一个节点扩展的最大深度,即深度界限。任何节点的深度如果达到了深度界限,那么都将它们作为没有后继节点处理。

> **提示**
>
> 即使应用了深度界限的规定,所求得的解路径也并不一定就是最短路径。

含有深度界限的深度优先搜索的搜索过程可用如图 4-7 所示的算法描述。

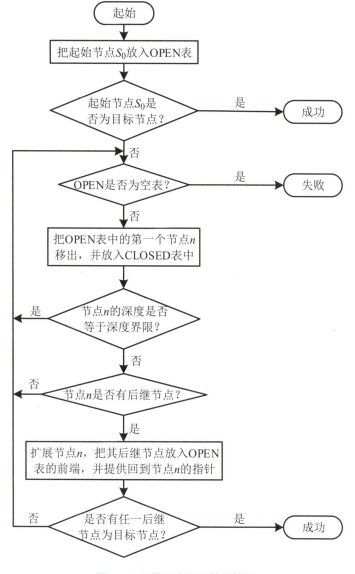

图 4-7　有界深度优先搜索算法

【例 4-2】 请用含有深度界限的深度优先搜索算法解决例 4-1 中的猫捉老鼠问题。

【解】 使用含有深度界限的深度优先搜索算法解决猫捉老鼠问题的步骤如下。

（1）猫所在的位置 A 是起始节点，将 A 放入 OPEN 表中。

（2）判断该起始节点 A 是否为一目标节点，若是，则求得一个解并成功退出；否则继续。节点 A 不是老鼠所在的位置，所以不是目标节点。

（3）判断 OPEN 表是否为空表，若是空表，则没有解，失败退出；否则继续。OPEN 表中有节点 A，非空，继续执行。

（4）把 OPEN 表中的第一个节点（记为节点 n）移出，并放入 CLOSED 表中。将节点 A 从 OPEN 表中移出，并放入 CLOSED 表中。

（5）判断节点 n 的深度是否等于深度界限，若等于，则转向（3）；否则继续。针对猫捉老鼠问题，将深度界限设为 3。第 1 次循环中节点 A 的深度为 0，不等于深度界限。

（6）判断节点 n 是否有后继节点，若有，则继续；否则，转向（3）。节点 A 有后继节点，继续执行。

（7）扩展节点 n，把节点 n 的所有后继节点放入 OPEN 表的前端，并提供从这些后继节点回到父节点 n 的指针。扩展节点 A，把 A 的后继节点 B 和 C 放入 OPEN 表的前端。

（8）判断刚产生的这些后继节点中是否存在一个目标节点，若存在，则找到一个解，成功退出。解可从目标节点到起始节点的返回指针中得到。否则转向（3）。后继节点 B 和 C 都不是目标节点，转向（3）。

循环执行上述操作，第 1 次循环结束后，OPEN 表的节点依次是 B、C，然后进行第 2 次循环，扩展第一个节点 B，其后继节点有 D 和 E，将它们放入 OPEN 表的前端，并提供回到父节点 B 的指针。可见，经过第 2 次循环后，OPEN 表的节点依次为 D、E、C。在整个搜索过程中，OPEN 表和 CLOSED 表的状态变化如表 4-2 所示。

表 4-2　OPEN 表和 CLOSED 表的状态变化

循环次数	OPEN 表	CLOSED 表
0（初始化）	A	空
1	B、C	A
2	D、E、C	A、B
3	H、E、C	A、B、D
4	E、C	A、B、D、H
5	C	A、B、D、H、E
6	F、G	A、B、D、H、E、C

表 4-2（续）

循环次数	OPEN 表	CLOSED 表
7	I、J、G	A、B、D、H、E、C、F
8	J、G	A、B、D、H、E、C、F、I
9	G	A、B、D、H、E、C、F、I、J
10	K	A、B、D、H、E、C、F、I、J、G

提示

深度界限为 3，故在第 4 次循环中，H 可视为没有后继节点。

知识库

在深度优先搜索过程中，OPEN 表中的节点排序准则是后进入的节点排在先进入的节点前面。例如，表 4-2 的第 2 次循环中，节点 D、E 在节点 C 之后进入 OPEN 表中，所以节点 D、E 排在节点 C 的前面。因此，OPEN 表是一个栈结构，节点进出 OPEN 表的顺序是后进先出。

CLOSED 表的结构和性质与宽度优先搜索中 CLOSED 表相同。

从表 4-2 可以看出，在第 10 次循环中，步骤（8）判断节点 G 产生的后继节点 K 是目标节点。此时，找到一个解，成功退出。便可得到猫捉老鼠的捕捉路线为 A→C→G→K。该搜索结束后得到的搜索树如图 4-8 所示。

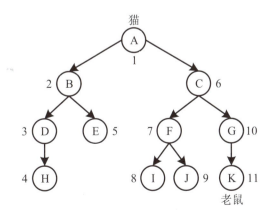

图 4-8 深度优先搜索树

指点迷津

在深度优先搜索过程中，当搜索到某一个节点，且后继节点既不是目标节点又不能继续扩展时，才考虑另一条替代的路径。替代路径是在前面已试过路径的基础上仅改变最后 n 步得到的，而且要求 n 尽可能小。

知识库

深度优先搜索策略也是一个通用的与问题无关的方法，其性质有：
（1）一般不能保证找到路径最短的解。
（2）当深度界限设置不合理时，可能找不到解。
（3）在最坏情况下，搜索空间等同于穷举。

学有所获

宽度优先搜索策略和深度优先搜索策略的唯一区别是在对节点 n 进行扩展时，其后继节点在 OPEN 表中的存放位置不同。

4.2.3 等代价搜索

在求解实际问题的过程中，搜索所做的每一步操作的代价并不一定相同，因此，由宽度优先搜索找到的最短路径并不等同于最优解。但是，通常人们希望找到具有某种特性的解，尤其是最小代价解。

要解决寻找最小代价的路径问题，可采用宽度优先搜索的推广策略，即等代价搜索。

等代价搜索

添砖加瓦

搜索树中的每条连接弧线上的有关代价可表示时间、距离和花费等。如果所有的连接弧线具有相等的代价，那么等代价搜索就可简化为宽度优先搜索。

在等代价搜索算法中，把从节点 n 到其后继节点 m 的连接弧线的代价记为 $c(n,m)$，把从起始节点 S_0 到任一节点 n 的路径代价记为 $g(n)$。在搜索树上，假设 $g(n)$ 是从起始节点 S_0 到节点 n 的最小代价路径上的代价，并且它是唯一的路径。

等代价搜索以 $g(n)$ 的递增顺序扩展其节点，其搜索过程可用如图 4-9 所示的算法描述。

第 4 章 搜索策略

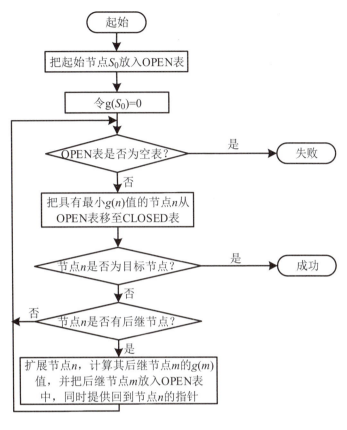

图 4-9 等代价搜索算法

【例 4-3】 猫捉老鼠问题中，将弧线赋予意义，即两节点间弧的数值代表猫的体力消耗值，如图 4-10 所示。例如，猫从位置 A 到位置 B 所消耗的体力值为 3，可用 $g(B)=3$ 表示。

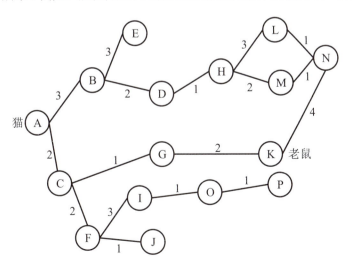

图 4-10 猫和老鼠位置表示

103

【解】 使用等代价搜索算法求猫捉老鼠所消耗的体力值，其步骤如下。

（1）猫所在的位置 A 是起始节点，将 A 放入 OPEN 表中，令 $g(A)=0$。

（2）判断 OPEN 表是否为空表，若是空表，则没有解，失败退出；否则继续。OPEN 表中有节点 A，非空，继续执行。

（3）把 OPEN 表中具有最小 $g(n)$ 值的节点 n 从 OPEN 表移至 CLOSED 表中。第 1 次循环，OPEN 表中只有节点 A，将节点 A 从 OPEN 表中移至 CLOSED 表中。

（4）判断节点 n 是否为一目标节点，若是，则求得一个解且猫消耗的体力值为 $g(n)$，成功退出；否则继续。第 1 次循环中，判断节点 A 不是老鼠所在的位置，所以不是目标节点。

（5）判断节点 n 是否有后继节点，若有，则继续；否则，转向（2）。节点 A 有后继节点，继续执行。

（6）扩展节点 n，对其后继节点 m，计算 $g(m)=g(n)+c(n,m)$，并把所有后继节点 m 放入 OPEN 表，同时提供回到父节点 n 的指针，最后转向（2）。将节点 A 的后继节点 B 和 C 放入 OPEN 表中，且 $g(B)=3$、$g(C)=2$。

循环执行上述操作，第 1 次循环结束后，OPEN 表的节点依次是 B、C，然后进行第 2 次循环，扩展路径代价值最小的节点 C，其后继节点有 F 和 G，将它们放入 OPEN 表中，并提供回到父节点 C 的指针。可见，经过第 2 次循环后，OPEN 表的节点依次为 B、F、G。在整个搜索过程中，OPEN 表和 CLOSED 表的状态变化如表 4-3 所示。

表 4-3 OPEN 表和 CLOSED 表的状态变化

循环次数	OPEN 表	CLOSED 表
0（初始化）	A($g(A)=0$)	空
1	B($g(B)=3$)、C($g(C)=2$)	A
2	B($g(B)=3$)、F($g(F)=4$)、G($g(G)=3$)	A、C
3	F($g(F)=4$)、G($g(G)=3$)、D($g(D)=5$)、E($g(E)=6$)	A、C、B
4	F($g(F)=4$)、D($g(D)=5$)、E($g(E)=6$)、K($g(K)=5$)	A、C、B、G
5	D($g(D)=5$)、E($g(E)=6$)、K($g(K)=5$)、I($g(I)=7$)、J($g(J)=5$)	A、C、B、G、F
6	D($g(D)=5$)、E($g(E)=6$)、I($g(I)=7$)、J($g(J)=5$)	A、C、B、G、F、K

指点迷津

如果有多个节点都使 $g(n)$ 的值最小，那么就要选择一个目标节点作为节点 n（若有目标节点的话）；否则，就从这些节点中任选一个作为节点 n。例如，在第 5 次循环结束，

> OPEN 表中节点 D、K、J 的路径代价值相同，由于节点 K 为目标节点，所以，在第 6 次循环中，选节点 K 作为下一个要执行的节点 n。

从表 4-3 可以看出，在第 6 次循环中，步骤（4）判断的节点 n 是目标节点 K。此时，找到一个解，成功退出。便可得到猫捉老鼠的捕捉路线为 A→C→G→K，猫消耗的体力值为 $g(K)=5$。该搜索结束后得到的搜索树如图 4-11 所示。

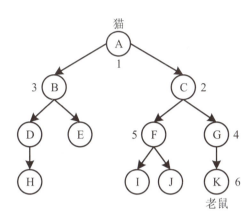

图 4-11　等代价搜索树

4.2.4　案例：宝匣上的拼图

某小说中讲述了一个曲折离奇的故事。在故事中，某人得到了藏有皇家宝藏秘密的宝匣，但是宝匣上面有一个 9 宫格拼图密码（见图 4-12），只有将图片拼完整才可以打开宝匣。请采用盲目搜索策略完成拼图任务。

图 4-12　宝匣

【解】　（1）用数字表示 9 宫格内的图片块，则该拼图的初始状态如图 4-13 所示，目标状态如图 4-14 所示。

	1	3
4	2	5
7	8	6

1	2	3
4	5	6
7	8	

图 4-13　拼图的初始状态　　　　　　图 4-14　拼图的目标状态

（2）移动拼图中空白的图块，可执行的操作有上、下、左、右，其中，需要约束空白图块不能移出 9 宫格之外。

高手点拨

> 拼图中需要移动的图块共有 8 个，若给每个图块都设置上、下、左、右操作，则需要 32 个操作算子，实现复杂。因此，可换一种思路，在拼图过程中只有空白图块可以移动，这样就可以减少操作算子，实现简易。

（3）使用宽度优先搜索完成拼图任务，其搜索顺序如图 4-15 所示。

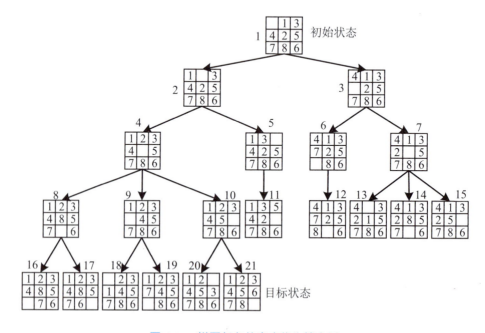

图 4-15　拼图任务的宽度优先搜索树

第4章 搜索策略

拓展训练

请用深度优先搜索完成拼图任务，并画出搜索树。

4.3 启发式搜索策略

启发式搜索策略又称有信息搜索策略，是指在搜索过程中，利用与问题有关的信息，引导搜索朝最有利的方向进行，从而加快搜索的速度，提高搜索效率。启发式搜索策略中涉及的重要内容有启发性信息和估价函数，常用的启发式搜索策略有 A 搜索和 A^* 搜索。

卓越创新

2020年10月，人工智能研究领域顶级会议 NeurIPS（神经信息处理系统大会）正式在官网公布 NeurIPS 2020 接收论文表。阿里安全图灵实验室与中科院计算所等科研单位共同完成的《启发式领域适应》（Heuristic Domain Adaptation）获录入选。

阿里主导研究的《启发式领域适应》论文成果，致力于解决机器学习模型领域适用的难点。研究团队通过将经典的"启发式搜索"思想，融入到领域适应问题中，来解决在数据不充分情况下的模型训练问题，进而实现将人工智能从现有数据学习到的知识迁移到未知场景中。

4.3.1 启发性信息和估价函数

搜索过程中选择节点的不同，决定了不同的搜索策略，同时会出现不同的搜索效果。盲目搜索策略主要根据提前设定好的规则进行搜索，存在盲目性大、搜索复杂性高、效率低等问题。为了解决这些问题，提出了启发式搜索策略。

启发式搜索策略的主要依据是问题自身的启发性信息。**启发性信息**是指可确定搜索方向，简化搜索过程，且可反映问题特性的控制性信息。在启发式搜索过程中，主要根据与问题有关的启发性信息估计各个节点的代价，从而确定每一次搜索的方向。

添砖加瓦

启发性信息按其作用可分为3种。
（1）用于确定要扩展的下一个节点，避免盲目地扩展节点。

107

（2）在扩展节点的过程中，用于决定生成哪些后继节点，避免盲目地生成所有可能节点。

（3）用于确定应从搜索树中修剪或删除的节点，避免盲目地保留"最不具有希望"的节点。

启发性信息又是通过估价函数而作用于搜索过程的。**估价函数**常用于估计节点的代价，即通过充分利用启发性信息估计出经过当前节点搜索到目标节点的代价。

估计一个节点的价值，必须考虑两个重要的因素，即已经付出的代价和将要付出的代价。因此，可将估价函数 $f(n)$ 定义为从初始节点 S_0 出发，经过节点 n 到达目标节点 G 的所有路径中最优路径的代价估计值。其一般形式为

$$f(n) = g(n) + h(n)$$

其中，$g(n)$ 表示从初始节点 S_0 到达中间节点 n 的实际代价。$g(n)$ 的值是从节点 S_0 到节点 n 的最优路径上所有有向边的代价之和。

$h(n)$ 表示从中间节点 n 到目标节点 G 的最优路径的估计代价。这种估计主要是源于对问题自身特性的认识，依据这些特性加快搜索的速度，体现了问题自身的启发性信息。因此，$h(n)$ 可称为启发函数。

指点迷津

在求解问题的过程中，由于估价函数的不同，搜索效果也不尽相同，因此，必须尽可能地选择最能体现问题特性的估价函数。

设计估价函数的目的就是为了利用有限的信息做出尽可能精确的搜索。

4.3.2 A 搜索

A 搜索又称为择优搜索，它是一种基于估价函数的启发式搜索算法，它在搜索过程中利用估价函数 $f(n) = g(n) + h(n)$ 对 OPEN 表中的节点进行排序，因此，A 搜索也可称为有序搜索。

A 搜索

高手点拨

一个节点的估价函数值 $f(n) = g(n) + h(n)$ 越小，则作为下一个考察节点的希望就越大，可见，被选为扩展的节点是估价函数值最小的节点。

根据启发式搜索过程中选择扩展节点范围的不同，可将 A 搜索分为全局择优搜索和局部择优搜索。

1. 全局择优搜索

全局择优搜索的基本思想是当确定下一个扩展节点时，利用估价函数 $f(n)$ 计算 OPEN 表中每个节点的估价值，然后从 OPEN 表的全部节点中选择一个 $f(n)$ 值最小的节点作为下一个要考察的节点。由于该搜索是在 OPEN 表的全部节点范围内选择下一个要考察的节点，选择范围全面，故称为全局择优搜索。

全局择优搜索的搜索过程可用如图 4-16 所示的算法描述。

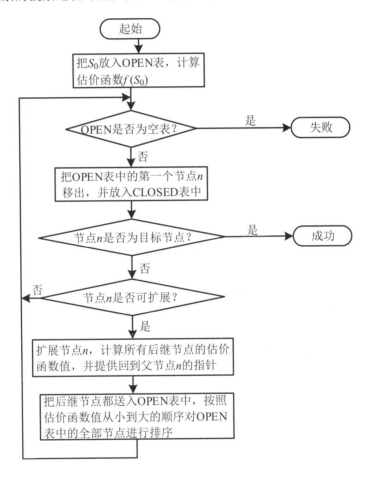

图 4-16　全局择优搜索算法

【例 4-4】　猫捉老鼠问题，在猫去捕捉老鼠的路程中，老鼠察觉到危险，于是，老鼠从 K 处出发经过 P 处逃到 O 处，如图 4-17 所示。其中，两节点间弧的数值代表猫的体力消耗值，请用全局择优搜索算法帮猫寻找捕捉路线。

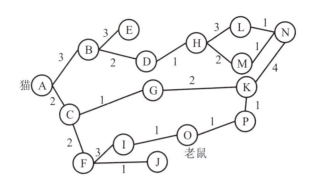

图 4-17 猫和老鼠位置表示

【解】 使用全局择优搜索算法求解猫捉老鼠问题的步骤如下。其中,估价函数 $f(n)$ 定义为 $f(n)=g(n)+h(n)$,$g(n)$ 表示猫从节点 A 到节点 n 的实际体力消耗值;$h(n)$ 表示猫从节点 n 到目标节点 O 的最优路径的体力消耗值估计值,此处定义 $h(n)=2\times i$,其中 i 表示从节点 n 到目标节点 O 的节点个数,"2"表示默认任意两个节点间的体力消耗值都为 2。例如,节点 K 的启发函数 $h(K)=2\times 2=4$。

(1) 把起始节点 A 放入 OPEN 表中,计算估价函数值 $f(A)=0+2\times 4=8$。

指点迷津

> 当出现某个节点到目标节点有多条路径的情况时,规定优先选择体力消耗估计值最小的路径。例如,起始节点 A 到目标节点 O 的路径有多条,其中路径 A→C→F→I→O 的体力消耗估计值最小,因此,优先选择此路径,即 $f(A)=0+2\times 4=8$。

(2) 判断 OPEN 表是否为空表,若是,则问题无解,失败退出;否则继续。OPEN 表中含有节点 A,非空。

(3) 把 OPEN 表中的第一个节点(记为节点 n)移出,并放入 CLOSED 表中。第 1 次循环中,OPEN 表中的第一个节点为 A。

(4) 判断节点 n 是否为目标节点,若是,则求得问题的解,成功退出;否则转向(5)。节点 A 不是目标节点。

(5) 判断节点 n 是否可扩展,若可扩展转向(6);否则转向(2)。节点 A 可扩展。

(6) 扩展节点 n,计算所有后继节点的估价函数值 $f(n)$,并提供从这些后继节点回到父节点 n 的指针。扩展节点 A,其后继节点为节点 B 和 C,计算它们的估价函数值 $f(B)=3+2\times 7=17$ 和 $f(C)=2+2\times 3=8$,并提供从节点 B 和 C 回到父节点 A 的指针。

(7) 把这些后继节点都送入 OPEN 表中,然后按照估价函数值从小到大的顺序对 OPEN 表中的全部节点进行排序,最后转向(2)。将节点 B 和 C 送入 OPEN 表中,此时 OPEN 表中的所有节点只有 B 和 C,所以对 OPEN 表中的全部节点进行排序后得到的节点顺序为 C、B。

循环执行上述操作，其 OPEN 表和 CLOSED 表的状态变化如表 4-4 所示。

表 4-4　OPEN 表和 CLOSED 表的状态变化

循环次数	OPEN 表	CLOSED 表
0（初始化）	A($f(A) = 0 + 8 = 8$)	空
1	C($f(C) = 2 + 6 = 8$)、B($f(B) = 3 + 14 = 17$)	A
2	F($f(F) = 4 + 4 = 8$)、G($f(G) = 3 + 6 = 9$)、B($f(B) = 3 + 14 = 17$)	A、C
3	I($f(I) = 7 + 2 = 9$)、G($f(G) = 3 + 6 = 9$)、J($f(J) = 5 + 6 = 11$)、B($f(B) = 3 + 14 = 17$)	A、C、F
4	O($f(O) = 8 + 0 = 8$)、G($f(G) = 3 + 6 = 9$)、J($f(J) = 5 + 6 = 11$)、B($f(B) = 3 + 14 = 17$)	A、C、F、I
5	G($f(G) = 3 + 6 = 9$)、J($f(J) = 5 + 6 = 11$)、B($f(B) = 3 + 14 = 17$)	A、C、F、I、O

指点迷津

> 对 OPEN 表中的全部节点进行排序时，如果遇到不同节点估价函数值相同的情况，可根据事先约定好的规则确定它们的顺序。例如，在本搜索过程中，节点 I($f(I) = 7 + 2 = 9$)、G($f(G) = 3 + 6 = 9$)的估价函数值相同，可按照体力消耗估计值 $h(n)$ 从小到大的顺序排列，即为 I、G。

从表 4-4 可以看出，在第 5 次循环中，步骤（4）判断的节点 n 是目标节点 O。此时，找到一个解，成功退出。便可得到猫捉老鼠的捕捉路线为 A → C → F → I → O。该搜索结束后得到的搜索树如图 4-18 所示。

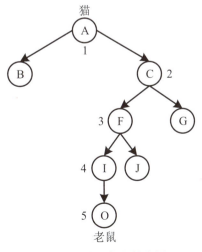

图 4-18　全局择优搜索树

2. 局部择优搜索

局部择优搜索的基本思想是当扩展某一个节点之后，计算该节点的每一个后继节点的估价函数值 $f(n)$，并在这些后继节点中选择一个 $f(n)$ 值最小的节点，作为下一个要考察的节点。由于该搜索每次都只在某个节点的所有后继节点范围内选择下一个要考察的节点，选择范围比较小，故称为局部择优搜索。

局部择优搜索的搜索过程可用如图 4-19 所示的算法描述。

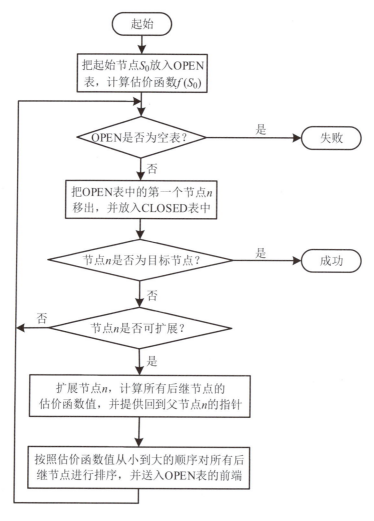

图 4-19 局部择优搜索算法

【例 4-5】 请用局部择优搜索算法求解例 4-4 中的问题。

【解】 使用局部择优搜索算法求解例 4-4 的步骤如下。其中，估价函数 $f(n)$ 和例 4-4 中的相同，即为 $f(n) = g(n) + h(n)$，$h(n) = 2 \times i$，其中 i 表示从节点 n 到目标节点 O 的节点个数，"2"表示默认任意两个节点间的体力消耗值都为 2。

(1)把起始节点 A 放入 OPEN 表中,计算估价函数值 $f(A) = 0 + 2 \times 4 = 8$。

(2)判断 OPEN 表是否为空表,若是,则问题无解,失败退出;否则继续。OPEN 表中含有节点 A,非空。

(3)把 OPEN 表中的第一个节点(记为节点 n)移出,并放入 CLOSED 表中。第 1 次循环中,OPEN 表中的第一个节点为 A。

(4)判断节点 n 是否为目标节点,若是,则求得问题的解,成功退出;否则转向(5)。节点 A 不是目标节点。

(5)判断节点 n 是否可扩展,若可扩展转向(6);否则转向(2)。节点 A 可扩展。

(6)扩展节点 n,计算所有后继节点的估价函数值 $f(n)$,并提供从这些后继节点回到父节点 n 的指针。扩展节点 A,其后继节点为节点 B 和 C,计算它们的估价函数值 $f(B) = 3 + 2 \times 7 = 17$ 和 $f(C) = 2 + 2 \times 3 = 8$,并提供从节点 B 和 C 回到父节点 A 的指针。

(7)按照估价函数值从小到大的顺序对所有后继节点进行排序,并送入 OPEN 表的前端,最后转向(2)。对后继节点 B 和 C 排序得到的节点顺序为 C、B,送入 OPEN 表的前端。

循环执行上述操作,其 OPEN 表和 CLOSED 表的状态变化如表 4-5 所示。

表 4-5 OPEN 表和 CLOSED 表的状态变化

循环次数	OPEN 表	CLOSED 表
0(初始化)	A($f(A) = 0 + 8 = 8$)	空
1	C($f(C) = 2 + 6 = 8$)、B($f(B) = 3 + 14 = 17$)	A
2	F($f(F) = 4 + 4 = 8$)、G($f(G) = 3 + 6 = 9$)、B($f(B) = 3 + 14 = 17$)	A、C
3	I($f(I) = 7 + 2 = 9$)、J($f(J) = 5 + 6 = 11$)、G($f(G) = 3 + 6 = 9$)、B($f(B) = 3 + 14 = 17$)	A、C、F
4	O($f(O) = 8 + 0 = 8$)、J($f(J) = 5 + 6 = 11$)、G($f(G) = 3 + 6 = 9$)、B($f(B) = 3 + 14 = 17$)	A、C、F、I
5	J($f(J) = 5 + 6 = 11$)、G($f(G) = 3 + 6 = 9$)、B($f(B) = 3 + 14 = 17$)	A、C、F、I、O

从表 4-5 可以看出,在第 5 次循环中,步骤(4)判断的节点 n 是目标节点 O。此时,找到一个解,成功退出。便可得到猫捉老鼠的捕捉路线为 A→C→F→I→O。该搜索结束后得到的搜索树与全局择优搜索树一样。

4.3.3 A*搜索

在启发式搜索中,不同的估价函数带来的搜索效果相差甚远,因此,估价函数的定义是影响启发式搜索效果的关键。如果估价函数定义不当，可能导致搜索不到问题的解，或者搜索到的解不是问题的最优解，此时，需要对估价函数进行某些限制。

A*搜索，俗称 A 星搜索，是在 A 搜索的基础上对估价函数 $f(n) = g(n) + h(n)$ 中的启发函数 $h(n)$ 加上限定条件，即

$$h(n) \leq h^*(n)，对所有节点 n$$

其中，$h^*(n)$ 表示节点 n 到目标节点最优路径的实际代价。

利用 A*搜索进行问题求解一定能得到最优解，保证 A*搜索找到最优解的充分条件有 4 条，分别是：

（1）搜索树中存在从起始节点到目标节点的最优路径。

（2）问题域是有限的。

（3）所有节点的后继节点的搜索代价值大于 0，即两节点之间弧线的值大于 0。

（4）$h(n) \leq h^*(n)$。

高手点拨

> 若 A 搜索中估价函数 $f(n) = g(n) + h(n)$ 中的启发函数 $h(n)$ 满足条件 $h(n) \leq h^*(n)$，则该 A 搜索就是 A*搜索。

【例 4-6】 请用 A*搜索求解例 4-4 中的问题。

【解】 使用 A*搜索求解例 4-4 的步骤如下。其中，估价函数 $f(n)$ 定义为 $f(n) = g(n) + h(n)$，且 $h(n) \leq h^*(n)$。$g(n)$ 表示猫从节点 A 到节点 n 的实际体力消耗值；$h(n)$ 表示猫从节点 n 到目标节点 O 的最优路径的体力消耗估计值。定义 $h(n) = 1 \times i$，其中 i 表示从节点 n 到目标节点 O 的节点个数，"1"表示默认任意两个节点间的体力消耗值都为 1。

指点迷津

> 启发函数 $h(n)$ 的设计源于对问题自身特性的认识，依据这些特性加快搜索的速度。
>
> 从图 4-17 可以看出任意两节点间的体力消耗值都大于等于 1，因此，若将任意两节点间的体力消耗值都默认为 1，并定义 $h(n) = 1 \times i$，则有对于任意节点 n 都满足条件 $h(n) \leq h^*(n)$。例如，取任意节点 K，有 $h(K) = 1 \times 2 = 2$，$h^*(K) = 1 + 1 = 2$，可见节点 K 满足条件 $h(K) \leq h^*(K)$。

（1）把起始节点 A 放入 OPEN 表中，计算估价函数值 $f(A) = 4$。

（2）判断 OPEN 表是否为空表，若是，则问题无解，失败退出；否则继续。OPEN 表中含有节点 A，非空。

（3）把 OPEN 表中的第一个节点（记为节点 n）移出，并放入 CLOSED 表中。第 1 次循环中，OPEN 表中的第一个节点为 A。

（4）判断节点 n 是否为目标节点，若是，则求得问题的解，成功退出；否则转向（5）。节点 A 不是目标节点。

（5）判断节点 n 是否可扩展，若可扩展转向（6）；否则转向（2）。节点 A 可扩展。

（6）扩展节点 n，计算所有后继节点的估价函数值 $f(n)$，并提供从这些后继节点回到父节点 n 的指针。扩展节点 A，其后继节点为节点 B 和 C，计算它们的估价函数值 $f(B) = 3+7 = 10$ 和 $f(C) = 2+3 = 5$，并提供从节点 B 和 C 回到父节点 A 的指针。

（7）把这些后继节点都送入 OPEN 表中，然后按照估价函数值从小到大的顺序对 OPEN 表中的全部节点进行排序，最后转向（2）。将节点 B 和 C 送入 OPEN 表中，此时 OPEN 表中的所有节点只有 B 和 C，所以对 OPEN 表中的全部节点进行排序后得到的节点顺序为 C、B。

循环执行上述操作，其 OPEN 表和 CLOSED 表的状态变化如表 4-6 所示。

表 4-6　OPEN 表和 CLOSED 表的状态变化

循环次数	OPEN 表	CLOSED 表
0（初始化）	A($f(A) = 0+4 = 4$)	空
1	C($f(C) = 2+3 = 5$)、B($f(B) = 3+7 = 10$)	A
2	F($f(F) = 4+2 = 6$)、G($f(G) = 3+3 = 6$)、B($f(B) = 3+7 = 10$)	A、C
3	G($f(G) = 3+3 = 6$)、I($f(I) = 7+1 = 8$)、J($f(J) = 5+3 = 8$)、B($f(B) = 3+7 = 10$)	A、C、F
4	K($f(K) = 5+2 = 7$)、I($f(I) = 7+1 = 8$)、J($f(J) = 5+3 = 8$)、B($f(B) = 3+7 = 10$)	A、C、F、G
5	P($f(P) = 6+1 = 7$)、I($f(I) = 7+1 = 8$)、J($f(J) = 5+3 = 8$)、B($f(B) = 3+7 = 10$)、N($f(N) = 9+3 = 12$)	A、C、F、G、K
6	O($f(O) = 7+0 = 7$)、I($f(I) = 7+1 = 8$)、J($f(J) = 5+3 = 8$)、B($f(B) = 3+7 = 10$)、N($f(N) = 9+3 = 12$)	A、C、F、G、K、P
7	I($f(I) = 7+1 = 8$)、J($f(J) = 5+3 = 8$)、B($f(B) = 3+7 = 10$)、N($f(N) = 9+3 = 12$)	A、C、F、G、K、P、O

从表 4-6 可以看出，在第 7 次循环中，步骤（4）判断的节点 n 是目标节点 O。此时，找到一个解，成功退出。便可得到猫捉老鼠的捕捉路线为 A→C→G→K→P→O，且该路线为最优路线。该搜索结束后得到的搜索树如图 4-20 所示。

人工智能

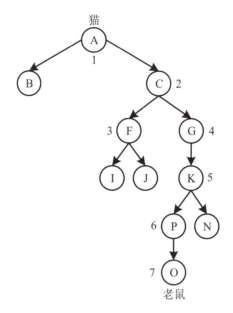

图 4-20 A*搜索树

> **知识库**
>
> A*搜索具有下列性质。
>
> （1）可采纳性。对于一个可求解的问题，如果一个搜索算法能在有限步内终止并找到问题的最优解，则称该搜索算法是可采纳的。
>
> （2）单调性。所谓单调性是指在 A*搜索中，如果对其估价函数中的启发性函数 $h(n)$ 加上适当的单调性限制条件，就可以减少对 OPEN 表或 CLOSED 表的检查和调整，从而提高搜索效率。
>
> （3）信息性。所谓信息性就是指比较两个 A*搜索的启发函数 $h_1(n)$ 和 $h_2(n)$，如果对搜索空间中的任一节点 n 都有 $h_1(n) \leq h_2(n)$，就代表搜索策略 h_2 比 h_1 具有更多的信息性。

4.3.4 案例：迷宫寻路

有一个 5×5 的迷宫地图（见图 4-21），其中，用字母表示某位置允许通过，其余位置不允许通过；入口和出口的位置在图中已经标出。现规定在迷宫中只能横向或纵向移动，不能斜向移动，请寻找从入口到出口的最短路径。

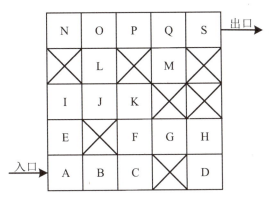

图 4-21　迷宫地图

【解】　（1）启发式搜索的关键是定义启发式函数，本问题的启发式函数定义为 $f(n)=g(n)+h(n)$，其中，$g(n)$ 代表已走过的真实距离，$h(n)$ 表示不考虑路径是否可通行的情况下，当前节点到目标节点所在行的纵向距离。

（2）使用局部择优搜索解决此问题的步骤如下。

① 从入口进，此时已走过的真实距离 $g(A)=1$，节点 A 到目标节点所在行的纵向距离 $h(A)=4$，将节点 A 放入 OPEN 表中，计算估价函数值 $f(A)=1+4=5$。

② 判断 OPEN 表是否为空表，若是，则问题无解，失败退出；否则继续。OPEN 表中含有节点 A，非空。

③ 把 OPEN 表中的第一个节点（记为节点 n）移出，并放入 CLOSED 表中。第 1 次循环中，OPEN 表中的第一个节点为 A。

④ 判断节点 n 是否为目标节点，若是，则求得问题的解，成功退出；否则转向⑤。目标节点的位置坐标在出口处，而此时，位置坐标在入口处。

⑤ 判断节点 n 是否可扩展，若可扩展转向⑥；否则转向②。节点 A 可扩展，下一步可移动的位置有 B 和 E。

⑥ 扩展节点 n，计算所有后继节点的估价函数值 $f(n)$，并提供从这些后继节点回到父节点 n 的指针。扩展节点 A，其后继节点为节点 B 和 E，计算它们的估价函数值 $f(B)=2+4=6$ 和 $f(E)=2+3=5$，并提供从节点 B 和 E 回到父节点 A 的指针。

⑦ 按照估价函数值从小到大的顺序对所有后继节点进行排序，并送入 OPEN 表的前端，最后转向②。对后继节点 B 和 E 排序得到的节点顺序为 E、B，送入 OPEN 表的前端。

循环执行上述操作，其 OPEN 表和 CLOSED 表的状态变化如表 4-7 所示。

表 4-7　OPEN 表和 CLOSED 表的状态变化

循环次数	OPEN 表	CLOSED 表
0（初始化）	A($f(A)=5$)	空
1	E($f(E)=5$)、B($f(B)=6$)	A

表 4-7（续）

循环次数	OPEN 表	CLOSED 表
2	I(f(I) = 5)、B(f(B) = 6)	A、E
3	J(f(J) = 6)、B(f(B) = 6)	A、E、I
4	L(f(L) = 6)、K(f(K) = 7)、B(f(B) = 6)	A、E、I、J
5	O(f(O) = 6)、K(f(K) = 7)、B(f(B) = 6)	A、E、I、J、L
6	P(f(P) = 7)、K(f(K) = 7)、B(f(B) = 6)	A、E、I、J、L、O
7	Q(f(Q) = 8)、K(f(K) = 7)、B(f(B) = 6)	A、E、I、J、L、O、P
8	S(f(S) = 9)、K(f(K) = 7)、B(f(B) = 6)	A、E、I、J、L、O、P、Q
9	K(f(K) = 7)、B(f(B) = 6)	A、E、I、J、L、O、P、Q、S

从表 4-7 可以看出，在第 9 次循环中，步骤④判断的节点 n 是目标节点 K。此时，找到一个解，成功退出。便可得到从迷宫入口到出口的最短路径为 A → E → I → J → L → O → P → Q → S。该搜索结束后得到的搜索树如图 4-22 所示。

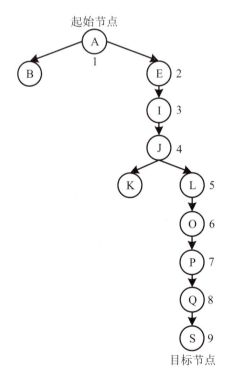

图 4-22　局部择优搜索树

> 拓展训练
>
> 请设计新的估价函数实现迷宫寻路,并画出搜索树,同时对比不同的估价函数对搜索效果的影响。

4.4 本章实训:沙漠寻宝

1. 实训目的

(1)熟悉状态空间表示法。

(2)掌握状态空间图的绘制方法。

(3)理解并掌握基于状态空间图的不同搜索策略的基本思想。

2. 实训内容

在古代,沙漠中河流消失的地方遗留了一处宝藏。一位王子意外得到了标记宝藏位置的地图(见图 4-23),但是路途遥远,处处险恶,你可以帮助王子找到寻找宝藏的最短路径吗?

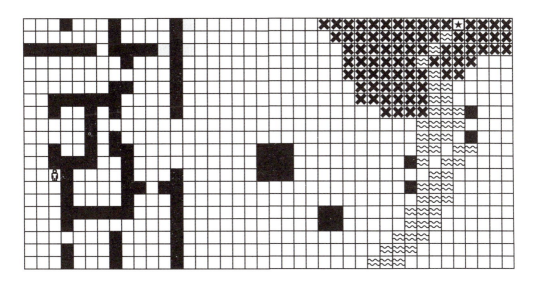

图 4-23 宝藏地图

在宝藏地图上,王子位于左下方,即人所在的位置;宝藏位于右上方,即五角星所在的位置。寻宝过程中的规则和要求如下。

(1)要求每一步都落在方格中。

（2）地图中黑色的格子表示无法通行的障碍，标记叉号的格子表示沙漠，标记波浪线的格子表示溪流，白色格子表示普通地形。

（3）在每个格子处，若无障碍，下一步可以到达相邻的八个格子。其中，向上、下、左、右4个方向移动的代价为1，向4个斜角方向移动的代价为2。

（4）在一些代表特殊地形的格子上行走要花费额外的地形代价。例如，经过沙漠的代价为4，经过溪流的代价为2，经过普通地形不需要花费额外的地形代价。

（5）一条路径总的代价为移动代价与地形代价之和。其中，移动代价是路径上所做的所有移动的代价总和；地形代价为路径上除起点外所有格子的地形代价的总和。

3．实训要求

（1）简述不同算法求解沙漠寻宝问题的思想。

（2）针对沙漠寻宝问题，比较不同的算法对解题效率的影响。

（3）设置不同的启发函数求解沙漠寻宝问题。

4．实训步骤

（1）宝藏地图是一个二维平面，可用一个二维数组表示，并将该地图存储在计算机中。其中，用 0 表示普通地形，用 2 表示溪流，用 4 表示沙漠，用 5 表示不可通行，用 1 表示王子，用 3 表示宝藏。

（2）采用全局择优搜索算法求解沙漠寻宝的最短路径。定义启发式函数 $f(n)=5 \cdot g(n)+h(n)$。其中，$g(n)$ 代表已走过的真实距离，$h(n)$ 表示不考虑路况问题时，当前节点到目标节点的最短距离。

> **高手点拨**
>
> 因为本问题要求走过的路程最短，所以在定义启发式函数时更加看重实际走过的距离，而不是估计的路程。因此，给 $g(n)$ 赋予更大的权重，以保证得到的解是最优解。

（3）根据规定的行动规则，开始沙漠寻宝，其主要流程如下。

① 把代表王子位置的节点1放入 OPEN 表中，计算估价函数值 $f(1)$。

② 判断 OPEN 表是否为空表，若是，则问题无解，失败退出；否则继续。OPEN 表中含有节点1，非空。

③ 把 OPEN 表中的第一个节点（记为节点 n）移出，并放入 CLOSED 表中。第1次循环中，OPEN 表中的第一个节点为1。

④ 判断节点 n 是否为目标节点，若是，则求得问题的解，成功退出；否则转向⑤。节点 1 不是目标节点。

⑤ 判断节点 n 是否可扩展，若可扩展转向⑥；否则转向②。节点 1 可扩展。

⑥ 扩展节点 n，计算所有后继节点的估价函数值 $f(n)$，并提供从这些后继节点回到父节点 n 的指针。扩展节点 1，可得到 4 个后继节点，计算它们的估价函数值，并提供从后继节点回到父节点 1 的指针。

⑦ 把这些后继节点都送入 OPEN 表中，然后按照估价函数值从小到大的顺序对 OPEN 表中的全部节点进行排序，最后转向②。

循环执行上述操作，直到步骤④判断的节点 n 是目标节点 3 为止。

5．实训报告要求

（1）画出求解迷宫最短路径的流程图。

（2）编写程序实现迷宫寻路，并提交源代码。

（3）总结实训的心得体会。

本章小结

本章主要介绍了不同的搜索策略。通过本章的学习，读者应重点掌握以下内容。

（1）搜索就是根据问题的实际情况，按照一定的策略或规则，从知识库中寻找可利用的知识，从而构造出一条代价较小的推理路线，使问题得到解决的过程。

（2）根据搜索过程中是否运用与问题有关的信息，可以将搜索策略分为盲目搜索策略和启发式搜索策略。

（3）盲目搜索策略又称无信息搜索策略，也就是说，在搜索过程中，只按照预先规定的搜索策略进行搜索，而没有任何中间信息来改变这些策略。常用的盲目搜索策略有宽度优先搜索、深度优先搜索和等代价搜索等。

（4）启发式搜索策略又称有信息搜索策略，是指在搜索过程中，利用与问题有关的信息，引导搜索朝最有利的方向进行，加快搜索的速度，提高搜索效率。启发式搜索策略中涉及的重要内容有启发性信息和估价函数，常用的启发式搜索策略有 A 搜索和 A^* 搜索。

思考与练习

1．选择题

（1）盲目搜索策略不包括下列哪一项（　　）。

  A．全局择优搜索　　　　　　　　B．深度优先搜索

  C．宽度优先搜索　　　　　　　　D．等代价搜索

（2）下列说法正确的一项是（　　）。

　　A．宽度优先搜索中，OPEN 表示一个栈结构

　　B．深度优先搜索中，OPEN 表示一个队列结构

　　C．宽度优先搜索和深度优先搜索中，后继节点在 OPEN 表中的存放位置相同

　　D．A 搜索和 A*搜索都属于启发式搜索

（3）可以解决从起始状态到目标状态的最小代价路径问题的搜索策略是（　　）。

　　A．宽度优先搜索　　　　　　　　B．等代价搜索

　　C．深度优先搜索　　　　　　　　D．广度优先搜索

（4）在搜索过程中，利用与问题有关的信息，引导搜索朝最有利的方向进行，加快搜索的速度，提高搜索效率是（　　）。

　　A．全局择优搜索　　　　　　　　B．A*搜索

　　C．局部择优搜索　　　　　　　　D．以上三项

2．填空题

（1）搜索就是根据问题的实际情况，按照一定的＿＿＿＿＿＿＿＿＿＿，从知识库中寻找可利用的知识，从而构造出一条代价较小的推理路线，使问题得到解决的过程。

（2）搜索策略分为＿＿＿＿＿＿＿＿＿＿和＿＿＿＿＿＿＿＿＿＿。

（3）盲目搜索策略在搜索过程中，只按照＿＿＿＿＿＿＿＿＿＿的搜索策略进行搜索，而没有任何中间信息来改变这些策略。常用的盲目搜索策略有＿＿＿＿＿＿＿＿＿＿、深度优先搜索和＿＿＿＿＿＿＿＿＿＿等。

（4）启发式搜索策略在搜索过程中，利用＿＿＿＿＿＿＿＿＿＿的信息，引导搜索朝最有利的方向进行，提高搜索效率。常用的启发式搜索策略有＿＿＿＿＿＿＿＿＿＿和＿＿＿＿＿＿＿＿＿＿。

3．简答题

（1）简述搜索策略的分类，以及它们之间的区别。

（2）简述什么是宽度优先搜索和深度优先搜索，以及它们之间的区别。

4．实践题

从小明家通往学校的路径有多条，如图 4-24 所示。其中，两节点间弧的数值代表所花费的时间（单位：分），请你分别用等代价搜索、A 搜索和 A*搜索找出从小明家到学校的路径，同时计算小明到学校所花费的时间，并画出搜索树。

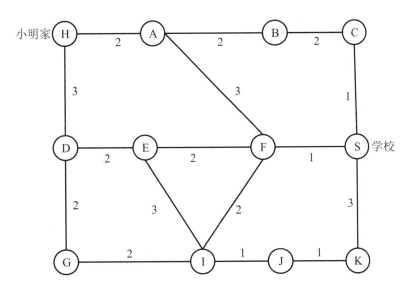

图 4-24　小明家和学校位置表示

第 5 章

不确定性推理

本章导读

现实世界中客观事物的复杂性、多变性和人们自身认识的局限性、主观性，致使人们获得或处理的知识和信息中存在随机性、模糊性或不完备性等问题，从而使人们对现实世界的认识具有一定程度的不确定性。对于这些问题，采用确定性推理的方法已无法解决，因此，为了满足客观问题的需求，不确定性推理方法的研究成了人工智能研究的重要领域。

本章从不确定性推理的概念入手，先介绍不确定性推理中的重要问题和方法分类，然后详细讲述可信度方法和证据理论方法的不确定性推理过程。

学习目标

- 熟悉不确定性推理的概念及分类。
- 理解不确定性推理中的重要问题。
- 掌握可信度方法的不确定性表示形式和推理算法。
- 掌握证据理论方法的不确定性表示形式和推理算法。

素质目标

- 熟悉方法原理，激发学习兴趣，增强创新意识，培养探究精神。
- 感受大师成就，培养工匠精神，增强民族自信心。

5.1 不确定性推理概述

<u>不确定性推理</u>是从不确定的初始证据（即已知事实）出发，通过运用不确定的知识（或规则），最终推出具有一定程度的不确定性但却合理或近乎合理的结论的思维过程。

大师巨匠

中国工程院院士、军事科学院系统工程研究院研究员李德毅，获得 2020 年度吴文俊人工智能最高成就奖，如图 5-1 所示。

图 5-1　第十届吴文俊人工智能最高成就奖颁奖现场

据介绍，自 1978 年赴英国攻读人工智能专业博士以来，李德毅在人工智能领域已深耕了近半个世纪，在计算机工程、自动控制、认知科学和无人驾驶等人工智能领域取得多项国际公认的领先成果，为我国走在世界人工智能前列做出了重要贡献。特别是，李德毅院士始终保持初心，将军事理论与科学技术相结合，服务战斗力生成，在我军信息化和作战智能化建设中做出突出贡献。此次，李德毅院士以其在认知模型、智能控制、不确定性推理、数据挖掘及无人驾驶等方面取得的国际领先优势和巨大影响力获得了人工智能最高成就奖。

"吴文俊人工智能科学技术奖"由中国人工智能学会于 2011 年发起主办，是中国历史上第一次以"人工智能"命名的奖项，被外界誉为"中国智能科学技术最高奖"。

5.1.1 不确定性推理中的重要问题

推理机是实现推理的关键,而在不确定性推理过程中,知识和证据的不确定性无疑增加了推理机设计和实现的难度和复杂性。因此,在设计推理机的过程中,除了要考虑推理方法、推理方向和控制策略等基本问题之外,还需要考虑不确定性的表示与度量、不确定性的匹配、组合证据不确定性的计算、不确定性传递和结论不确定性的合成等重要问题。

1. 不确定性的表示与度量

由于在不确定性推理过程中需要进行不确定性计算,因此,必须找到适合表示不确定性的方法及度量不确定性程度的方法。在不确定性推理过程中一般存在 3 种不确定性,包括知识的不确定性、证据的不确定性和结论的不确定性。它们都具有相应的表示方法和度量标准。

(1)知识不确定性的表示方法与推理方法密切相关,在选择表示不确定性的方法时应考虑以下因素。

① 充分考虑领域问题的特征。
② 恰当地描述具体问题的不确定性。
③ 满足问题求解的实际需求。
④ 便于在推理过程中对不确定性进行计算。

综合考虑上述因素的不确定性表示方法在解决实际问题中具有更好的实用性。目前在实际应用中,知识的不确定性是由领域内的专家给出,通常用一个数值表示。

(2)证据不确定性的表示方法一般与知识不确定性的表示方法保持一致,都是用一个数值表示,便于在推理过程中对不确定性进行计算。

> **添砖加瓦**
>
> 在推理过程中,证据的来源有两种。
> 第一种是用户在求解问题之前提供的初始证据。由于这种证据多数来源于人们对客观事物的观察和归纳,所以常存在不完全、不精确等问题。因此,初始证据具有不确定性,其值由用户给出。
> 第二种是推理过程中得到的中间结论作为当前推理的证据。由于推理过程中所用的知识和证据都具有不确定性,所以推出的结论也具有不确定性。因此,这种证据具有不确定性,其值通过推理过程中不确定性的传递算法得到。

(3)结论不确定性的表示方法是由所使用知识和证据的不确定性决定,通常也是用一个数值表示,其值由推理得到或由结论不确定性的合成得到。

(4) 不确定性的度量根据问题的不同所使用的方法和数值范围也不同。常用的不确定性度量方法有基于可信度的方法和基于概率的方法。

用可信度表示知识和证据的不确定性程度时，其取值范围为[-1,1]。当可信度的值大于 0 时，值越大代表知识或证据越接近于"真"；当可信度的值小于 0 时，值越小代表知识或证据越接近于"假"。

用概率表示知识和证据的不确定性程度时，其取值范围为[0,1]。当概率的值越大代表知识或证据越接近于"真"；当概率的值越小代表知识或证据越接近于"假"。

📘 添砖加瓦

> 确定度量方法及其范围时，应注意以下 4 点。
> (1) 度量能够充分表达相应知识和证据不确定性的程度。
> (2) 度量范围的选取便于领域专家和用户对不确定性程度进行估计。
> (3) 度量的确定要直观且具有理论依据。
> (4) 度量要便于进行不确定性的传递计算，且推理得到结论的不确定性度量值不能超过规定的度量范围。

2. 不确定性的匹配

不确定性推理中，知识和证据都具有不确定性且程度不一定相同，而推理的实现不可避免地要将知识的前提与证据进行匹配。因此，如何判断两者匹配成功成了亟待解决的问题。

针对这个问题，可以设计一个匹配算法用来计算两者的相似度，并且指定一个相似度的限制范围（即阈值）。如果相似度落在限制范围内，则匹配成功；否则匹配失败。

3. 组合证据不确定性的计算

知识的前提条件可以仅为一个简单条件，也可以是用 AND 或 OR 连接多个简单条件构成的复合条件。推理过程中进行匹配时，简单条件对应于单一证据，而复合条件对应于一组证据，将这一组证据称为组合证据。

在不确定性推理中，证据的不确定性是单一存在的，因此，组合证据的不确定性需要通过合适的算法计算获得。目前，常用的组合证据不确定性计算方法有最大最小法、概率方法和有界方法等。每种方法都有相应的适用范围和使用条件，如使用概率方法时要求事件之间完全独立。

4. 不确定性传递

在不确定性推理的过程中，需要思考下面两个问题。

（1）在每一步推理中，如何把证据及知识的不确定性传递给结论。针对这个问题，不同的推理方法采用的解决方法不同，将在后面进行详细讨论。

（2）在多步推理中，如何把初始证据的不确定性传递给最终结论。针对这个问题，不同的推理方法采用的解决方法基本相同，即把当前结论及其不确定性作为新的证据放入综合数据库中，供其他推理使用，进行依次传递，直到推理出最终结论。

▶ 高手点拨

> 当前结论是由初始证据推理得到的，此时，当前结论的不确定性包含了初始证据的不确定性。最终结论又是由当前结论作为证据进行一步步推理得到的，因此，初始证据的不确定性必将传递给最终结论。

5. 结论不确定性的合成

在不确定性推理中，多个不同的知识推理可能得到相同的结论，但不确定性程度不同。此时，系统需要将相同结论的多个不确定性进行综合，即对结论的不确定性进行合成。结论不确定性的合成方法有很多，一般根据不同的推理方法而定。

5.1.2 不确定性推理方法分类

不确定性推理的方法有多种，根据研究路线的不同，可将其分为模型方法和控制方法两类，它们的详细描述如表 5-1 所示。

表 5-1 不确定性推理方法的分类

方法名称	模型方法	控制方法
特　点	在推理层面上扩展不确定性推理	在控制策略层面上处理不确定性
	引入证据和知识不确定性的度量标准	没有证据和知识不确定性的度量标准
	给出更新结论的不确定性传递算法，确定结论的不确定性程度	识别领域内引起不确定性的某些特征及相应的控制策略，限制或减小不确定性对推理产生的影响
	构成相应的不确定性推理模型	没有处理不确定性的统一模型，其效果依赖于控制策略

对于模型方法，按照是否采用数值描述不确定性程度，可将其分为数值方法和非数值方法，它们的详细描述如表 5-2 所示。常用的控制方法有启发式搜索、相关性制导回溯和机缘控制等。

表 5-2 模型方法的分类

方法名称	描 述
数值方法	对不确定性的一种定量表示和处理方法，其研究和应用较多，并已经形成多种应用模型
非数值方法	指除数值法以外的其他处理不确性的模型方法，常采用集合来描述和处理不确定性，且满足概率推理的性质，如语义网络推理、框架推理等

对于数值方法，按照依据的理论不同可分为基于概率的方法和基于模糊理论的方法，它们的详细描述如表 5-3 所示。

表 5-3 数值方法的分类

方法名称	描 述
基于概率的方法	基于概率论的有关理论发展起来的方法，如可信度方法、证据理论方法和主观贝叶斯方法等
基于模糊理论的方法	基于模糊逻辑理论发展起来的可能性理论方法，如模糊推理方法

综上所述，不确定性推理方法的分类可用图 5-2 描述。下面重点介绍基于概率的方法中的可信度方法和证据理论方法。

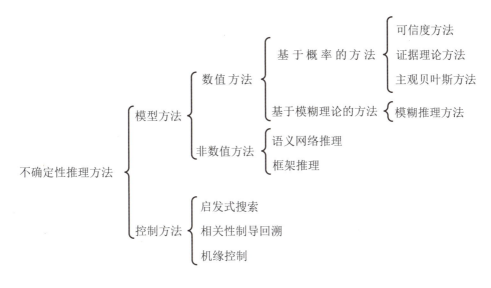

图 5-2 不确定性推理方法分类

5.2 可信度方法

在实际生活中,人们可以利用从客观世界认识过程中积累的经验,判断观察到的某一件新事物或现象的真假或为真的程度。例如,人们观察天空中乌云的情况,根据以往经验判断会不会下雨。根据经验判断事物或现象为真的相信程度称为**可信度**。

可信度方法是在确定性理论的基础上,结合概率论等理论提出的一种不确定性推理模型。它的推理模式合理有效,因此广泛应用于专家系统等领域。

指点迷津

可信度具有较大的主观性和经验性,常由领域内的专家给出。由于领域的专家具有丰富的专业知识和实践经验,因此他们给出的可信度是值得相信的。

5.2.1 基于可信度的不确定性表示

可信度方法是 MYCIN 专家系统中使用的不确定性推理模型,其中,用可信度表示知识和证据的不确定性,用产生式规则表示知识,且每条知识和每个证据都具有可信度。

1. 知识不确定性的表示

在可信度方法中,知识不确定性表示的一般形式为

$$\text{IF} \quad E \quad \text{THEN} \quad H \quad (CF(H,E))$$

其中,$CF(H,E)$ 表示该知识的可信度,称为可信度因子或规则强度。$CF(H,E)$ 的取值范围为 $[-1,1]$,其不同取值所表示的含义如表 5-4 所示。

表 5-4 $CF(H,E)$ 取值的含义

$CF(H,E)$ 的取值	含 义
$CF(H,E)>0$	表示证据 E 增加了结论 H 为真的程度;$CF(H,E)$ 的值越大,结论 H 越真
$CF(H,E)<0$	表示证据 E 增加了结论 H 为假的程度;$CF(H,E)$ 的值越小,结论 H 越假
$CF(H,E)=1$	表示证据 E 使结论 H 为真
$CF(H,E)=-1$	表示证据 E 使结论 H 为假
$CF(H,E)=0$	表示证据 E 和结论 H 没有关系

2. 证据不确定性的表示

在可信度方法中，证据 E 的不确定性也用可信度因子表示，即 $CF(E)$。$CF(E)$的取值范围也是[-1,1]，当证据 E 以某种程度为真时，$CF(E)>0$；当证据 E 以某种程度为假时，$CF(E)<0$；当证据 E 肯定为真时，$CF(E)=1$；当证据 E 肯定为假时，$CF(E)=-1$；当对证据 E 的真假程度一无所知时，$CF(E)=0$。

> **学有所获**
>
> 在可信度方法中，知识和证据都可以用可信度因子 CF 表示，但是两者表示的含义不同。$CF(H,E)$表示证据 E 为真时对结论 H 的影响程度；$CF(E)$表示证据 E 的不确定性程度。

5.2.2 基于可信度的不确定性推理算法

1. 组合证据不确定性的计算

组合证据可由多个单一证据合取或析取组成，其表示形式和算法如表 5-5 所示。

表 5-5 组合证据不确定性的算法

组合证据	多个单一证据的合取	多个单一证据的析取
表示形式	$E = E_1$ AND E_2 AND $\cdots$ AND E_n	$E = E_1$ OR E_2 OR $\cdots$ OR E_n
已知条件	$CF(E_1)$，$CF(E_2)$，$\cdots$，$CF(E_n)$	
可信度求取算法	$CF(E)=min\{CF(E_1), CF(E_2), \cdots, CF(E_n)\}$	$CF(E)=max\{CF(E_1), CF(E_2), \cdots, CF(E_n)\}$
算法描述	取多个单一证据中可信度最小的 CF 值作为组合证据的可信度	取多个单一证据中可信度最大的 CF 值作为组合证据的可信度

2. 不确定性的传递算法

不确定性的传递算法就是对知识和证据的可信度进行某种运算，得到其结论的可信度。其中，结论 H 的可信度可由下列公式计算求得。

$$CF(H) = CF(H,E) \times max\{0, CF(E)\} = \begin{cases} CF(H,E) \times CF(E) & CF(E) > 0 \\ CF(H,E) & CF(E) = 1 \\ 0 & CF(E) < 0 \end{cases}$$

> **高手点拨**
>
> 由上述公式可见，当证据以某种程度为假时，结论的可信度为 0，说明在该可信度方法中，没有考虑证据为假时给结论带来的影响。

3. 结论不确定性的合成算法

当出现两条知识推出了同一结论，但可信度各不相同的情况时，可利用合成算法计算结论的综合可信度。例如，设有如下知识

$$\text{IF} \quad E_1 \quad \text{THEN} \quad H \quad (CF(H,E_1))$$
$$\text{IF} \quad E_2 \quad \text{THEN} \quad H \quad (CF(H,E_2))$$

则结论 H 的综合可信度可用合成算法求得，求解步骤如下。

（1）分别利用每一条知识求出结论的可信度 $CF(H)$，则有

$$CF_1(H) = CF(H,E_1) \times max\{0, CF(E_1)\}$$
$$CF_2(H) = CF(H,E_2) \times max\{0, CF(E_2)\}$$

（2）利用下述公式求出 E_1 和 E_2 对 H 的综合影响所形成的可信度 $CF_{12}(H)$。

$$CF_{12}(H) = \begin{cases} CF_1(H)+CF_2(H)-CF_1(H)\times CF_2(H) & CF_1(H) \geq 0 \text{ 且 } CF_2(H) \geq 0 \\ CF_1(H)+CF_2(H)+CF_1(H)\times CF_2(H) & CF_1(H) < 0 \text{ 且 } CF_2(H) < 0 \\ \dfrac{CF_1(H)+CF_2(H)}{1-\min\{|CF_1(H)|,|CF_2(H)|\}} & CF_1(H) \times CF_2(H) < 0 \end{cases}$$

> **高手点拨**
>
> 当遇到多条知识推出相同结论，但可信度各不相同的情况时，可利用上述合成算法两两合成求取结论的综合可信度。

5.2.3 案例：天气预测

天气的变化与人们的生活息息相关，预测天气可以及时了解天气变化的趋势，给人们的工作、出行、生活等带来便利。预测天气的方法有很多种，除了使用现代科学技术对未来某一地点地球大气层的状态进行预测的专业方法之外，可以通过观察自然规律的变化预测天气。现有如下预测天气的知识。

天气预测

r_1: IF　阳光强烈　AND　气温偏高　THEN　太阳当空照　(0.9)
r_2: IF　蚂蚁搬家　AND　(蜻蜓低飞　OR　石头上有水珠)

THEN 空气中水汽增多 (0.7)

r_3：IF 太阳当空照 THEN 今天会下雨 (−0.5)

r_4：IF 空气中水汽增多 THEN 今天会下雨 (0.8)

r_5：IF 气象台预报今天会下雨 THEN 今天会下雨 (0.6)

根据人们经验给出自然规律的可信度分别为 CF(阳光强烈)=0.6，CF(气温偏高)=0.9，CF(蚂蚁搬家)=0.5，CF(蜻蜓低飞)=0.6，CF(石头上有水珠)=0.7，CF(气象台预报今天会下雨)=0.8。

提示

每个证据是独立的，其可信度也是独立的，分析时，不用考虑证据之间的关系。

请求出结论"今天会下雨"的综合可信度 CF(今天会下雨)。

高手点拨

分析上述规则知识，其推理过程可用如图 5-3 所示的网络表示。其中，弧代表规则，弧连接的节点代表证据或前提，弧指向的节点代表结论或前提。

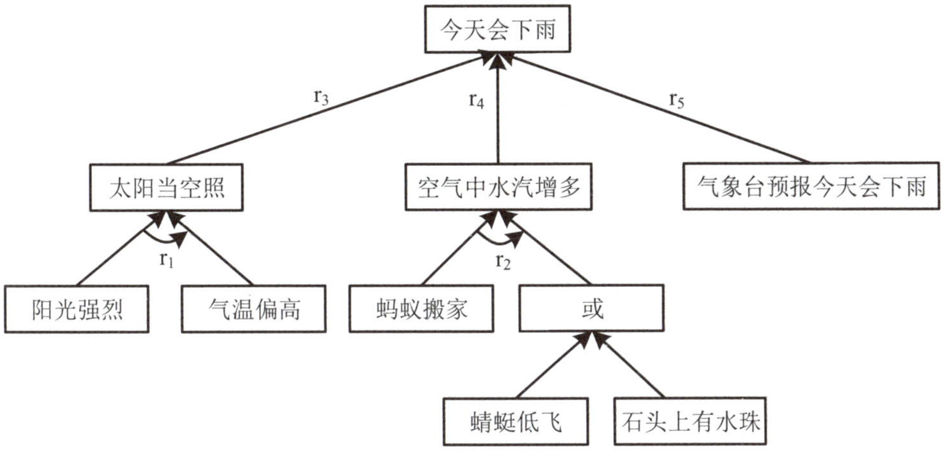

图 5-3 推理网络

【解】（1）求组合证据"阳光强烈 AND 气温偏高"的可信度。

CF(阳光强烈 AND 气温偏高)=min{CF(阳光强烈), CF(气温偏高)}

= min{0.6, 0.9}

= 0.6

（2）根据规则 r_1 求结论"太阳当空照"的可信度。

CF(太阳当空照)=0.9×max{0, CF(阳光强烈 AND 气温偏高)}

$$= 0.9 \times max\{0, 0.6\}$$
$$= 0.54$$

（3）根据规则 r_3 求结论"今天会下雨"的可信度。

$$CF_1(今天会下雨) = -0.5 \times max\{0, CF(太阳当空照)\}$$
$$= -0.5 \times max\{0, 0.54\}$$
$$= -0.27$$

（4）求组合证据"蚂蚁搬家 AND （蜻蜓低飞 OR 石头上有水珠）"的可信度。

$$CF(蚂蚁搬家 \text{ AND } (蜻蜓低飞 \text{ OR } 石头上有水珠))$$
$$= min\{CF(蚂蚁搬家), max\{CF(蜻蜓低飞), CF(石头上有水珠)\}\}$$
$$= min\{0.5, max\{0.6, 0.7\}\}$$
$$= min\{0.5, 0.7\}$$
$$= 0.5$$

（5）根据规则 r_2 求结论"空气中水汽增多"的可信度。

$$CF(空气中水汽增多)$$
$$= 0.7 \times max\{0, CF(蚂蚁搬家 \text{ AND } (蜻蜓低飞 \text{ OR } 石头上有水珠))\}$$
$$= 0.7 \times max\{0, 0.5\}$$
$$= 0.35$$

（6）根据规则 r_4 求结论"今天会下雨"的可信度。

$$CF_2(今天会下雨) = 0.8 \times max\{0, CF(空气中水汽增多)\}$$
$$= 0.8 \times max\{0, 0.35\}$$
$$= 0.28$$

（7）根据规则 r_5 求结论"今天会下雨"的可信度。

$$CF_3(今天会下雨) = 0.6 \times max\{0, CF(气象台预报今天会下雨)\}$$
$$= 0.6 \times max\{0, 0.8\}$$
$$= 0.48$$

（8）利用合成算法求结论"今天会下雨"的综合可信度。

$$CF_{12}(今天会下雨) = \frac{CF_1(今天会下雨) + CF_2(今天会下雨)}{1 - min\{|CF_1(今天会下雨)|, |CF_2(今天会下雨)|\}}$$
$$= \frac{-0.27 + 0.28}{1 - min\{|-0.27|, |0.28|\}}$$
$$= \frac{0.01}{1 - 0.27}$$
$$\approx 0.01$$

CF_{123}(今天会下雨)
=CF_{12}(今天会下雨)+CF_3(今天会下雨)−CF_{12}(今天会下雨)×CF_3(今天会下雨)
= $0.01 + 0.48 - 0.01 \times 0.48$
≈ 0.49

综上所述，结论"今天会下雨"的综合可信度 CF(今天会下雨)为 0.49。

指点迷津

在计算过程中，当计算结果除不尽时，奉行四舍五入的原则，且小数点后保留两位数。

学以致用

已知 $CF(E_1)=0.5$，$CF(E_2)=0.6$，$CF(E_3)=0.4$，并有以下推理规则

r_1: IF E_1 THEN E_5 (0.6)
r_2: IF E_2 AND E_3 THEN E_4 (0.8)
r_3: IF E_4 THEN H (0.7)
r_4: IF E_5 THEN H (0.9)

请求出结论 H 的综合可信度 $CF(H)$为多少？

5.3 证据理论方法

证据理论方法又称为 D-S 理论，是登普斯特（Dempster）首先提出，谢弗（Shafer）实现进一步发展的不确定性推理方法。证据理论能够区分"不确定"和"不知道"的差异，并能处理由于"不知道"带来的不确定性，具有较大的灵活性。因此，证据理论方法受到人们的广泛关注。

5.3.1 证据理论的形式化描述

证据理论采用集合表示命题，为此需要先建立命题与集合之间的一一对应关系，把命题的不确定性问题转化为集合的不确定性问题。

设 D 是变量 x 所有取值的集合，且 D 中的元素是互斥的，在任一时刻，x 只能取 D 中的某一元素为值，则称 D 为 x 的样本空间。

在证据理论中，D 的任何一个子集 A 都对应于一个关于 x 的命题，则称该命题为"x 的值在 A 中"。例如，用 x 表示图片上的动物，D={牛,马,羊}，则 A={牛}表示"x 的值是牛"，

$A=\{$牛,马$\}$ 表示"x 的值是牛或马"。

在证据理论方法中,引入了概率分配函数、信任函数、似然函数和类概率函数等概念来描述和处理知识的不确定性。

1. 概率分配函数

设 D 为样本空间,领域内的命题都由 D 的子集表示,则概率分配函数的定义如下。

定义 5-1 设函数 $M: 2^D \to [0,1]$,且满足

$$M(\emptyset) = 0$$

$$\sum_{A \subseteq D} M(A) = 1$$

则称 M 是 2^D 上的概率分配函数,$M(A)$ 是 A 的基本概率数。

概率分配函数的性质如表 5-6 所示。其中,设 $D=\{$牛,马,羊$\}$,且 $M(\{$牛$\})=0.3$,$M(\{$马$\})=0$,$M(\{$羊$\})=0.1$,$M(\{$牛,马$\})=0.2$,$M(\{$牛,羊$\})=0.2$,$M(\{$马,羊$\})=0.1$,$M(\{$牛,马,羊$\})=0.1$,$M(\{\emptyset\})=0$。

表 5-6 概率分配函数性质

性　质		举例说明
设样本空间 D 中有 n 个元素,则 D 中子集的个数为 2^n,定义中的 2^D 用来表示这些子集		D 子集的个数为 $2^3=8$,分别为 $A_1=\{$牛$\}$,$A_2=\{$马$\}$,$A_3=\{$羊$\}$,$A_4=\{$牛,马$\}$,$A_5=\{$牛,羊$\}$,$A_6=\{$马,羊$\}$,$A_7=\{$牛,马,羊$\}$,$A_8=\{\emptyset\}$。其中,$\emptyset$ 表示空集
概率分配函数的作用是把 D 的任意子集 A 都映射为 $[0,1]$ 间的数 $M(A)$	当 A 由单个元素组成时,概率分配函数实际上是对 D 的各个子集进行信任分配,$M(A)$ 表示分配给 A 的那一部分	设 $A=\{$牛$\}$,$M(A)=0.3$,表示对命题"x 是牛"正确性的信任度是 0.3
	当 A 由多个元素组成时,$M(A)$ 虽然表示对 A 正确性的信任,但不知道该对 A 中的哪些元素进行分配	$M(\{$牛,马$\})=0.2$,表示对命题"x 是牛或马"正确性的信任度是 0.2。其中,不包括对 $A=\{$牛$\}$ 正确性的信任度 0.3,也不知道该把 0.2 分配给 $\{$牛$\}$ 还是 $\{$马$\}$
	当 $A=D$ 时,$M(A)$ 表示对 D 的各子集进行信任度分配后剩下的部分,它表示不知道该如何对这部分进行分配	$D=\{$牛,马,羊$\}$,$M(D)=0.1$,表示由于存在某些未知信息,不知道应该将 0.1 如何分配,但是 0.1 一定属于 $\{$牛$\}\{$马$\}$ 和 $\{$羊$\}$ 中的一个
概率分配函数不是概率		显然,M 符合概率分配函数的定义,但是 $M(\{$牛$\})+M(\{$马$\})+M(\{$羊$\})=0.4$,三者的和不等于 1,不符合概率的要求

2. 信任函数

定义 5-2 命题的信任函数 Bel：$2^D \to [0,1]$，且

$$Bel(A) = \sum_{B \subseteq D} M(B), \quad \forall A \subseteq D$$

其中，2^D 表示 D 的所有子集，B 表示包含于 D 中 A 的所有子集。

信任函数又称为下限函数，$Bel(A)$ 是 A 的所有子集的概率分配函数之和，表示对命题 A 为真的信任程度。由信任函数和概率分配函数的定义可推导出 $Bel(\emptyset) = M(\emptyset) = 0$，$Bel(D) = \sum_{B \subseteq D} M(B) = 1$。

【例 5-1】 设 D={牛,马,羊}，且 $M(\{牛\})=0.3$，$M(\{马\})=0$，$M(\{羊\})=0.1$，$M(\{牛,马\})=0.2$，$M(\{牛,羊\})=0.2$，$M(\{马,羊\})=0.1$，$M(\{牛,马,羊\})=0.1$，$M(\{\emptyset\})=0$。求 $Bel(\{牛\})$、$Bel(\{牛,羊\})$ 和 $Bel(\{牛,马,羊\})$ 的值。

【解】 $Bel(\{牛\}) = M(\{牛\}) = 0.3$

$Bel(\{牛,羊\}) = M(\{牛\})+M(\{羊\})+M(\{牛,羊\}) = 0.3+0.1+0.2=0.6$

$Bel(\{牛,马,羊\})$
$= M(\{牛\})+M(\{马\})+M(\{羊\})+M(\{牛,马\})+M(\{牛,羊\})+M(\{马,羊\})+M(\{牛,马,羊\})$
$= 0.3+0.1+0.2+0.2+0.1+0.1$
$= 1$

3. 似然函数

定义 5-3 似然函数 Pl：$2^D \to [0,1]$，且

$$Pl(A) = 1 - Bel(\neg A), \quad \forall A \subseteq D$$

其中，$\neg A = D - A$。

似然函数又称为上限函数，$Pl(A)$ 表示对 A 为非假的信任程度。似然函数 $Pl(A)$ 还可通过 $Pl(A) = \sum_{A \cap B \neq \emptyset} M(B)$ 求得，则 $Pl(A)$ 是所有与 A 相交不为空的子集的概率分配函数之和。

【例 5-2】 根据例 5-1 的数据，求 $Pl(\{牛,马\})$。

【解】 （1）利用公式 $Pl(A) = 1 - Bel(\neg A)$ 求得

$Pl(\{牛,马\})=1 - Bel(\neg\{牛,马\}) = 1 - Bel(\{羊\})=1 - 0.1 = 0.9$

（2）利用公式 $Pl(A) = \sum_{A \cap B \neq \emptyset} M(B)$ 求得

$Pl(\{牛,马\})=M(\{牛\}) + M(\{马\}) + M(\{牛,马\}) + M(\{牛,羊\}) + M(\{马,羊\}) + M(\{牛,马,羊\})$
$=0.3+0+0.2+0.2+0.1+0.1$
$=0.9$

4. 信任函数与似然函数的关系

由于信任函数 $Bel(A)$ 和似然函数 $Pl(A)$ 分别表示对命题 A 信任程度的下限和上限，故 $Bel(A) \le Pl(A)$，两者的关系可记为 $A(Bel(A), Pl(A))$，其不同的取值反应命题的信息如表 5-7 所示。

表 5-7 命题的上限和下限反应命题的信息

取 值	信 息	
	原 因	结 论
$A(0,0)$	因 $Bel(A) = 0$，说明对 A 为真不信任；又因 $Bel(\neg A) = 1 - Pl(A) = 1$，说明对 $\neg A$ 信任	$A(0,0)$ 表示 A 为假
$A(0,1)$	因 $Bel(A) = 0$，说明对 A 为真不信任；又因 $Bel(\neg A) = 1 - Pl(A) = 0$，说明对 $\neg A$ 也不信任	$A(0,1)$ 表示对 A 的真假一无所知
$A(1,1)$	因 $Bel(A) = 1$，说明对 A 为真信任；又因 $Bel(\neg A) = 1 - Pl(A) = 0$，说明对 $\neg A$ 不信任	$A(1,1)$ 表示 A 为真
$A(0.25,1)$	因 $Bel(A) = 0.25$，说明对 A 为真有一定程度的信任，信任度为 0.25；又因 $Bel(\neg A) = 1 - Pl(A) = 0$，说明对 $\neg A$ 不信任	$A(0.25,1)$ 表示对 A 为真有 0.25 的信任度
$A(0,0.85)$	因 $Bel(A) = 0$，说明对 A 为真不信任；又因 $Bel(\neg A) = 1 - Pl(A) = 0.15$，说明对 A 为假有一定程度的信任，信任度为 0.15	$A(0,0.85)$ 表示对 A 为假有 0.15 的信任度
$A(0.25,0.85)$	因 $Bel(A) = 0.25$，说明对 A 为真有 0.25 的信任度；又因 $Bel(\neg A) = 1 - Pl(A) = 0.15$，说明对 A 为假有 0.15 的信任度	$A(0.25,0.85)$ 表示对 A 为真的信任度比对 A 为假的信任度稍微高一些

上表中，$A(0.25,0.85)$ 表示对 A 为真有 0.25 的信任度；对 A 为假有 0.15 的信任度，则对 A 不知道的程度可用 $1 - Bel(A) - Bel(\neg A) = 1 - Bel(\neg A) - Bel(A) = Pl(A) - Bel(A) = 0.6$ 求得。因此，$Pl(A) - Bel(A)$ 表示对 A 不知道的程度。

5. 概率分配函数的正交和

在实际问题中，同样的证据可能得到不同的概率分配函数，这时需要将它们组合。组合的方法是对两个概率分配函数进行正交和运算。

定义 5-4 设 M_1 和 M_2 是两个概率分配函数，则其正交和 $M = M_1 \oplus M_2$ 为

$$M(\varnothing) = 0$$

$$M(A) = K^{-1} \times \sum_{x \cap y = A} M_1(x) \times M_2(y)$$

式中 $K = 1 - \sum_{x \cap y = \varnothing} M_1(x) \times M_2(y) = \sum_{x \cap y \neq \varnothing} M_1(x) \times M_2(y)$。若 $K \neq 0$，则正交和 M 也是一个概率分配函数；若 $K = 0$，则不存在正交和 M，称 M_1 与 M_2 矛盾。

当同样的证据得到多个不同的概率分配函数 M_1、M_2、$\cdots$、M_n 时，也可以通过正交和运算将它们组合为一个概率分配函数。

定义 5-5 设 M_1、M_2、$\cdots$、M_n 是 n 个概率分配函数，则其正交和 $M = M_1 \oplus M_2 \oplus \cdots \oplus M_n$ 为

$$M(\varnothing) = 0$$
$$M(A) = K^{-1} \times \sum_{\cap A_i = A} \prod_{1 \leq i \leq n} M_i(A_i)$$

式中 $K = \sum_{\cap A_i \neq \varnothing} \prod_{1 \leq i \leq n} M_i(A_i)$。

【例 5-3】 设 $D = \{A, B\}$，且从不同知识源得到的概率分配函数分别为

$$M_1(\{\}, \{A\}, \{B\}, \{A, B\}) = (0, 0.2, 0.5, 0.3)$$
$$M_2(\{\}, \{A\}, \{B\}, \{A, B\}) = (0, 0.7, 0.2, 0.1)$$

求正交和 $M = M_1 \oplus M_2$。

【解】 （1）先求 K 的值。

$$K = 1 - \sum_{x \cap y = \varnothing} M_1(x) \times M_2(y)$$
$$= 1 - (M_1(A) \times M_2(B) + M_1(B) \times M_2(A))$$
$$= 1 - (0.2 \times 0.2 + 0.5 \times 0.7)$$
$$= 0.61$$

（2）求 $M(\varnothing, \{A\}, \{B\}, \{A, B\})$。

$$M(\{A\}) = K^{-1} \times \sum_{x \cap y = \{A\}} M_1(x) \times M_2(y)$$
$$= \frac{1}{0.61} \times (M_1(\{A\}) \times M_2(\{A\}) + M_1(\{A\}) \times M_2(\{A, B\}) + M_1(\{A, B\}) \times M_2(\{A\}))$$
$$= \frac{1}{0.61} \times (0.2 \times 0.7 + 0.2 \times 0.1 + 0.3 \times 0.7)$$
$$\approx 0.61$$

同理可求得 $M(\{B\}) \approx 0.34$，$M(\{A, B\}) \approx 0.05$。则有

$$M(\varnothing, \{A\}, \{B\}, \{A, B\}) = (0, 0.61, 0.34, 0.05)$$

6. 类概率函数

信任函数 $Bel(A)$ 和似然函数 $Pl(A)$ 不仅可以表示命题 A 信任度的下限和上限，也可用来表示知识强度的下限和上限。它们都是建立在概率分配函数的基础之上，因此，不同的概率分配函数将得到不同的推理模型，同时，可以用命题 A 的类概率函数表示它的不确定性。

定义 5-6 命题 A 的类概率函数为

$$f(A) = Bel(A) + \frac{|A|}{|D|} \times [Pl(A) - Bel(A)]$$

其中，$|A|$ 和 $|D|$ 分别是 A 和 D 中元素的个数。$f(A)$ 具有的性质如下。

（1）$f(\varnothing) = 0$。
（2）$f(D) = 1$。
（3）对任何 $A \subseteq D$，有 $0 \leq f(A) \leq 1$。

【例 5-4】 设 D={牛,马,羊}，其概率分配函数为

$$M(\varnothing, \{牛\}, \{马\}, \{羊\}, \{牛,马,羊\}) = (0, 0.2, 0.3, 0.4, 0.1)$$

设 A={牛,马}，求 $f(A)$。

【解】
$$f(A) = Bel(A) + \frac{|A|}{|D|} \times [Pl(A) - Bel(A)]$$

$$= M(\{牛\}) + M(\{马\}) + \frac{2}{3} \times [1 - M(\{羊\}) - M(\{牛\}) - M(\{马\})]$$

$$= 0.2 + 0.3 + \frac{2}{3} \times [1 - 0.4 - 0.2 - 0.3]$$

$$\approx 0.57$$

5.3.2 基于证据理论的不确定性表示

1. 知识不确定性的表示

在证据理论方法中，不确定性知识用产生式规则表示的一般形式为

IF E THEN $H = \{h_1, h_2, \cdots, h_n\}$ $CF = \{c_1, c_2, \cdots, c_n\}$

其中，结论 H 用样本空间中的子集表示，h_1、h_2、$\cdots$、h_n 是该子集中的元素；可信度因子 CF 也用集合的形式表示，且 c_i 用来指出 $h_i(i=1,2,\cdots,n)$ 的可信度，c_i 与 h_i 具有一一对应的关系。c_i 满足的条件有 $c_i \geq 0, i=1,2,\cdots,n$ 且 $\sum_{i=1}^{n} c_i \leq 1$。

知识库

定义 5-7 设 $D=\{s_1,s_2,\cdots,s_n\}$，M 为定义在 2^D 上的概率分配函数，且满足以下条件。

（1）$M(\{s_i\}) \geq 0$，对任何 $s_i \in D$。

（2）$\sum_{i=1}^{n} M(\{s_i\}) \leq 1$。

（3）$M(D)=1-\sum_{i=1}^{n} M(\{s_i\})$。

（4）当 $A \subset D$ 且 $|A|>1$ 或 $|A|=0$ 时，$M(A)=0$。

这是一个特殊的概率分配函数，具有以下性质。

（1）只有单个元素构成的子集及样本空间 D 的概率分配函数才有可能大于 0，其他子集的概率分配函数都为 0。

（2）对于任何子集 A 或 B（$A \subseteq D$ 或 $B \subseteq D$），都有

$$Pl(A) - Bel(A) = Pl(B) - Bel(B) = M(D)$$

若结论 H 是样本空间 D 的子集，则 $M(D) = Pl(H) - Bel(H) = 1 - \sum_{i=1}^{n} M(\{h_i\})$，故有

$$f(H) = Bel(H) + \frac{|H|}{|D|} \times M(D)$$

2．证据不确定性的表示

证据 E 的不确定性可用 $CER(E)$ 表示，其含义是证据 E 为真的确定性程度是 $CER(E)$。因此，将 $CER(E)$ 称为 E 的确定性。$CER(E)$ 的取值范围是 $[0,1]$，即 $0 \leq CER(E) \leq 1$。

证据分两种，一是初始证据，其确定性由用户给出；二是推理所得到的中间结论作为当前推理的证据，其确定性由推理获得。

5.3.3 基于证据理论的不确定性推理算法

1．组合证据不确定性的计算

组合证据可由多个单一证据合取或析取组成，其表示形式和算法如表 5-8 所示。

表 5-8 组合证据不确定性的计算

组合证据	多个单一证据的合取	多个单一证据的析取
表示形式	$E = E_1$ AND E_2 AND $\cdots$ AND E_n	$E = E_1$ OR E_2 OR $\cdots$ OR E_n
已知条件	$CER(E_1)$，$CER(E_2)$，$\cdots$，$CER(E_n)$	

表 5-8（续）

确定性求取算法	$CER(E) = min\{CER(E_1),$ $CER(E_2),\cdots,CER(E_n)\}$	$CER(E) = max\{CER(E_1),$ $CER(E_2),\cdots,CER(E_n)\}$
算法描述	取多个单一证据中确定性最小的值作为组合证据的确定性	取多个单一证据中确定性最大的值作为组合证据的确定性

2. 不确定性的传递算法

在证据理论方法中，不确定性的传递算法就是根据已知证据 E 的确定性 $CER(E)$ 利用知识 IF E THEN $H = \{h_1, h_2, \cdots, h_n\}$ $CF = \{c_1, c_2, \cdots, c_n\}$ 求结论 H 的确定性 $CER(H)$，其求解步骤如下。

（1）求 H 的概率分配函数，即定义

$$M(\{h_1, h_2, \cdots, h_n\}) = \{CER(E) \times c_1, CER(E) \times c_2, \cdots, CER(E) \times c_n\}$$

并规定 H 为 D 的真子集，则有

$$M(D) = 1 - \sum_{i=1}^{n} M(\{h_i\}) = 1 - \sum_{i=1}^{n} CER(E) \times c_i$$

提示

> 若有两条知识都支持同一结论 H，即
>
> IF E_1 THEN $H = \{h_1, h_2, \cdots, h_n\}$ $CF = \{c_1, c_2, \cdots, c_n\}$
>
> IF E_2 THEN $H = \{h_1, h_2, \cdots, h_n\}$ $CF = \{c_1, c_2, \cdots, c_n\}$
>
> 则需要先分别对每一条知识求出概率分配函数，即
>
> $$M_1(\{h_1, h_2, \cdots, h_n\})$$
> $$M_2(\{h_1, h_2, \cdots, h_n\})$$
>
> 再用公式 $M = M_1 \oplus M_2$ 求 M_1 和 M_2 的正交和，即可得到 H 的概率分配函数 M。
>
> 若有 n 条知识都支持同一结论 H，则用公式 $M = M_1 \oplus M_2 \oplus \cdots \oplus M_n$ 求 M_1、M_2、$\cdots$、M_n 的正交和，即可得到 H 的概率分配函数 M。

（2）求 $Bel(H)$、$Pl(H)$ 和 $f(H)$ 的值，它们的求值公式分别为

$$Bel(H) = \sum_{i=1}^{n} M(\{h_i\})$$

$$Pl(H) = 1 - Bel(\neg H)$$

$$f(H) = Bel(H) + \frac{|H|}{|D|} \times [Pl(H) - Bel(H)] = Bel(H) + \frac{|H|}{|D|} \times M(D)$$

（3）求 H 的确定性 $CER(H)$，即
$$CER(H) = MD(H|E) \times f(H)$$
其中，$MD(H|E)$ 为知识的前提条件与相应证据 E 的匹配程度，其定义为

$$MD(H|E) = \begin{cases} 1, & 如果H所要求的证据都已经出现 \\ 0, & 否则 \end{cases}$$

综上可得结论 H 的确定性 $CER(H)$。

> **提示**
>
> 若该结论不是最终结论，而是作为其他知识的前提条件，则重复上述操作，直到推出最终结论为止，同时计算其确定性。

5.3.4 案例：医疗会诊系统

随着互联网技术的发展，当今社会已经实现医疗会诊系统，为人们日常看病带来了诸多便利。现有一医疗会诊系统，其中某一模块涉及的知识规则如下。

r_1: IF E_1 AND E_2 THEN $H = \{h_1, h_2, h_3\}$ $CF = \{0.8, 0.1, 0.1\}$

r_2: IF E_3 THEN $H = \{h_1, h_2, h_3\}$ $CF = \{0.7, 0.1, 0.05\}$

其中，E_1 表示牙龈红肿；E_2 表示牙齿上有斑点；E_3 表示牙齿酸痛；H 表示生病了；h_1 表示牙龈发炎；h_2 表示有蛀牙；h_3 表示牙龈发炎且有蛀牙。假定样本空间 D 中的元素个数为 5。

已知有一位患者给出了症状的确定性，即初始证据的确定性是 $CER(E_1) = 0.9$，$CER(E_2) = 0.92$，$CER(E_3) = 0.4$。

请问该患者是否生病，若生病，请诊断他患得什么病。

医疗会诊系统

【解】 根据给出的知识可形成如图 5-4 示的推理网络。

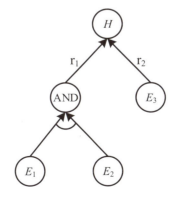

图 5-4 推理网络

（1）根据规则 r_1，求 $H=\{h_1,h_2,h_3\}$ 中各子集的概率分配函数。

$CER(E)=CER(E_1 \ AND \ E_2)=min\{CER(E_1),CER(E_2)\}=min\{0.9,0.92\}=0.9$

$M_1(\{h_1\},\{h_2\},\{h_3\})=(CER(E)\times c_1),CER(E)\times c_2,CER(E)\times c_3)$
$\qquad\qquad\qquad\quad=(0.9\times 0.8,0.9\times 0.1,0.9\times 0.1)$
$\qquad\qquad\qquad\quad=(0.72,0.09,0.09)$

$M_1(\{h_1,h_2,h_3\})=1-M_1(\{h_1\})-M_1(\{h_2\})-M_1(\{h_3\})=1-0.72-0.09-0.09=0.1$

（2）根据规则 r_2，求样本空间 D 的子集 $H=\{h_1,h_2,h_3\}$ 的概率分配函数。

$M_2(\{h_1\},\{h_2\},\{h_3\})=(CER(E_3)\times c_1),CER(E_3)\times c_2,CER(E_3)\times c_3)$
$\qquad\qquad\qquad\quad=(0.4\times 0.7,0.4\times 0.1,0.4\times 0.05)$
$\qquad\qquad\qquad\quad=(0.28,0.04,0.02)$

$M_2(\{h_1,h_2,h_3\})=1-M_2(\{h_1\})-M_2(\{h_2\})-M_2(\{h_3\})=1-0.28-0.04-0.02=0.66$

（3）由于规则 r_1 和 r_2 有相同的结论 H，所以通过 $M=M_1\oplus M_2$ 求 M_1 与 M_2 的正交和 M，并计算结论 H 的概率分配函数。

$K=1-\sum_{x\cap y=\varnothing}M_1(x)\times M_2(y)$
$\quad=1-(0.72\times 0.04+0.72\times 0.02+0.09\times 0.28+0.09\times 0.02+0.09\times 0.28+0.09\times 0.04)$
$\quad=0.901$

$M(\{h_1\})$
$=K^{-1}\times \sum_{x\cap y=h_1}M_1(x)\times M_2(y)$
$=\dfrac{1}{0.901}\times (M_1(\{h_1\})\times M_2(\{h_1\})+M_1(\{h_1\})\times M_2(\{h_1,h_2,h_3\})+M_1(\{h_1,h_2,h_3\})\times M_2(\{h_1\}))$
$=\dfrac{1}{0.901}\times (0.72\times 0.28+0.72\times 0.66+0.1\times 0.28)$
≈ 0.782

同理可求得

$$M(\{h_2\})\approx 0.074$$
$$M(\{h_3\})\approx 0.070$$

（4）求 $CER(H)$ 的值。

$Bel(H)=\sum_{i=1}^{3}M(\{h_i\})=0.782+0.074+0.070=0.926$

$Pl(H)=1-Bel(\neg H)=1-0=1$

$f(H)=Bel(H)+\dfrac{|H|}{|D|}\times [Pl(H)-Bel(H)]=0.926+\dfrac{3}{5}\times (1-0.926)=0.970\ 4$

则有 $CER(H)=MD(H|E)\times f(H)=1\times 0.970\ 4=0.970\ 4$。可见，患者生病的确定性为 $0.970\ 4$。

（5）求 h_1、h_2 和 h_3 的信任函数 $Bel(h_i)$ 和似然函数 $Pl(h_i)$ 值，并描述其含义，如表 5-9 所示。

表 5-9　h_1、h_2 和 h_3 的信任函数和似然函数值及含义

h_i	信任函数 $Bel(h_i)$	似然函数 $Pl(h_i)$	含　义
h_1	$Bel(h_1)=0.782$	$Pl(h_1)=0.856$	"牙龈发炎"为真的信任度为 0.782，非假的信任度为 0.856
h_2	$Bel(h_2)=0.074$	$Pl(h_2)=0.148$	"且有蛀牙"为真的信任度为 0.074，非假的信任度为 0.148
h_3	$Bel(h_3)=0.070$	$Pl(h_3)=0.144$	"牙龈发炎且有蛀牙"为真的信任度为 0.070，非假的信任度为 0.144

综上所述，几乎可以确定患者生病了，且患病的类型最有可能是牙龈发炎。

指点迷津

在计算过程中，当计算结果除不尽时，奉行四舍五入的原则，且小数点后保留 3 位数。

5.4　本章实训：路况分析

1．实训目的

（1）熟悉产生式表示法。
（2）掌握知识和证据不确定性表示的形式。
（3）掌握不确定性推理方法的推理过程。

2．实训内容

设计并编程实现求结论 H 可信度的算法。

3．实训要求

假设某自动驾驶汽车可以在道路上自动行驶，汽车主要是根据对路况的分析调整车速。汽车路况分析系统中包含的部分规则如下

r_1: IF　E_1　THEN　H　(0.8)

r_2: IF　E_2　THEN　H　(0.9)

r_3: IF　E_3　AND　E_4　THEN　E_1　(0.9)

r_4: IF E_5 THEN E_2 (0.7)

r_5: IF E_6 OR E_7 THEN E_2 (−0.3)

其中，E_1 表示车辆故障；E_2 表示交通拥堵；E_3 表示车辆胎压报警；E_4 表示车辆油箱报警；E_5 表示道路前方发生事故；E_6 表示路上车辆较少；E_7 表示没有交警指挥交通；H 表示车速降低。

已知初始证据的可信度 $CF(E_3) = 0.8$，$CF(E_4) = 0.9$，$CF(E_5) = 0.8$，$CF(E_6) = 0.1$，$CF(E_7) = 0.5$，求车速降低的可信度 $CF(H)$。

4. 实训步骤

（1）求组合证据"E_3 AND E_4"的可信度 $CF(E_3\ AND\ E_4)$。

（2）根据规则 r_3 求 E_1 的可信度 $CF_1(E_1)$。

（3）根据规则 r_1 求结论 H 的可信度 $CF_1(H)$。

（4）根据规则 r_4 求 E_2 的可信度 $CF_1(E_2)$。

（5）求组合证据"E_6 OR E_7"的可信度 $CF(E_6\ OR\ E_7)$。

（6）根据规则 r_5 求 E_2 的可信度 $CF_2(E_2)$。

（7）利用合成算法求 E_2 的综合可信度 $CF(E_2)$。

（8）根据规则 r_2 求结论 H 的可信度 $CF_2(H)$。

（9）利用合成算法求结论 H 的综合可信度 $CF(H)$。

综上所述，即可求得结论 H 的综合可信度 $CF(H)$。

5. 实训报告要求

（1）画出推理网络图。

（2）写出求结论 H 可信度的计算过程。

（3）编写程序求结论 H 的可信度，并提交源代码。

（4）总结实训的心得体会。

本章小结

本章主要介绍了不确定性推理的相关知识。通过本章的学习，读者应重点掌握以下内容。

（1）不确定性推理是从不确定的初始证据（即已知事实）出发，通过运用不确定的知识（或规则），最终推出具有一定程度的不确定性但却合理或近乎合理的结论的思维过程。

（2）不确定性推理中需要考虑不确定性的表示与度量、不确定性的匹配、组合证据不确定性的计算、不确定性传递和结论不确定性的合成等重要问题。

（3）可信度方法是在确定性理论的基础上，结合概率论等理论提出的一种不确定性推理模型。

（4）证据理论方法又称为 D-S 理论，它能够区分"不确定"和"不知道"的差异，并能处理由于"不知道"带来的不确定性，具有较大的灵活性。因此，证据理论方法受到人们的广泛关注。

思考与练习

1．选择题

（1）下列哪一项不属于不确定性推理方法（　　）。

  A．可信度方法　　　　　　　　B．主观贝叶斯方法
  C．证据理论方法　　　　　　　D．归结演绎方法

（2）可信度方法用下列哪一项表示知识的不确定性程度（　　）。

  A．集合　　　　　　　　　　　B．数值对
  C．可信度因子　　　　　　　　D．以上三项都可以

（3）在证据理论中，下列哪一项表示对命题 A 为真的信任程度（　　）。

  A．$M(A)$　　　　　　　　　　B．$Bel(A)$
  C．$Pl(A)$　　　　　　　　　 D．$f(A)$

（4）在证据理论中，下列哪一项表示对命题 A 为非假的信任程度（　　）。

  A．$M(A)$　　　　　　　　　　B．$Bel(A)$
  C．$Pl(A)$　　　　　　　　　 D．$f(A)$

2．填空题

（1）根据研究路线的不同，可将不确定性推理方法分为_____和_____两类。

（2）当出现两条知识推出了同一结论，但可信度各不相同的情况时，可利用_____计算结论的综合可信度。

（3）在证据理论方法中，引入了_____、_____、_____和类概率函数等概念来描述和处理知识的不确定性。

3．简答题

（1）简述什么是不确定性推理。

（2）不确定性推理中包含的重要问题有哪些。

（3）简述可信度方法和证据理论方法的不同。

4. 实践题

（1）已知下列推理规则

r_1: IF E_1 THEN H (0.9)

r_2: IF E_2 THEN H (0.6)

r_3: IF E_3 THEN H (−0.5)

r_4: IF E_4 AND (E_5 OR E_6) THEN E_1 (0.8)

已知 $CF(E_2)=0.8$，$CF(E_3)=0.6$，$CF(E_4)=0.5$，$CF(E_5)=0.6$，$CF(E_6)=0.8$，求 $CF(H)$。

（2）已知下列推理规则

r_1: IF E_1 THEN $H=\{h_1,h_2,h_3\}$ $CF=\{0.6,0.1,0.2\}$

r_2: IF E_2 THEN $H=\{h_1,h_2,h_3\}$ $CF=\{0.4,0.2,0.1\}$

已知用户对初始证据给出的确定性是 $CER(E_1)=0.8$，$CER(E_2)=0.3$，并假定 D 中的元素个数 $|D|=5$。求 $CER(H)$ 的值。

技术篇

JISHUPIAN

第 6 章
计算智能

本章导读

在计算机科学领域，人们模拟自然界生物的进化规律设计了多种求解复杂问题的算法，如遗传算法、蚁群算法、粒子群算法、人工神经网络、免疫算法等，这些算法统称为计算智能。目前，计算智能已广泛应用于组合优化、机器学习、智能控制、模式识别等领域。可见，计算智能的研究是科学技术发展的重要方向。

本章从计算智能的概念入手，先介绍计算智能的分类，然后详细介绍进化计算中的遗传算法和群体智能中的蚁群算法。

学习目标

- 熟悉计算智能的概念及分类。
- 理解并掌握遗传算法的基本思想和算法流程。
- 理解并掌握蚁群算法的基本原理和算法流程。

素质目标

- 学习工匠精神，培养专注敬业精神。
- 感受科技力量，增强民族自豪感，加强"科技改变生活"的理念。

6.1 计算智能概述

6.1.1 什么是计算智能

计算智能（computational intelligence，CI）是人们受自然规律和生物智能机制的启迪，根据其原理模仿设计的一组算法，用于解决复杂的现实世界问题。目前，计算智能还没有统一的定义，下面列举部分学者对计算智能的不同描述。

（1）计算智能主要是借鉴仿生学的思想，基于人们对生物体智能机制和自然规律的认识，采用数值计算的方法去模拟和实现人类智能、生物智能和自然规律。

（2）计算智能是依靠生产者提供的数值数据进行加工处理，而不是依赖于知识。

（3）计算智能是一种智力方式的低层认知，只处理数值数据，而人工智能是一种智力方式的中级认知，可以处理符号形式的知识。

（4）如果一个系统仅处理底层的数值数据，含有的模式识别部分，没有使用人工智能意义上的知识，且具有计算适应性、计算容错性、接近人的计算速度和近乎人的误差率这4个特性，则该系统是智能计算系统。

（5）计算智能是一种以模型（包括数字模型和计算模型）为基础，以分布和并行计算为特征的自然智能模拟方法。

6.1.2 计算智能分类

计算智能的研究与发展反映了当代科学技术多学科交叉融合发展的重要趋势。根据算法设计依据的原理不同，可将计算智能分为进化计算、群体智能、神经计算、模糊计算、免疫计算和人工生命等，它们的简介如表6-1所示。

表6-1 计算智能分类

类 别	简 介
进化计算	指受生物界的自然遗传规律和进化机制的启发而设计的算法，常见的进化计算有遗传算法、遗传规划等
群体智能	指受动物群体的智能行为启发而设计的算法，常见的群体智能有蚁群算法、粒子群算法、蜂群算法等

表 6-1（续）

类 别	简 介
神经计算	用于研究人工神经网络建模和信息处理。其中，人工神经网络是指由大量的处理单元（神经元）互相连接而形成的复杂网络结构，是对人脑组织结构和运行机制的某种抽象、简化和模拟。常用的网络有前向网络、反馈网络等
模糊计算	以模糊集理论为基础，模拟人脑非精确、非线性的信息处理能力，通常将模糊推理、模糊逻辑、模糊系统等统称为模糊计算
免疫计算	将免疫学中的免疫机理和模型广泛引入到计算机智能、网络科学、计算机控制与安全等研究与工程中，常见的免疫算法有克隆选择算法、免疫遗传算法等
人工生命	通过人工模拟生命系统，建造具有自然生命现象和特征的人造系统。目前，比较成功的研究和应用有人工脑、细胞自动机、人工核苷酸等

大国工匠

什么是人工智能？北京大学的谭教授（人工智能专家）这样说："让机器去做需要人类智能才可以做的那些事情。其最终目的是要把相关技术应用于生产过程和社会经济生活或者来提高人们的生活质量，来为我们人类服务。"

作为北京大学计算智能实验室创建人、烟花算法发明人，谭教授已经在人工智能领域走过了整整30年。在这30年中，他在神经网络、进化计算、群体智能、人工免疫系统、机器学习与数据挖掘等领域做出了骄人成绩和贡献，并把研究方向拓展到模式识别、计算机安全和金融预测等领域。

对于30年的坚持，谭教授这样说："我的研究工作能对社会经济发展或者对某些行业的发展起到作用，我就满足了。"可见，他始终不忘初心，努力推动社会经济向前发展。

2010年谭教授发明了独特的烟花算法。对于烟花算法，谭教授特别强调："我们还有烟花算法的开放性论坛，相关算法及其源码都是公开的，我希望更多的人能够学会，并且将烟花算法应用到更广的领域。"

除了做科研，谭教授非常看重培养学生。不墨守成规，崇尚新思想，是谭教授的工作方式。他常这样教导学生："不要迷信权威，要尊重事实。"作为导师，谭教授更多的是充当一个引导者，给学生们建议。当学生遇到疑难问题，他会单独面对面交流，当有一些新想法的时候，他会召集学生们一起讨论。科研应该培养学生的独立思维——这是谭教授所秉持的。

6.2 进化计算

6.2.1 什么是进化计算

生物群体的生存过程普遍遵循达尔文的进化准则，即物竞天择、适者生存。生物通过个体间的婚配、交叉、变异和竞争来适应大自然的环境，如图 6-1 所示。

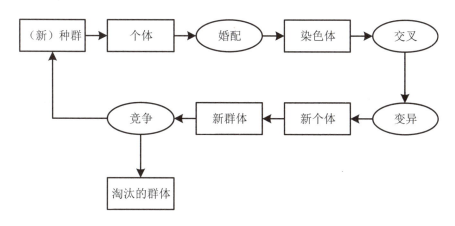

图 6-1 生物进化过程

进化计算又称演化计算，是一类模拟生物进化机制设计的成熟的具有高鲁棒性和广泛性的全局优化方法，具有自组织、自适应、自学习的特性，能够不受问题性质的限制，有效地处理传统优化算法难以解决的复杂问题。

进化计算是采用简单的编码技术来表示各种复杂的结构，并通过简单的遗传操作和优胜劣汰的自然选择来指导学习和确定搜索的方向。

进化计算是一个"算法簇"，包括遗传算法、遗传规划、进化策略和进化规划等。其中，遗传算法是最初形成的一种最具影响力的模拟生物进化的优化算法。

6.2.2 遗传算法的基本术语

遗传算法（genetic algorithm，GA）是模仿生物遗传学和自然选择机理而设计的计算模型，是人工构造的一种搜索最优解的方法。它常用于处理传统方法难以解决的复杂和非线性优化问题。

遗传算法涉及的基本术语如表 6-2 所示。

表 6-2 基本术语

术　语	说　明
问题的解空间	遗传算法主要用于寻找问题的最优解或次优解，通常问题的最优解或次优解是包含在一个庞大的有限可能的解集合中，将该解集合称为问题的解空间
种群	用遗传算法求解问题时，从初始给定的多个解开始搜索，该初始给定的多个解的集合称为一个种群，种群是问题解空间的一个子集
个体	种群中的每个元素称为个体。个体是一个数据结构，用来描述基本的遗传结构
染色体	对个体进行编码后所得到的编码串称为染色体
基因	染色体中的每一位编码称为基因
基因组	染色体上由若干个基因构成的一个有效信息段称为基因组
适应度函数	用来对种群中个体的环境适应性进行度量的函数称为适应度函数，其函数值是遗传算法实现优胜劣汰的主要依据。在优化问题中，适应度函数是一个估计函数
遗传操作	作用于种群并产生新的种群的操作称为遗传操作，标准的遗传操作包括 3 种基本形式，即选择、交叉和变异

6.2.3　遗传算法的基本思想

遗传算法的基本思想是从初始种群出发，采用优胜劣汰、适者生存的自然法则选择适应度高的个体，并通过交叉、变异来产生新一代种群，新的种群既继承了上一代的基因，又优于上一代。如此迭代进化，群体中个体的适应度不断提高，直到满足目标条件为止。

6.2.4　遗传算法流程

遗传算法流程可用图 6-2 描述，其中主要包含了 5 个基本要素，即参数编码、群体设定、适应度函数、遗传操作（选择、交叉和变异）和控制参数。

高手点拨

在遗传算法运行过程中，对其性能产生重大影响的一组参数称为控制参数，主要包括二进制串长度 L、群体规模 N、选择概率 P_r、交叉概率 P_c 和变异概率 P_m。

第 6 章 计算智能

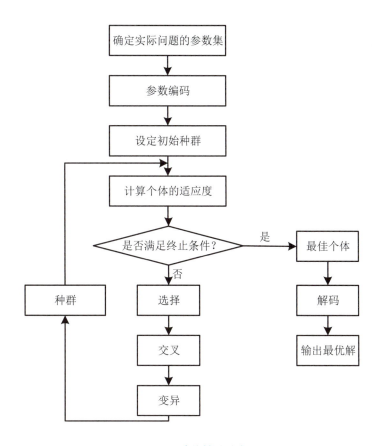

图 6-2 遗传算法流程

（1）确定实际问题的参数集。在实际的应用中，遗传算法是从问题的有限解中寻找最优解或次优解，因此，构造算法之前首先要确定包含问题最优解或次优解的解空间，然后确定问题的参数集。

（2）参数编码，采用某一编码方法将问题参数表示成遗传空间的个体。

高手点拨

> 遗传算法不能直接处理问题空间的参数，因此，须通过编码将要求解的问题表示成遗传空间的染色体或个体。常用的编码方法有二进制编码、格雷码编码、实数编码和排列编码等。同时，还要根据编码方法确定解码的方法。
>
> 用遗传算法求解问题时，必须建立目标问题的实际表示与遗传算法染色体结构之间的对应关系，以便于编码与解码。

📖 添砖加瓦

遗传算法中包含两个数据转换操作，分别为编码和解码。

① 编码是指从表现型到基因型的转化，即将搜索空间中的参数或解转化成遗传空间中的染色体或个体的过程。

② 解码是指从基因型到表现型的转化，即将染色体或个体转化成参数的过程。

（3）设定初始种群，即使用随机方法或其他方法，产生一个个体数量为 N 的初始种群。

▶ 高手点拨

遗传算法的操作对象是种群，所以必须为遗传算法设定一个初始种群。设定种群时主要考虑两方面内容，一是初始种群的产生，二是种群规模的确定。

遗传算法初始种群中的个体可以采用随机方式产生，也可以采用某种策略设定。例如，从问题最优解所在的范围内设定初始种群；先随机产生一些个体，然后从中挑选最好的个体加入初始种群中。

种群规模是指种群中个体的数量 N，种群规模一般取值为 20~100。

（4）根据适应度函数 f 计算种群中个体的适应度。

▶ 高手点拨

适应度函数是区分个体好坏的标准，是进行自然选择的唯一依据。适应度函数的设计要结合问题自身的要求而定。

一般而言，适应度函数是由目标函数变换得到的。常用的变换方法是直接将目标函数作为适应度函数，并采用线性变换或非线性变换方法将目标函数的值域映射到适应度函数的值域。

（5）判断个体是否满足终止条件，若满足，则将个体转化为参数（即解码），输出最优解，算法终止。若不满足，则转向（6）。

▶ 高手点拨

由于遗传算法的许多控制转移规则是随机的，在进化过程中，无法确定个体在解空间的位置，从而也无法通过传统的方法（即判断算法的收敛性）来终止算法。因此，可用以下 3 种方法来确定终止条件。

① 预先规定最大进化代数，进化代数达到规定值时，终止算法。
② 连续进化多代后，解的适应度没有明显改进时，终止算法。
③ 达到明确的解目标时，终止算法。

（6）根据选择概率 P_r 和选择方法选择个体。其中，适应度高的个体更容易被选中，适应度低的个体易被淘汰。

> **高手点拨**
>
> 选择也可称为复制，是指先根据个体的适应度确定选择它的概率，计算个体选择概率常用的方法有适应度比例方法和排序方法；然后根据个体的选择概率确定选择哪些个体进行交叉、变异等操作，常用的方法有轮盘赌选择方法、锦标赛选择方法、最佳个体保存法等。

（7）按照一定的交叉概率 P_c 和交叉方法进行交叉，产生新的个体，得到新的种群。

> **高手点拨**
>
> 交叉也可称为重组，是指按照某种方式对选择的父代个体的染色体的部分基因进行交叉重组，从而形成新的个体。一般情况下，交叉概率 $P_c =[0.6,1.0]$。交叉方法可分为两种类型，即二进制交叉和实数交叉。
>
> 二进制交叉包括单点交叉、两点交叉、多点交叉和均匀交叉等方法；实数交叉主要包括离散交叉和算数交叉等方法。

（8）按照一定的变异概率 P_m 和变异方法，使个体染色体的一个基因发生变异，产生新的染色体，得到新的种群，转向（4）。

> **高手点拨**
>
> 变异是指对选中个体的染色体中的某些基因进行随机变化，以形成新的个体。一般情况下，变异概率 $P_m =[0.0005,0.01]$。主要的变异方法有位点变异、逆转变异、插入变异、互换变异和移动变异等。

6.2.5 遗传算法的主要特点

遗传算法是一种基于空间搜索的算法，它通过选择、交叉、变异等操作模拟生物进化过程寻找所求问题的答案,可见,遗传算法的求解过程是优化的过程。遗传算法的特点有以下几点。

(1) 遗传算法从多个问题解开始搜索,而不是从单个解开始。这是遗传算法与传统优化算法的极大区别。传统优化算法是从单个初始值迭代求最优解的,因此容易得到局部最优解。遗传算法从多个问题解开始搜索,覆盖面大,利于全局择优。

(2) 遗传算法同时处理群体中的多个个体,即对搜索空间中的多个解进行评估,减少了陷入局部最优解的风险,同时算法本身易于实现并行化。

(3) 遗传算法基本上不用搜索空间的知识或其他辅助信息,而仅用适应度来评估个体,并在此基础上进行遗传操作。适应度函数不仅不受连续可微的约束,而且其定义域可以任意设定。这一特点使得遗传算法的应用范围大幅度扩大。

(4) 遗传算法是采用概率的变迁规则来指导它的搜索方向,而不是采用确定性规则。

> **提示**
>
> 在实际应用中,遗传算法找到的解不一定就是最优解,但是可采用一定的方法将解的误差控制在一定的范围内,得到次优解。

6.2.6 遗传算法的应用

遗传算法是解决搜索问题的一种通用算法,它不仅在函数优化、组合优化、车间调度等传统领域有着较好的应用,还在人工智能和大数据计算等领域得到了广泛应用,其具体的应用领域举例如表 6-3 所示。

表 6-3 遗传算法的应用领域举例

应用领域	简 介
机器人技术	机器人技术用于创造具有特定用途的机器人,且不同用途的机器人设计也不同。通过遗传算法进行编程,可以针对机器人的特定用途,搜索出一系列的机器人设计方案和组件,并为计算机计算模拟出多种可能操作。随着遗传算法的改进,未来人们将看到更多具有特定功能的机器人,如扫地机器人、看家机器人、管理机器人等
线路规划	航空路线规划、旅行路线规划、最短路线规划,以及如何避免交通阻塞等都是人们经常面临的问题。遗传算法可以通过程序在后台对所有问题进行建模,并将最佳线路规划反馈给人们
电脑游戏	使用遗传算法进行游戏编程,程序可以吸收人类决策,促使游戏智能化,提高人类体验感

表 6-3（续）

应用领域	简　介
汽车设计	使用遗传算法可以为赛车和常规运输工具（包括航空）设计复合材料和符合空气动力学的形状，可以搭配出最佳材料和最佳工程技术的组合，可以为车辆提供更快、更轻、更省油和更安全的保证。使用遗传算法进行计算机建模，可以随意返回多种设计方案供设计师挑选，可以提高汽车设计效率
工程设计	遗传算法可以充分利用各种材料的特点来优化建筑物、工厂、机器等架构，如优化机器人抓臂、卫星吊杆、建筑桁架、飞轮及涡轮机等
加密解密	在安全方面，遗传算法既可用于加密敏感数据，也可用于解密这些数据
投资策略	现在人们越来越依赖于人工智能来进行投资，利用遗传算法辅助的投资策略模型，是指导或者说影响人们财富汇聚的重要因素

创新强国

2021 年 11 月，第十一届国际空间轨道设计大赛落下帷幕，清华大学航天航空学院与上海卫星工程研究所联队摘得桂冠。该团队对 8 万多颗小行星进行优化筛选，使用人工智能遗传算法解决轨道设计难题，给出了建造发电站的最佳方案，最终以明显优势领先第二名欧洲空间局联队夺冠。

领衔该团队的教授表示，深空探测是一个国家科技实力的综合体现。深空探测已成为科技竞争的制高点。清华联队力压群雄夺冠是清华大学科研攻坚、立德树人的重大成果，巩固了我国在该领域的领先地位，体现了中国航天技术的稳步提升，代表着我国在深空任务优化领域的科技竞争中已处于国际领先水平。

作为本届竞赛的胜利者，清华大学航天动力学实验室将负责出题并组织下一届竞赛。

6.2.7　案例：函数求解

现有函数 $f(x) = x^2 - 2x + 1$，其中 $x \in [-15, 15]$ 且 x 取整数，求函数 $f(x)$ 的最小值。

函数求解

高手点拨

> 该问题可转化为在 [–15,15] 中寻找使 $f(x)$ 最小的点 x，其中区间 [–15,15] 是解空间，x 为个体，函数 $f(x)=x^2-2x+1$ 可作为适应度函数。

【解】 （1）确定问题的参数集。分析题意可知，问题的解空间为自变量 x 的取值范围 [–15,15]，则问题的参数集为 [–15,15]。

（2）参数编码。针对参数集 [–15,15]，考虑采用二进制数对其编码。由于 2^4=16 且参数集中含有负数，所以使用 5 位有符号二进制数表示个体 x 的染色体，用于求解问题。其中，二进制数的首位是符号位，若符号位取 0 表示该参数为正数，如 00001 表示 1；符号位取 1 表示该参数为负数，如 10001 表示 –1。

（3）确定初始种群。设定种群规模 $N=4$，并随机产生 4 个个体，构成初始种群 $\{x_1=11001, x_2=10100, x_3=00011, x_4=01010\}$。

（4）根据适应度函数 $f(x)=x^2-2x+1$ 计算种群中个体的适应度，如表 6-4 所示。

表 6-4 个体适应度

个体	解码	适应度
$x_1=11001$	–9	100
$x_2=10100$	–4	25
$x_3=00011$	3	4
$x_4=01010$	10	81

（5）判断个体是否满足终止条件，个体中没有明确的目标解 00001。

（6）根据选择概率 P_r 和选择方法选择个体。其中，采用适应度比例方法计算选择概率，即 $P_{ri}=\dfrac{f_i}{\sum_{i=1}^{N}f_i}$，其中 $\sum_{i=1}^{N}f_i$=100+25+4+81=210，计算每个个体的选择概率，同时计算个体的累计概率，如表 6-5 所示。

采用轮盘赌选择方法选择个体。设采用轮盘赌选择方法产生的随机数分别为 $r_1=0.823$、$r_2=0.600$、$r_3=0.456$、$r_4=0.942$，查看累计概率值，发现随机数 $r_1=0.823$ 落在个体 x_3 与 x_4 之间，则个体 x_4 被选中。同理分析，之后选中的个体依次是 x_3、x_1、x_4，每个个体被选中的总次数如表 6-5 所示。

表 6-5 个体选择概率、累计概率和估计选中次数

个 体	适 应 度	选择概率	累计概率	估计选中次数
x_1=11001	100	0.476	0.476	1
x_2 = 10100	25	0.119	0.595	0
x_3 = 00011	4	0.019	0.614	1
x_4 = 01010	81	0.386	1.000	2

（7）按照一定的交叉概率 P_c 和交叉方法进行交叉，产生新的个体，得到新的种群。设交叉概率 P_c=100%，即选择的全部个体染色体都参与交叉。交叉方法是交换染色体的后两位基因，则将 x_4 与 x_3 交叉，x_1 与 x_4 交叉可得到的新种群为 X_1 = {x_1=01011, x_2 = 00010, x_3 = 11010, x_4 = 01001}。

（8）按照一定的变异概率 P_m 和变异方法，使个体染色体的一个基因发生变异，产生新的染色体，得到新的种群，转向（4）。

设变异概率 P_m=0.001，种群变异基因位数为 $P_m \times L \times N$=0.001×5×4=0.02，0.02＜1，可见，种群变异基因位数不足 1 位，所以本轮进化染色体不变异。

接着计算新种群的适应度，判断发现没有满足终止条件的个体，因此开始第二轮进化。

第二轮中，种群为 X_1 = {x_1=01011, x_2 = 00010, x_3 = 11010, x_4 = 01001}，且在进化过程中采用轮盘赌选择方法产生的随机数分别为 r_1=0.352、r_2 = 0.988、r_3 = 0.780、r_4 = 0.230。经过此轮进化后，得到的新种群为 X_2 = {x_1=00001, x_2 = 01010, x_3 = 01011, x_4 = 01001}。其中，个体 x_1=00001 满足终止条件。

因此，进化结束，并将个体 x_1=00001 的染色体解码得到最优解 1。将 x=1 代入函数 $f(x) = x^2 - 2x + 1$ 中，得到 $f(x)$ 的最小值 0。

学以致用

上文中已给出遗传算法中第二轮进化涉及的关键数据，请写出第二轮进化的具体过程。

6.3 群体智能

6.3.1 什么是群体智能

群体智能是一种受自然界生物群体的智能现象启发而提出的智能优化方法，是计算智能领域的关键技术之一。群体智能的概念来自对蚂蚁、蜂蜜等自然界中群居生物群体行为的观察和模拟。例如，通过观察蚂蚁寻找路径的行为提出蚁群算法，通过观察蜜蜂繁殖、采蜜等行为提出蜂群算法，通过观察鸟群的捕食行为提出粒子群算法，等等。常见的群体智能算法还有很多，如图6-3所示。

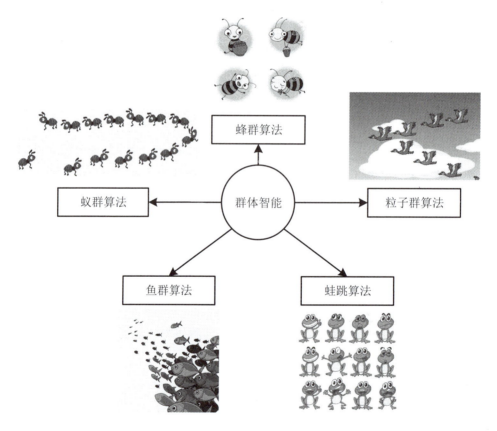

图 6-3 群体智能

群体智能也是指无智能或者仅具有相对简单智能的个体通过合作表现出复杂智能行为的特性。其中，无智能或仅具有简单智能是相对于群体合作表现出来的智能而言的。

群体智能是在模拟自然界群体生存现象的基础上，运用一定的数学手段和计算工具，设计相应的算法模型，为解决系统中的复杂行为提供了新的思路。它主要有以下4个特点。

（1）控制是分布式的，不存在控制中心。它能够适应当前网络环境下的工作状态，并且具有较强的鲁棒性，同时不会由于某一个或几个个体出现故障而影响整个问题的求解。

（2）扩充性较好。群体中个体通过改变环境实现相互通信，随着个体数目的增加，这种非直接通信的方式缓解了通信开销的增幅。因此，群体智能具有较好的扩充性。

（3）具有简单性。群体中每个个体的能力或遵循的行为规则非常简单，因而群体智能的实现比较方便和简单。

（4）具有自组织性。群体表现出来的复杂行为是通过简单个体的交互过程突显出来的智能。因此，群体具有自组织性。

6.3.2 蚁群算法的基本原理

蚁群算法是通过模拟自然界蚂蚁寻找路径的方式而提出的一种算法，它是群体智能研究领域的一种主要算法。下面通过模拟自然蚁群的寻路过程来解释蚁群算法的基本原理。

蚁群算法的基本原理

1. 自然蚂蚁寻路过程

在蚂蚁寻找食物时，它们总能找到一条从食物到巢穴的最优路径。其原因是蚂蚁在寻找路径时会释放出一种特殊的信息素，并将其留在它们经过的路径上，蚂蚁通过感受这种物质实现相互之间的信息传递，从而指导自己的运动方向。

当蚂蚁在寻找路径过程中遇到一个从未走过的路口时，便随机挑选一条路径前行，同时释放出信息素。现有两只蚂蚁在 A 处遇到了从未走过的路口，且通往食物 D 的路径有两条，即 ABD 和 ACD，蚂蚁随机挑选一条前行。假设两只蚂蚁分别选择了不同的两条路径，每分钟爬 0.5 米且留下一个信息素，路径 ABD 和 ACD 的距离分别是 4 米和 8 米。

（1）经过 8 分钟后，蚂蚁的运动情况及路径上信息素的分布如图 6-4 所示。选择路径 ABD 的蚂蚁到达终点 D，并在路径 ABD 上留下 8 个信息素；选择路径 ACD 的蚂蚁刚好到达中点 C 处，并在路径 ACD 上也留下 8 个信息素。

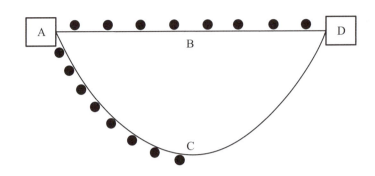

图 6-4　8 分钟时路径信息素分布

（2）经过 16 分钟后，蚂蚁的运动情况及路径上信息素的分布如图 6-5 所示。选择路径 ABD 的蚂蚁到达终点 D 后获得食物并返回到起点 A，在路径 ABD 上共留下 16 个信息素；选择路径 ACD 的蚂蚁刚好到达终点 D 后取得食物，并在路径 ACD 上也留下 16 个信息素。

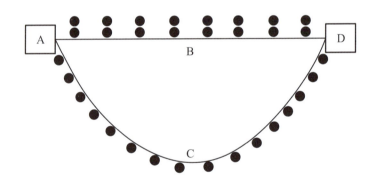

图 6-5　16 分钟时路径信息素分布

两只蚂蚁经过不同的路径从 D 处取得食物，经过 16 分钟后，蚂蚁在 ABD 路径上往返 1 趟，每一处的信息素是 2 个；蚂蚁在 ACD 路径上只完成了从 A 到 D 的路程，未返回，每一处的信息素是 1 个，则两条路径上每一处的信息素比值为 2∶1，可见路径 ABD 上的信息素浓度高。

（3）按照信息素的指导，蚂蚁更大概率地选择信息素浓度高的路径，所以出现的第 3 只蚂蚁选择路径 ABD，则该路径上增加至 2 只蚂蚁，而路径 ACD 上仍然为 1 只蚂蚁。再经过 16 分钟后，两条路径上每一处信息素分别累计为 6 和 2，其比值为 3∶1。

（4）按照信息素的指导，出现的第 4 只蚂蚁还是选择路径 ABD，则该路径上增加至 3 只蚂蚁，而路径 ACD 上仍然为 1 只蚂蚁。再经过 16 分钟后，两条路径上每一处信息素分别累计为 12 和 3，其比值为 4∶1。

综上所述，根据信息素的指导，更多的蚂蚁不断地选择路径 ABD，越来越少的蚂蚁选择路径 ACD，且随着时间的推移，路径 ABD 上信息素浓度越来越高，而路径 ACD 上信息素浓度将会降低，直至完全消除。因此，最终所有的蚂蚁都会选择路径 ABD，放弃路径 ACD。

2．基本原理

蚁群算法的基本原理就是通过模拟自然蚁群的寻路过程实现的，其具体描述如下。

（1）蚂蚁在路径上释放信息素。

（2）当蚂蚁遇到还没有走过的路口时，就随机挑选一条路前行，同时，释放与路径长度有关的信息素。信息素浓度与路径长度成反比。

（3）后来的蚂蚁再次遇到该路口时，就更大概率地选择信息素浓度较高的路径。

（4）最优路径上的信息素浓度越来越高。

（5）最终蚁群找到最优路径。

在实际应用中，用蚂蚁的行走路径表示待优化问题的可行解，整个蚂蚁群体的所有路径构成待优化问题的解空间，则蚁群找到的最优路径对应的解便是待优化问题的最优解。

6.3.3 蚁群算法的主要过程

蚁群算法中主要包含两个过程，即状态转移和信息素更新。其中，涉及的参数如表 6-6 所示。

表 6-6　蚁群算法涉及的参数

参　　数	含　　义	参　　数	含　　义
m	蚁群中蚂蚁的数量	d_{xy}	节点 x 和 y 间的距离
η_{xy}	能见度，称为启发信息函数，等于距离的倒数，即 $\eta_{xy} = \dfrac{1}{d_{xy}}$	b_x	位于节点 x 的蚂蚁个数
τ_{xy}	在节点 x、y 连线上残留的信息素	p_{xy}^{k}	蚂蚁 k 选择从节点 x 转移到节点 y 的概率
$allowed_k$	蚂蚁 k 下一步允许选择的节点	$\Delta\tau_{xy}$	在节点 x、y 连线上残留信息素的增量
$tabu_k$	记录蚂蚁 k 当前走过的节点	$\Delta\tau_{xy}^{k}$	第 k 只蚂蚁在节点 x、y 连线上残留信息素的增量

1. 状态转移

状态转移是指蚂蚁从一个节点转移到另一个节点。例如，前面提到的自然蚂蚁寻路过程中，蚂蚁从 A 点移动到 D 点就属于状态转移。在蚁群算法中，蚂蚁的状态转移由随机比例规则决定，即蚂蚁 k 选择从节点 x 转移到节点 y 的概率 p_{xy}^k 为

$$p_{xy}^k = \begin{cases} \dfrac{[\tau_{xy}]^\alpha [\eta_{xy}]^\beta}{\sum\limits_{y \in allowed_k} [\tau_{xy}]^\alpha [\eta_{xy}]^\beta} & y \in allowed_k \\ 0 & \text{其他} \end{cases}$$

可见，它是由信息素 τ_{xy} 和启发信息函数 η_{xy} 共同决定的。

2. 信息素更新

在蚁群算法中，每只蚂蚁走完一步或完成对所有节点的遍历后，要对残留的信息素进行更新。更新包括两项，一是信息素的消散，二是信息素的增加。

随着时间的推移，早期留下的信息素逐渐挥发，蚂蚁完成一个循环后，各路径上信息素浓度挥发规则为 $\tau_{xy} = \rho\tau_{xy} + \Delta\tau_{xy}$，其中，$\rho$ 表示信息素挥发因子。蚁群的信息素浓度更新规则为 $\Delta\tau_{xy} = \sum\limits_{k=1}^{m} \Delta\tau_{xy}^k$。

添砖加瓦

确定 $\Delta\tau_{xy}^k$ 的不同模型有蚂蚁圈系统、蚂蚁数量系统和蚂蚁密度系统等。

知识库

一般情况下，在蚁群算法中，参数的设定需要遵循以下 3 条准则。
（1）尽可能在全局上搜索最优解，保证解的最优性。
（2）算法尽快收敛，节省寻优时间。
（3）尽量反映客观存在的规律，保证仿生算法的真实性。

6.3.4 蚁群算法流程

蚁群算法流程可用图 6-6 描述。

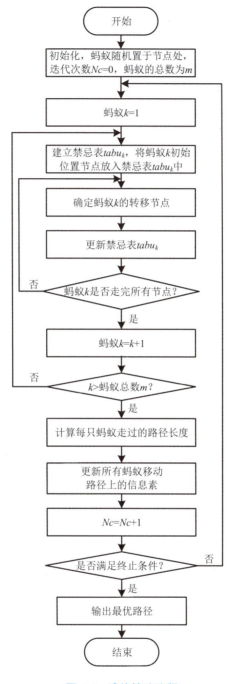

图 6-6 遗传算法流程

（1）初始化，将所有蚂蚁随机放置于节点处，且迭代次数 $Nc=0$，蚂蚁的总数为 m。

> **添砖加瓦**
>
> 一般情况下，蚁群中蚂蚁的个数不超过问题中节点的个数。

（2）蚂蚁 $k=1$，表示第 1 只蚂蚁。

（3）为蚂蚁 k 建立禁忌表 $tabu_k$，同时将蚂蚁 k 的初始位置节点加入相应的禁忌表 $tabu_k$ 中。

> **添砖加瓦**
>
> 禁忌表 $tabu_k$ 用来存储蚂蚁走过的节点，作用是防止蚂蚁走重复的路径。

（4）根据随机比例规则确定蚂蚁 k 要转移的下一个节点。

（5）更新禁忌表 $tabu_k$。将蚂蚁 k 要转移的节点加入禁忌表 $tabu_k$ 中。

（6）判断蚂蚁 k 是否走完问题中的所有节点。若走完，则继续（7）；否则转向（4）。

（7）执行蚂蚁 $k=k+1$。

（8）判断 k 是否大于蚂蚁的总数 m。若大于，则继续（9）；否则转向（3）。

（9）计算每只蚂蚁走过的路径长度。

（10）更新所有蚂蚁移动路径上的信息素。

> **添砖加瓦**
>
> 根据各路径上信息素浓度挥发规则 $\tau_{xy}=\rho\tau_{xy}+\Delta\tau_{xy}$ 和蚁群的信息素浓度更新规则 $\Delta\tau_{xy}=\sum_{k=1}^{m}\Delta\tau_{xy}^{k}$ 更新蚂蚁路径上的信息素。

（11）执行 $Nc=Nc+1$。

（12）判断是否满足终止条件。若满足，则输出最优解；否则，转向（2）。

> **添砖加瓦**
>
> 终止条件的设定需要根据问题具体分析，常见的终止条件有 3 种。
>
> （1）给定一个循环的最大数目 N，若 $Nc>N$，则循环终止，表明已经有足够的蚂蚁寻找到路径。
>
> （2）给定一个整数 M，若当前最优解连续 M 次相同，则循环终止，表示算法已经收敛，不需要再继续执行。

（3）根据目标值控制规则判断是否终止循环。也就是说，给定优化问题的一个下界和一个误差值，当算法得到的目标值与下界之差小于给定的误差值时，循环终止。

6.3.5 蚁群算法的主要特点

蚁群算法本质上是一种并行的算法。每只蚂蚁搜索的过程彼此独立，仅通过信息素进行通信。

蚁群算法是一种自组织的算法。算法开始的初期，单个蚂蚁无序地寻找解，经过一段时间的演化之后，通过信息素的作用，蚂蚁自发地趋向于寻找接近最优解的一些解，这就是一个无序到有序的过程。

蚁群算法是一种基于多主体的智能算法，不是单个蚂蚁搜索，而是多个蚂蚁同时搜索，具有分布式的协同优化机制。

蚁群算法具有较强的鲁棒性。蚁群算法对初始路线要求不高，而且在搜索过程中不需要进行人工的调整。其次，蚁群算法的参数数目少，设置简单，易于将其应用到其他组合优化问题的求解中。

6.3.6 蚁群算法的应用

目前，蚁群算法已从单纯地求解组合优化问题拓展到了网络路由、线路规划、图像处理、数据挖掘、图的着色问题等多个应用领域，如表6-7所示。

表6-7 蚁群算法的应用领域举例

应用领域	简介
网络路由优化	蚁群算法可解决受限路由问题，并优化网络路由
线路规划	蚁群算法受群体智能启发对所有问题进行建模，并及时反馈最佳的线路规划方案
图像处理	蚁群算法应用于图像分割、边缘检测、图像分类、图像匹配、图像识别等多种处理方法中
数据挖掘	数据挖掘中主要包括分类和聚类两个任务，蚁群算法在数据挖掘中的应用有助于获得更好的数据分类或聚类算法
图的着色问题	图的着色问题是一个经典的优化问题。用蚁群算法求解图的着色问题可保证程序运行的高效率和高收敛性，并有效地避免求解过程中陷入局部最优陷阱

科技之光

2021年9月29日，京东物流乌鲁木齐"亚洲一号"智能产业园（见图6-7）启动运营，标志着新疆首个智能物流园区正式投入使用。

图6-7　京东物流乌鲁木齐"亚洲一号"智能产业园

作为新疆公共配送中心及商品物流集散基地，"亚洲一号"智能产业园配置了全球领先的自动化分拣设备和智能控制系统，涵盖了食品、3C、家电、服装、进口产品等全品类商品，投用后日处理能力可达120万件。

"亚洲一号"拥有目前国内最先进的电商物流智能分拣线。负责人苏某介绍，该智能拣货路径优化是一种大数据技术，称为蚁群算法，就像蚂蚁搬食物，不会碰撞，仅一条智能分拣线，每小时可处理上千个快递，精准率接近100%。

苏某还表示，"亚洲一号"智能产业园开仓，可保障乌鲁木齐80%订单实现当日达、次日达，新疆其他地区包裹到达时间也将缩短2天以上。同时，"亚洲一号"智能产业园还将与新疆城际配送、城市配送、农村配送有效衔接，更好地满足城市供应、工业品下乡、农产品进城、进出口贸易等物流需求。

6.3.7　案例：旅行商问题

假设一个旅行商人要拜访4个城市，各个城市的分布，以及城市之间的路径如图6-8所示。现需要选择一条旅行路径，要求这条路径满足以下条件。

（1）旅行路径是所有路径中最短的。

（2）每个城市只能拜访一次。

（3）从某城市出发，且最终回到该城市。

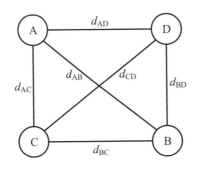

图 6-8　城市分布示意图

【解】　使用蚁群算法求解该问题的过程可用下列伪代码实现。

```
初始化，将所有蚂蚁随机置于节点处
迭代次数 Nc=0，蚂蚁总数 m=3，城市 n=4，循环最大次数 N=100
while  Nc<=N（整个循环）
    {
        k=1
        for  k<=m（对 m 只蚂蚁的循环）
            {
                建立禁忌表 tabu_k
                将蚂蚁 k 的初始位置节点加入相应的禁忌表 tabu_k 中
                i=1
                for  i<=n（对 n 个城市的循环）
                    {
                        确定蚂蚁 k 要转移的下一个节点
                        更新禁忌表 tabu_k
                        i=i+1
                    }
                蚂蚁 k=k+1
            }
        计算每只蚂蚁走过的路径长度
        更新所有蚂蚁路径上的信息素
        Nc=Nc+1
    }
输出最优解
```

以蚂蚁 1 为例，介绍上述伪代码的执行过程。设蚂蚁 1 随机分布在城市 A 处，且城市间的初始信息素都为 0.3。

首先，$Nc=0$ 满足 $Nc<=N$，执行整个循环。

接着，$k=1$ 满足 $k<=m$，执行对 m 只蚂蚁的循环，建立禁忌表 $tabu_1$，将蚂蚁 1 的初始位置节点 A 加入相应的禁忌表 $tabu_1$ 中，同时蚂蚁 1 走的城市个数为 $i=1$。

然后，$i=1$ 满足 $i<=n$，利用随机比例规则 p_{xy}^k 计算蚂蚁 1 从节点 A 分别到节点 B、C、D 的概率，然后采用轮盘赌法选择下一个移动节点，设为 B。更新禁忌表 $tabu_1$，即将节点 B 加入禁忌表 $tabu_1$ 中。蚂蚁 1 由节点 A 转移到节点 B，$i=i+1=2$。判断 $i=2$ 满足 $i<=n$，循环执行该部分操作，直到 i 的值不满足条件 $i<=n$ 为止。该循环结束后蚂蚁 1 的移动路径可记为 A→B→C→D→A。

蚂蚁 1 的移动路径确定之后，接着以同样的方法确定蚂蚁 2 和蚂蚁 3 的移动路径，分别 B→D→C→A→B 和 D→A→C→B→D。

所有蚂蚁的移动路径确定之后，根据题中给出的节点间路径距离，分别计算每只蚂蚁走过的路径长度，即 L_1、L_2 和 L_3。利用信息素浓度消散规则和更新规则更新所有蚂蚁路径上的信息素。执行 $Nc=Nc+1$。

循环执行上述操作，当 $Nc<=N$ 不成立时，循环结束，得到最优解，算法结束。

6.4 本章实训：蜂群算法

1. 实训目的

（1）熟悉计算智能的概念及分类。
（2）掌握遗传算法的基本思想与实现流程。
（3）掌握蚁群算法的基本原理与实现流程。
（4）掌握蜂群算法的基本原理与实现流程。

2. 实训内容

查阅有关蜂群算法的资料并完成实验报告。

3. 实训要求

蜂群算法是一种模仿蜜蜂繁殖、采蜜等行为的新兴的群体智能优化技术，同样也是经典的计算智能算法。请查阅相关资料，了解蜂群算法的概念，掌握它的基本原理，总结它的算法流程，同时探索它的应用领域。

4．实训步骤

（1）查阅资料，认识蜂群算法。

（2）分析蜂群算法的基本原理。

（3）研究蜂群算法的实现方法，总结它的算法流程。

（4）联系当前社会，总结蜂群算法在实际生活中的应用领域。

5．实训报告要求

（1）简述蜂群算法的基本原理。

（2）总结蜂群算法流程并画出流程图。

（3）论述蜂群算法的应用领域。

（4）总结实训的心得体会。

本章小结

本章主要介绍了计算智能的相关知识。通过本章的学习，读者应重点掌握以下内容。

（1）计算智能是人们借助自然界规律和生物界智能机制的启迪，根据其原理模仿设计的一组算法，用于解决复杂的现实世界问题。根据算法设计依据的原理不同，可将计算智能分为进化计算、群体智能、神经计算、模糊计算、免疫计算和人工生命等。

（2）进化计算又称演化计算，是一类模拟生物进化机制设计的一种成熟的具有高鲁棒性和广泛性的全局优化方法，具有自组织、自适应、自学习的特性，能够不受问题性质的限制，有效地处理传统优化算法难以解决的复杂问题。

（3）遗传算法是模仿生物遗传学和自然选择机理而设计的计算模型，是人工构造的一种搜索最优解的方法。

（4）遗传算法是解决搜索问题的一种通用算法，它不仅在函数优化、组合优化、车间调度等传统领域得到较好的应用，还在人工智能和大数据计算等领域得到了广泛应用，如机器人技术、线路规划、电脑游戏、汽车设计、工程设计、加密解密和投资策略等。

（5）群体智能是一种受自然界生物群体的智能现象启发而提出的智能优化方法，是计算智能领域的关键技术之一。

（6）蚁群算法是通过模拟自然界蚂蚁寻找路径的方式而提出的一种算法，它是群体智能研究领域的一种主要算法。

（7）蚁群算法已从单纯地求解组合优化问题拓展到了网络路由优化、线路规划、图像处理、数据挖掘、图的着色问题等多个领域。

思考与练习

1. 选择题

（1）进化计算的特性不包括（　　）。
　　A．自组织　　　　　　　　B．自适应
　　C．自限制　　　　　　　　D．自学习

（2）遗传算法产生新一代种群的遗传操作是（　　）。
　　A．选择、交叉、变异　　　B．交叉、变异
　　C．选择、婚配、交叉　　　D．选择、繁殖

（3）群体智能的主要特点不包括（　　）。
　　A．扩充性　　　　　　　　B．分布式控制
　　C．自组织性　　　　　　　D．复杂性

2. 填空题

（1）进化计算是一个"算法簇"，包括_____、遗传规划、_____和进化规划等算法。

（2）遗传算法主要包含了5个基本要素，即_____、群体设定、_____、遗传操作（选择、交叉和变异）和_____。

（3）群体智能是一种受自然界_____的智能现象启发而提出的智能优化方法，是计算智能领域的关键技术之一。

（4）蚁群算法是通过模拟自然界_____的方式而提出的一种算法，它是群体智能研究领域的一种主要算法。

（5）蚁群算法中主要包含两个过程，即_____和_____。

3. 简答题

（1）简述什么是计算智能。
（2）简述遗传算法的基本思想。
（3）简述蚁群算法的主要特点。
（4）简述遗传算法和蚁群算法的应用领域。

第 7 章
机器学习

本章导读

随着计算机性能的大幅提升和可用数据量的不断增加,机器学习得到了飞速的发展。它利用计算机对大量的数据进行分析,并从中获取有用的信息,使机器具有一定的智能。近些年来,机器学习在众多领域都得到了广泛的应用。

本章从机器学习的概念入手,先介绍机器学习的相关术语、分类和应用场景,然后详细介绍机器学习的两种学习方法,即有监督学习和无监督学习。

学习目标

- 熟悉机器学习的概念、相关术语、分类和应用场景。
- 理解有监督学习模型。
- 掌握分类任务和回归任务的基本思想和实现方法。
- 理解无监督学习模型。
- 掌握聚类任务的基本思想和实现方法。

素质目标

- 熟悉机器学习原理,增加自身专业知识储备量,培养精益求精、刻苦钻研精神。
- 了解科技前沿技术,紧跟时代发展,感受国家强大,增强民族自信心。

7.1 机器学习概述

7.1.1 什么是机器学习

机器学习（machine learning）是通过各种算法从数据中学习如何完成任务，并获得完成任务方法的一门学科。它可以对数据进行自动分析，并从中获得规律或模型，然后利用规律或模型对未知数据进行预测。它是人工智能的核心，是使计算机具有智能的重要途径。

目前，机器学习还没有一个公认且准确的定义，下面列举了部分学者对机器学习的描述。

（1）机器学习是研究如何用机器模拟人类学习活动的一门学科。

（2）机器学习是研究机器如何获取新知识和新技能，并识别现有知识的学科。

（3）机器学习是研究机器如何模拟人类的学习活动，自主获取新知识和新技能，不断提升系统性能的学科。

机器学习的基本思路就是使用一定的算法解析训练数据（进行模型训练）；然后学习数据中存在的一些特征，得到模型；最后使用得到的模型对实际问题做出分类、决策或预测等。

7.1.2 机器学习的相关术语

机器学习的研究对象是数据，其中，具有相似结构的数据样本集合称为**数据集**；对某个对象的描述称为**样本**或**示例**；对象的某方面表现称为**特征**或**属性**；特征或属性上的取值称为**特征值**或**属性值**；描述样本特征参数的个数称为**维数**。

以计算机识别图像中的动物是否是猫为例，其中数据集、样本、特征、特征值如图7-1所示。

图7-1 术语标记

在机器学习中，执行某个学习算法，从数据中学习得到模型的过程称为**训练**或**学习**；

训练过程中使用的数据称为**训练数据**；每个样本称为**训练样本**；训练样本组成的集合称为**训练集**。为得到效果最佳的模型，常用来调整模型参数的样本称为**验证样本**；验证样本组成的集合称为**验证集**。

获得模型后，使用模型对未知数据进行预测的过程称为**测试**；用于预测的样本称为**测试样本**；测试样本组成的集合称为**测试集**，可用于评价模型的性能。模型适用于新样本的能力，称为**泛化能力**。

7.1.3 机器学习的分类

从不同的角度，根据不同的方式，可以将机器学习划分为不同的类别，如表 7-1 所示。

表 7-1 机器学习的分类

分类方式	分 类	描 述
按学习形式分类	有监督学习	从含有标签的数据集中推出一个功能的学习方法
	无监督学习	从不含标签的数据集中推出一个功能的学习方法
	半监督学习	综合利用有标签的数据和无标签的数据，生成合适的函数
	强化学习	以环境反馈（奖惩信号）作为输入，以统计和动态规划技术为指导的一种学习方法
按学习目标分类	概念学习	学习的目标和结果为概念，典型的概念学习有示例学习
	规则学习	学习的目标和结果为规则，典型的规则学习有决策树学习
	函数学习	学习的目标和结果为函数，典型的函数学习有神经网络学习
	类别学习	学习的目标和结果为对象类别，典型的类别学习有聚类分析
按学习方法分类	机械式学习	通过直接记忆或外部提供的信息达到学习的目的
	指导式学习	由外部环境向系统提供指示或建议
	示例学习	通过从环境中获取若干与某知识有关的例子,经归纳得到一般性知识
	类比学习	把两个事物进行比较，找出它们在某一抽象层上的相似关系，并以这种关系为依据，把某一事物的有关知识加以适当整理，然后对应到另一事物，从而获得求解另一事物的知识
	解释学习	在领域知识指导下，通过对单个问题求解实例的分析，构造出求解过程的因果解释结构，并获取控制知识，便于指导以后求解类似问题
按推理方式分类	基于演绎的学习	以演绎推理为基础的学习
	基于归纳的学习	以归纳推理为基础的学习

机器学习的分类有很多种，其中，有监督学习和无监督学习是机器学习中常用且易懂的方法，本章将详细介绍这两种机器学习方法。

7.1.4 机器学习的应用场景

机器学习中处理的数据主要包括结构化数据和非结构化数据。结构化数据是指用二维表结构表达的数据，有严格定义的数据模型，主要通过关系型数据库存储和管理，如政府行政审批、财务、医疗、企业 ERP 等系统中的数据。非结构化数据是指数据结构不完整或不规则，没有预定义的数据模型，如文本、语音、图像和视频等。

在人们日常生活中，接触的数据以非结构化数据为主。针对不同的非结构化数据，机器学习的不同应用场景如表 7-2 所示。

表 7-2　机器学习的应用场景

数据类型	应用场景	描述	举例
文本数据	垃圾邮件检测	根据邮箱中的邮件识别垃圾邮件和非垃圾邮件	网易邮箱中自动分类垃圾邮件
	信用卡欺诈检测	根据用户的信用卡交易记录，识别用户操作的交易和非用户操作的交易，可以找到欺诈交易	银行对用户的交易检测机制
	电子商务决策	根据用户的购物清单或收藏记录，识别用户感兴趣的商品，为用户推荐这些商品促进消费	淘宝网根据用户的浏览记录推荐类似的商品
语音数据	语音识别	机器通过识别和理解将语音转化为相应的文本或操作	百度地图可以通过语音输入目的地
	语音合成	通过机械或电子的方法产生人造语音的技术，即将外部输入的文字转化为语音输出	知乎中的文章阅读功能
	语音交互	通过语音进行相互交流	语音助手，如 iPhone 手机推出的 Siri
	机器翻译	利用机器将某一种自然语言（源语言）翻译为另一种自然语言（目标语言），如将汉语翻译为英语	有道词典等翻译软件
	声纹识别	将声音信号转换为电信号，再利用计算机进行识别	公安声纹鉴定技术

表 7-2（续）

数据类型	应用场景	描述	举例
图像数据	文字识别	利用计算机自动识别图像上的字符	银行 App 通过拍摄身份证图像识别个人身份信息
	指纹识别	通过比对指纹的细节特征识别个人身份信息	手机的指纹解锁功能
	人脸识别	通过人脸部特征信息进行身份识别	人脸支付
	形状识别	根据已知的形状资料库判断用户手绘的图形形状	地图制图综合
视频数据	智能监控	跟踪视频中的运动物体	热成像人体测温技术
	计算机视觉	利用摄像头和计算机模仿人类的视觉系统，实现对目标的识别、跟踪等	汽车的自动驾驶技术

科技之光

在天文领域，近些年最引人关注的发现之一，是一种瞬时亮度超过太阳上亿倍的未知天体。这类天体在射电频段上的超常暴发，被称为快速射电暴。它们暴发时间短、能量高，常用的筛选方法无法甄别全部的快速射电暴疑似信号，只能进一步缩小疑似信号的数目，再在较少的样本中通过人工挑选可信的信号，过程费时且费力。

如何高效而精准地捕捉这些神秘信号？中国科学院紫金山天文台与中国科学技术大学、上海交通大学、贵州师范学院，以及国外某机构的学者，引入机器学习算法，可以从 5 亿个疑似信号中找到 81 个快速射电暴候选体。

7.2 有监督学习

7.2.1 什么是有监督学习

有监督学习是利用含有标签的数据集对学习模型进行训练，然后得到预测模型，最后利用测试集对预测模型的性能进行评估的学习方法。有监督学习模型的一般建立流程如图 7-2 所示。

人工智能

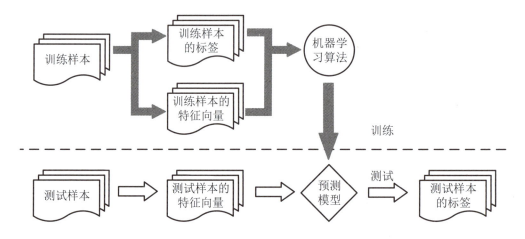

图7-2 有监督学习模型的一般建立流程

高手点拨

在有监督学习中,一般将数据集划分为两部分,一部分是训练数据集,也可称为学习数据集,即训练样本,占总数据集的80%以上;另一部分是测试数据集,即测试样本,占总数据集的20%以下。

训练数据集包含两部分,即训练集和验证集。训练集主要用于估计模型;验证集用来确定网络结构或者确定控制模型复杂程度的参数。测试数据集主要用来评估最终预测模型的性能。

由此可见,数据集也可划分为3部分,即训练集、验证集和测试集,它们的划分比例可设置为6:2:2。但需要注意的是,验证集并不是必须存在的。

下面以小朋友对事物的认知过程为例说明有监督学习的学习过程。某天老师拿了4个苹果和4个香蕉放在桌子上,教小朋友认识这些水果。其中,苹果和香蕉就是带有标签的数据。

老师指着苹果对小朋友说,这是苹果,并要求小朋友跟着念"苹果";然后又指着香蕉对小朋友说,这是香蕉,同样要求小朋友跟着念"香蕉",就这样反复教小朋友认识这两种水果。老师教小朋友认识水果的过程就是有监督学习的训练过程。

教小朋友认识水果之后,老师又拿一些水果考察小朋友是否认识苹果和香蕉。考察小朋友认知能力的过程就是利用测试集评估预测模型性能的过程。

机器学习中,采用有监督学习方法建模的任务有分类任务和回归任务。

7.2.2 分类任务

分类是通过在已有数据的基础上进行学习，推导出一个分类函数或构造出一个分类模型，该函数或模型可以将待分类的数据集映射到某个给定的类别中，从而实现数据分类。其中，分类函数或分类模型也称为**分类器**。

分类任务通常用于将事物打上一个标签，结果为离散值。例如，判断一幅图上的动物是猫还是狗。分类的最终正确结果只有一个，错误的就是错误的，不会有相近的概念。

在机器学习领域中，分类任务的实现需要先确定一个分类函数或模型类似于数据样本中的分界线，然后对输入的新数据进行预测，即根据分界线对新数据进行分类，如图 7-3 所示。

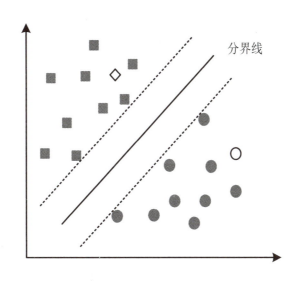

图 7-3　分类任务

图 7-3 中，实心的正方形和圆表示带有标签的训练数据；分界线表示经过训练后获得的分类函数或分类模型；空心的正方形和圆表示输入的新数据。

添砖加瓦

分类任务中，不仅可以解决二分类问题，如垃圾邮件检测中将邮件分为垃圾邮件和非垃圾邮件两类；也可以解决多分类问题，如手写数字识别中将手写的数字分为 10 类，即 0~9。

分类任务的求解过程可简化为以下 4 步。

（1）数据预处理。将带有标签的数据分为训练集和测试集，其中，训练集用来训练模型；测试集用来检验模型的分类效果。

（2）训练模型。利用训练样本的标签和特征向量，通过机器学习算法寻找模型的参数，最终得到训练好的预测模型。

（3）测试模型。利用测试样本评估预测模型的性能，即计算模型对样本预测的准确率，选择符合要求的预测模型。

（4）应用模型。预测模型确定好之后，可将其应用于实际问题中，预测未知数据的所属类别。

在机器识别研究中，分类任务中常用的核心算法有 K 近邻分类算法、决策树分类算法、贝叶斯分类算法、支持向量机分类算法和人工神经网络等。下面详细介绍 K 近邻分类算法和决策树分类算法。

1. K 近邻分类算法

K 近邻分类算法

俗话说"近朱者赤，近墨者黑"，判断一个人的品质，可以从他身边的朋友入手。K 近邻分类（K-nearest neighbors classification，KNNC）算法是有成熟理论支撑的、较为简单的经典机器学习算法之一，且奉行"观其友，识其人"的分类原则。

K 近邻分类算法的核心思想是从给定的训练样本中寻找与测试样本"距离"最近的 k 个样本，这 k 个样本中的多数属于哪一类，则将测试样本归于这个类别中。这好比 k 个样本为测试样本的朋友，它的朋友中多数属于哪一类，则它就属于哪一类。

K 近邻分类算法可用以下 5 步描述。

（1）计算已知训练集中各点与当前待分类点之间的距离。

添砖加瓦

> K 近邻分类算法中通过计算样本间的距离衡量它们的相似性，距离度量一般使用欧氏距离公式或曼哈顿距离公式计算。

（2）按照距离递增的顺序排序。

（3）选取与当前点距离最小的 k 个点。

（4）确定前 k 个点所在类的出现频率。

（5）根据分类决策规则确定分类结果。

添砖加瓦

K近邻分类算法中的分类决策规则一般是多数表决，即少数服从多数原则。因此，前k个点所在类中出现频率最高的类，即为输入节点的预测所在类。

【例 7-1】 图 7-4 中正方形和圆分别表示数据样本的两个类别，请判断图中三角形属于哪个类别。

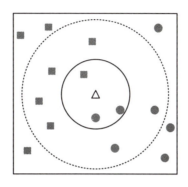

图 7-4 数据样本分布示意图

【解】 （1）如果 $k=3$，离三角形最近的 3 个邻居是 2 个圆和 1 个正方形，如图 7-5 所示。其中，圆所在的类出现的频率较高，遵循少数服从多数原则，可判定待分类的三角形属于圆所在的类。

（2）如果 $k=9$，离三角形最近的 9 个邻居是 4 个圆和 5 个正方形，如图 7-6 所示。其中，正方形所在的类出现的频率较高，遵循少数服从多数原则，可判定待分类的三角形属于正方形所在的类。

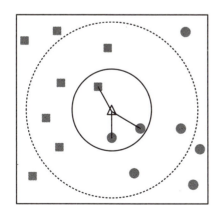

图 7-5 分类任务（$k=3$）

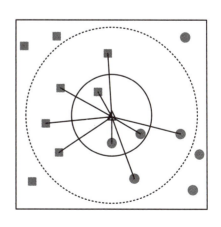

图 7-6 分类任务（$k=9$）

学有所获

从例 7-1 中可看出，K 近邻分类算法的结果很大程度上取决于 k 的值，而 k 值的选择需要根据数据决定。不同的 k 值对预测结果的影响不同。

k 值越小，意味着只有与输入样本较近的训练样本才会对预测结果起作用，但容易出现过拟合现象；k 值越大，意味着与输入样本较远的训练样本也会对预测结果起作用，模型预测结果的偏差会越大，甚至出现欠拟合的现象。

添砖加瓦

K 近邻分类算法的 3 个基本要素是 k 值的选择、距离度量和分类决策规则。

2. 决策树分类算法

决策树分类（decision tree classification，DTC）**算法**是一种通过对样本数据进行学习，构建一个决策树模型，实现对新数据分类和预测的算法，是最直观的分类算法。**决策树**是一种树形结构，表示通过一系列规则对数据进行分类的过程。

决策树分类算法

决策树由 3 个主要部分组成，即决策节点、分支和叶子节点。其中，决策节点即为非叶子节点，代表某个样本数据的特征（属性）；每个分支代表这个特征（属性）在某个值域上的特征值（属性值）；每个叶子节点代表一个类别，如图 7-7 所示。

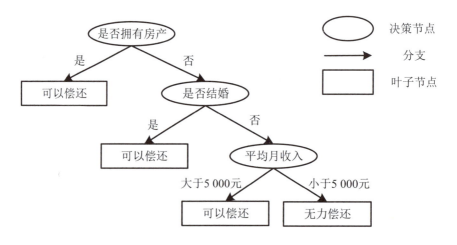

图 7-7　决策树示意图

图 7-7 是一棵结构简单的决策树,用于预测贷款用户是否有能力偿还贷款。其中,贷款用户主要具备 3 个特征,即是否拥有房产、是否结婚和平均月收入,它们所在的节点分别表示一个特征条件,用于判断贷款用户是否符合该特征。叶子节点表示预测贷款用户是否有能力偿还贷款。

决策树分类算法主要借助决策树模型实现分类。它主要包含两部分,即决策树学习和决策树分类。

(1)决策树学习的目标是根据给定的训练集构建一个决策树模型,且该模型能够对实例进行正确的分类。决策树学习通常包括 3 个步骤,即特征选择、决策树的生成和决策树的剪枝。

添砖加瓦

决策树学习本质上是从训练集中归纳出一组分类规则,而对训练集进行正确分类的规则有多种,因此决策树也可能有多个。在选择决策树时,应选择泛化能力(即对新鲜样本的适应能力)好的决策树。

① 特征选择是指选取对训练集具有分类能力的特征,有利于提高决策树的学习效率。常用的特征选择指标有信息增益、信息增益比、基尼系数等。

添砖加瓦

特征选择是决策树学习中非常重要的一步,它决定用哪个特征来划分特征空间。

学以修身

不同的特征选择指标对应不同的算法,它们各有优缺点。在实际应用时,可根据待解决的问题进行具体分析,然后选择最适用的算法。

世界上的事物不是孤立存在的,大家在学习和工作中,要坚持运用科学、辩证的观点和思想方法全面客观地了解事物和分析问题,既要观察事物之间的相互联系,又要关注事物之间的相互区别,多方面综合考虑并重视其各种构成因素之间的关系,避免顾此失彼。

② 决策树的生成是指在决策树各个点上按照一定方法选择特征,递归构建决策树。常通过计算信息增益或其他指标,选择最佳特征。从根结点开始,递归地产生决策树,不断地选取局部最优的特征,将训练集分割成不同子集,达到基本正确分类的目标。

③ 决策树的剪枝是指在已生成的决策树上减掉一些子树或叶节点，从而简化决策树模型，缓解过拟合。常用的剪枝方法有预剪枝和后剪枝。

添砖加瓦

预剪枝是在构造决策树的同时进行剪枝，通过设定一个阈值实现剪枝。由于选择合理的阈值比较困难，因此该方法不常用。

后剪枝是在决策树生成之后，对树进行剪枝，得到简化版的决策树。常用的后剪枝算法有错误率降低剪枝（REP）、悲观剪枝（PEP）等。

学有所获

理想的决策树有 3 种，即叶子节点数最少、叶子节点深度最小、叶子节点数最少且叶子节点深度最小。

（2）决策树分类的目的是利用决策树模型对实例进行分类。下面通过例 7-2 说明如何用决策树进行分类。

【例 7-2】 现有一名贷款用户小王，他没有房产、没有结婚、平均月收入 8 000 元。请根据图 7-7 中的决策树预测小王是否有能力偿还贷款。

【解】 ① 小王没有房产，所以"是否拥有房产"的特征值取"否"。根据决策树的根节点判断，小王符合右边的分支。

② 小王没有结婚，所以"是否结婚"的特征值取"否"。根据决策树的决策节点判断，小王符合右边的分支。

③ 小王平均月收入 8 000 元，所以"平均月收入"的特征值取"大于 5 000 元"。根据决策树的决策节点判断，小王符合左边的分支。可见，最终对贷款用户小王是否有能力偿还贷款的预测落在了"可以偿还"的叶子节点上。

因此，贷款用户小王有能力偿还贷款。

（3）综上所述，决策树分类算法的实现流程可用图 7-8 表示。

① 创建数据集。

② 对数据集进行预处理，得到训练集、验证集和测试集。

第7章 机器学习

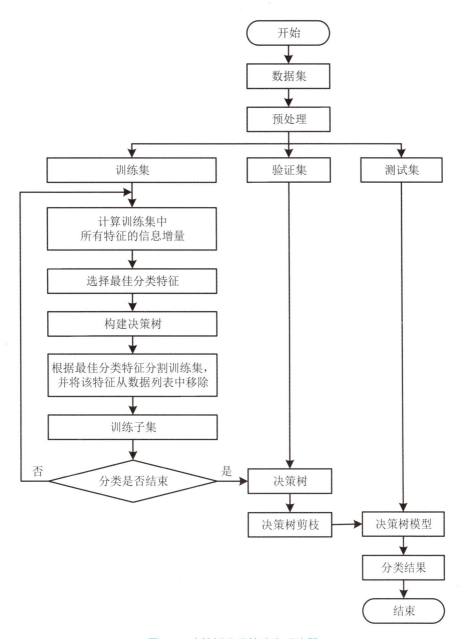

图 7-8　决策树分类算法实现流程

高手点拨

训练集用来决定构建决策树过程中每个结点划分所选择的特征。

验证集用来对决策树进行剪枝。在预剪枝中，验证集用于决定该结点是否有必要依据该特征展开；在后剪枝中，验证集用于判断该结点是否需要剪枝。

> 测试集用来评估决策树模型的泛化能力。

③ 计算训练集中所有特征的信息增益。

知识库

> 信息增益是指以某特征划分后，数据集前后信息熵的差值。它是决策树特征选择的一个重要指标，信息增益越大，特征的选择性越好。信息熵可以表示样本集合的不确定性，信息熵越大，样本的不确定性就越大。

④ 选择信息增益最大的特征作为最佳分类特征。
⑤ 构建决策树。
⑥ 根据最佳分类特征分割训练集，并将该特征从数据列表中移除。
⑦ 训练集分割后得到训练子集，可将其视为新的训练集。
⑧ 判断分类是否结束，若结束，得到决策树，继续⑨；否则转向③。
⑨ 对训练集进行训练（学习）后得到决策树。
⑩ 利用验证集对决策树进行剪枝。

高手点拨

> 该决策树分类算法流程中对决策树采用的是后剪枝方法。
> 后剪枝方法中，要求先利用训练集生成一棵完整的决策树，然后利用验证集自底向上地对非叶子节点进行考察，若将该节点对应的子树替换为叶子节点能使模型泛化性能提升，则将该子树替换为叶子节点。

⑪ 获得简化的决策树模型，并将其应用于测试阶段。
⑫ 利用决策树模型对测试集进行分类，获得分类结果，算法结束。

7.2.3 回归任务

回归是通过已有数据进行学习，拟合出一个回归函数或构造出一个回归模型，该函数或模型可以将待测试的数据集映射到某个给定的值，从而实现数据预测。

回归任务通常用来预测一个值，如预测房价、预测股价等。若一个产品的实际价格为500元，通过回归分析预测值为499元，则认为这是一个比较好的回归分析。回归是对真实值的一种逼近预测。

在机器学习领域中，回归任务的实现需要先对数据样本点进行拟合，再根据拟合出来的函数对输入的新数据进行输出预测，如图7-9所示。

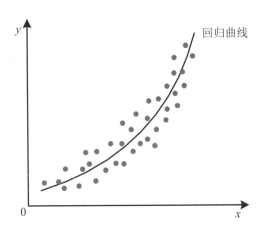

图 7-9 回归任务

图 7-9 中，圆表示带有标签的训练数据；回归曲线表示经过训练后获得的回归函数或回归模型。若该回归任务表示对商品价格走势的预测（x 表示年份，y 表示商品价格），则由回归函数可以预测未来某年的商品价格。

回归任务的求解过程与分类任务的求解过程类似，这里不再赘述。

学有所获

> 分类任务与回归任务的联系与区别如下。
> （1）联系：它们都是有监督学习，且用于训练的数据集都有标签。
> （2）区别：它们预测结果的数据类型不同。分类任务预测的是一个类别标签，属于离散型数据；回归任务预测的是一个值，属于连续型数据。例如，"预测明天天气是阴、晴还是雨"是一个分类任务；"预测明天的气温是多少度"是一个回归任务。

回归任务中常用的核心算法有 K 近邻回归算法、决策树回归算法、贝叶斯回归算法、支持向量机回归算法和人工神经网络等。下面详细介绍 K 近邻回归算法和决策树回归算法。

1. K 近邻回归算法

K 近邻思想不仅可应用于分类任务，还可应用于回归任务。K 近邻回归（K-nearest neighbors regression，KNNR）算法的核心思想是找出一个样本的 k 个最近邻居，将这些邻居的某个（些）特征的平均值赋给该样本，就可以得到该样本对应特征的值。

K 近邻回归算法可用以下 5 步描述。

（1）计算已知训练集中各点与当前待预测点之间的距离。

> **提示**
>
> K 近邻回归算法中两个样本点间距离的计算方法和 K 近邻分类算法中相同,都是使用欧氏距离公式或曼哈顿距离公式。

(2)按照距离递增的顺序排序。

(3)选取与当前点距离最小的 k 个点。

(4)计算选取的 k 个点在某特征上的平均特征值。

(5)将该平均特征值赋值给待检测点,便得到了该样本的某特征值。

【例 7-3】 由于资金紧张,小李计划将他的一套一居室的房子出售,已知该房子附近的房价如表 7-3 所示。请采用 K 近邻回归算法帮小李给这套房子定价格。

表 7-3 小李房子附近的房价

户 型	房价(万)	距离小李房子的距离(米)
一居室	43	8
一居室	56	10
一居室	60	11
一居室	52	19
两居室	90	25

【解】 取 $k=3$,离小李房子最近的 3 个邻居是表 7-3 中前 3 条数据,这 3 个房源的房价平均值为 $(43+56+60)\div 3=53$ 万,因此可将小李的房子定价为 53 万。

2. 决策树回归算法

决策树回归(decision tree regression,DTR)算法 通过寻找样本中最佳的特征及特征值作为最佳分割点,构建决策树,同时将训练样本划分为若干个区间,基于每个区间计算样本均值,该均值即为预测值。

决策树回归算法

回归算法生成的决策树是二叉树结构(见图 7-10),其内部非叶子节点特征的取值都为"是"或"否",所以对数据样本划分的边界是平行于坐标轴的,如图 7-11 所示。其中,A、B、C、D、E 对应每个区间的输出。

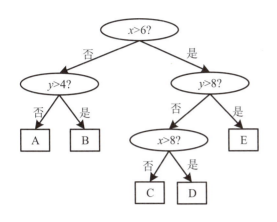

图 7-10 决策树（二叉树结构）

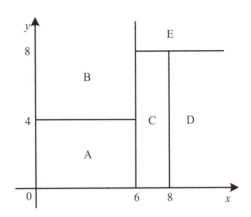

图 7-11 划分边界示意

对于某测试数据，只需要根据特征将其归到某个区间，便可得到对应的输出值。例如，某测试数据的特征是一个二维向量(7,7)，第一维分量 7 介于 6 和 8 之间，第二维分量 7 小于 8，则根据图 7-10 的决策树可判断(7,7)所在的划分区间，其对应的输出值为 C。

决策树回归算法的核心问题是选择切分点与确定输出值。

（1）切分点是指将训练集划分为两部分的某一特征的值。其中，该特征称为切分变量。最优的特征和特征值是通过比较不同划分的误差确定的。其中，一个样本空间划分的误差是用真实值和划分区域预测值的最小二乘来衡量。因此，可用最小二乘法选择切分点。

（2）输出值是指划分的区域所代表的值，通过计算区域内所有特征值的均值确定。

下面通过例 7-4 描述决策树回归算法的具体实现流程。

【例 7-4】 现有用于训练的数据集如表 7-4 所示。其中，x 表示特征向量，且只有一维，y 表示特征值。请根据此数据表建立回归决策树，并预测 $x=10$ 时，y 的值。

表 7-4 数据集

x	1	2	3	4	5	6	7	8	9	11
y	5.56	5.7	5.91	6.4	6.8	7.05	8.9	8.7	9	9.05

【解】 因为在该数据集中只有一个变量 x，所以切分变量必然选择 x。分析切分变量的取值，可考虑 9 个切分点，即 1.5、2.5、3.5、4.5、5.5、6.5、7.5、8.5、10。

高手点拨

在实际应用中，切分点可取切分变量的两个相邻取值间任意一点。

(1)计算第1个切分点。当切分点 $s=1.5$ 时,将数据划分为两部分,如图 7-12 所示。

x	1	2	3	4	5	6	7	8	9	11
y	5.56	5.7	5.91	6.4	6.8	7.05	8.9	8.7	9	9.05

第一部分数据 　　　　　　　　　　第二部分数据

图 7-12　数据划分($s=1.5$)

计算两部分数据的输出值,即

$$C_1 = 5.56 \div 1 = 5.56$$
$$C_2 = (5.7 + 5.91 + 6.4 + 6.8 + 7.05 + 8.9 + 8.7 + 9 + 9.05) \div 9 \approx 7.50$$

利用损失函数计算切分点 $s=1.5$ 的损失函数值,即

$$Loss = (5.56 - 5.56)^2 + (5.7 - 7.50)^2 + (5.91 - 7.50)^2 + (6.4 - 7.50)^2 + (6.8 - 7.50)^2 +$$
$$(7.05 - 7.50)^2 + (8.9 - 7.50)^2 + (8.7 - 7.50)^2 + (9 - 7.50)^2 + (9.05 - 7.50)^2$$
$$\approx 15.72$$

高手点拨

损失函数是指划分区域中样本特征真实值和划分区域预测值的最小二乘,其计算公式为

$$Loss(j,s) = \sum_{x_i \in R_1(j,s)} (y_i - C_1)^2 + \sum_{x_i \in R_2(j,s)} (y_i - C_2)^2$$

其中,j 表示切分变量,此处取 x;s 表示切分点,此处取 1.5;$R_1(j,s)$ 和 $R_2(j,s)$ 表示经过切分点 s 划分之后获得的两部分区域;x_i 表示样本特征;y_i 表示特征值;C_1 和 C_2 分别表示两部分区域的输出值。

同理计算其他分割点的损失函数值,其结果如表 7-5 所示。

表 7-5　切分点的损失函数值

s	1.5	2.5	3.5	4.5	5.5	6.5	7.5	8.5	10
C_1	5.56	5.63	5.72	5.89	6.07	6.24	6.62	6.88	7.11
C_2	7.5	7.73	7.99	8.25	8.54	8.91	8.92	9.03	9.05
Loss	15.72	12.07	8.36	5.78	3.91	1.93	8.01	11.73	15.74

从表 7-5 中容易看出,当 $s=6.5$ 时,$Loss=1.93$ 最小,所以第 1 个切分点为 $s=6.5$。

切分点 s=6.5 可将数据划分为两部分，如图 7-13 所示。之后分别对这两部分数据进行划分，确定每一部分数据的切分点。

x	1	2	3	4	5	6	7	8	9	11
y	5.56	5.7	5.91	6.4	6.8	7.05	8.9	8.7	9	9.05

x<6.5　　　　x>6.5

图 7-13　数据划分（s=6.5）

（2）计算第 2 个切分点。当切分点 s=1.5 时，将 x<6.5 的数据划分为两部分，如图 7-14 所示。

x	1	2	3	4	5	6	7	8	9	11
y	5.56	5.7	5.91	6.4	6.8	7.05	8.9	8.7	9	9.05

x<6.5　　　　x>6.5

图 7-14　数据划分（s=1.5）

计算两部分数据的输出值，即

$$C_1 = 5.56 \div 1 = 5.56$$

$$C_2 = (5.7 + 5.91 + 6.4 + 6.8 + 7.05) \div 5 \approx 6.37$$

利用损失函数计算切分点 s=1.5 的损失函数值，即

$$Loss = (5.56 - 5.56)^2 + (5.7 - 6.37)^2 + (5.91 - 6.37)^2 + (6.4 - 6.37)^2 + (6.8 - 6.37)^2 + (7.05 - 6.37)^2$$

$$\approx 1.31$$

同理计算其他分割点的损失函数值，其结果如表 7-6 所示。

表 7-6　切分点的损失函数值

s	1.5	2.5	3.5	4.5	5.5
C_1	5.56	5.63	5.72	5.89	6.07
C_2	6.37	6.54	6.75	6.93	7.05
$Loss$	1.31	0.75	0.28	0.44	1.06

从表 7-6 中容易看出，当 s=3.5 时，$Loss$=0.28 最小，所以第 2 个切分点为 s=3.5。

（3）计算第 3 个切分点。当切分点 s=7.5 时，将 x>6.5 的数据划分为两部分，如图 7-15 所示。

x	1	2	3	4	5	6	7	8	9	11
y	5.56	5.7	5.91	6.4	6.8	7.05	8.9	8.7	9	9.05

$x<6.5$ $x>6.5$

图 7-15   数据划分（$s=7.5$）

计算两部分数据的输出值，即

$$C_1 = 8.9 \div 1 = 8.9$$

$$C_2 = (8.7 + 9 + 9.05) \div 3 \approx 8.92$$

利用损失函数计算切分点 $s=7.5$ 的损失函数值，即

$$Loss = (8.7 - 8.92)^2 + (9 - 8.92)^2 + (9.05 - 8.92)^2 \approx 0.07$$

同理计算其他分割点的损失函数值，其结果如表 7-7 所示。

表 7-7   切分点的损失函数值

s	7.5	8.5	10
C_1	8.9	8.8	8.87
C_2	8.92	9.03	9.05
Loss	0.07	0.02	0.05

从表 7-7 中容易看出，当 $s=8.5$ 时，$Loss=0.02$ 最小，所以第 3 个切分点为 $s=8.5$。

（4）设划分已满足问题要求，则划分后得到的区域有 4 个，即

① $x \leq 3.5$，该区域的输出值为 $y = (5.56 + 5.7 + 5.91) \div 3 \approx 5.72$。

② $3.5 < x \leq 6.5$，该区域的输出值为 $y = (6.4 + 6.8 + 7.05) \div 3 = 6.75$。

③ $6.5 < x \leq 8.5$，该区域的输出值为 $y = (8.9 + 8.7) \div 2 = 8.8$。

④ $x > 8.5$，该区域的输出值为 $y = (9 + 9.05) \div 2 \approx 9.03$。

由此构造的决策树如图 7-16 所示。

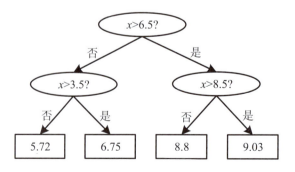

图 7-16   决策树

如果特征 $x=10$，则对应的特征值为 9.03。

📘 添砖加瓦

分析划分区域可知，决策树回归模型是一个分段函数，即

$$y = \begin{cases} 5.72 & x \leq 3.5 \\ 6.75 & 3.5 < x \leq 6.5 \\ 8.8 & 6.5 < x \leq 8.5 \\ 9.03 & x > 8.5 \end{cases}$$

🚩 指点迷津

在计算过程中，当计算结果除不尽时，奉行四舍五入的原则，且小数点后保留两位数。

7.2.4 案例：手写数字识别

机器学习的深入研究和计算机性能的提升，为手写数字识别技术的实现提供了理论基础和硬件支持。现有大量的手写数字图片，请分析利用计算机实现手写数字识别的基本原理与方法。

▶ 高手点拨

首先分析题意发现，手写数字识别是识别图片上的数字是几，由此可见数据集不仅含有手写数字的特征，还含有图片对应的数字标签。因此，可采用有监督学习的方法构建手写数字识别模型。

数字都是由 0~9 组成的，由此可将手写数字识别理解为分类任务，即将手写数字分成 10 类，每一类分别代表数字 0~9。

【解】 手写数字识别的基本原理可理解为利用图片的标签和图片中数字形状的基本特征，如圈、端点、弧、凸起、凹陷和笔画等，去训练识别模型，并不断地调整模型中的参数，最终获得具有良好识别效果的模型。

计算机通过对手写数字图片进行学习，可构建出一个手写数字识别模型，实现智能识别。其学习过程可用图 7-17 描述。

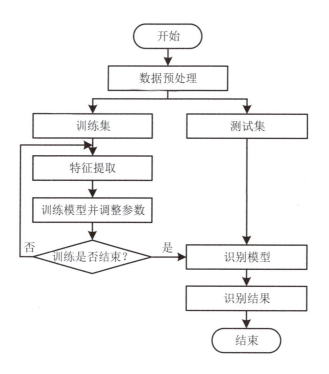

图 7-17　手写数字识别模型学习过程

（1）对数据集（手写数字图片）进行预处理，将其分成训练集和测试集。

（2）提取图片中数字形状的基本特征，如圈、端点、弧、凸起、凹陷和笔画等。

知识拓展

手写数字主要以图片的形式表示，图片在计算机中主要以矩阵的形式存储，如图 7-18 所示。因此，图片中数字形状的基本特征可用矩阵的形式存储于计算机中。

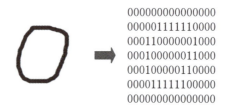

图 7-18　手写数字图片的存储

（3）训练模型并调整参数。计算机利用图片的标签和对应的数字基本特征训练模型，训练过程中不断地调整模型中的参数，提高模型的识别能力。

（4）判断训练是否结束。训练结束的条件有多种，这里将训练集中的数据全部训练完作为训练结束的标志。若训练结束，则继续；若未结束，则转向（2）。

（5）获得识别模型。

（6）输出识别结果。利用识别模型对测试集中数据进行识别并输出识别结果。

7.3 无监督学习

7.3.1 什么是无监督学习

无监督学习是在没有标签的数据集里发现数据之间潜在关系的学习方法。例如，根据聚类或一定的模型得到数据之间的关系。无监督学习是一种没有明确目的的学习方法，无法提前知道结果，且它的学习效果几乎无法量化。无监督学习模型的一般建立流程可用图 7-19 描述。

图 7-19 无监督学习模型的一般建立流程

> **提示**
>
> 划分测试集是为了评估模型的准确率，也就是要将预测标签与真实标签进行对比，因为无监督学习中的数据是没有标签的，所以划分测试集没有意义。

下面以小朋友对水果的分类为例说明无监督学习的学习过程。桌子上随意摆放了 8 个未知种类的水果，它们具有不同的外部特征，如颜色、形状等。有一个小朋友第一次见这些水果，不认识它们是什么种类的水果。其中，未知种类的水果是无标签的数据集，水果的外部特征是数据集的特征向量。

小朋友通过观察水果的颜色和形状，发现有些水果的颜色和形状相同。因此，可将相同颜色和形状的水果放在一起。小朋友观察水果外部特征并发现规律的过程就是无监督学习的训练过程。

小朋友发现规律之后，将所有具有相似特征的水果放在一起，得到 n（$n<8$）堆水果。这 n 堆水果就是数据间的关系体现。

添砖加瓦

有监督学习与无监督学习的区别如下。

（1）有监督学习是一种目的明确的训练方式，即可以提前预知结果；而无监督学习则是没有明确目的的训练方式，即无法提前预知结果。

（2）有监督学习使用的数据需要提前打上标签；而无监督学习不需要给数据打上标签。

（3）在有监督学习中，预测模型性能的判断标准是预测值越贴近目标标签或目标值越好；而在无监督学习中，模型性能没有明确的判断标准。

机器学习中，采用无监督学习方法建模的任务有聚类任务。

7.3.2 聚类任务

聚类是按照某个特定标准把一个数据集分割成不同的类，使得同一个类内的数据对象之间相似性尽可能大，同时不在同一个类中的数据对象之间差异性也尽可能大。可见，聚类后同一类的数据尽可能聚集到一起，不同类数据尽量分离。

聚类任务是指根据输入的特征向量寻找数据（没有标签）的规律，并将类似的样本汇聚成类，如图7-20所示。聚类任务常用于对目标群体进行多指标划分。例如，现有多个客户的购物记录数据，且未对数据进行标记，通过聚类任务将具有相同购物习惯的客户汇聚成类，不同类中的客户购买的商品种类不同，店铺运营即可根据该反馈信息向客户推荐相关商品。

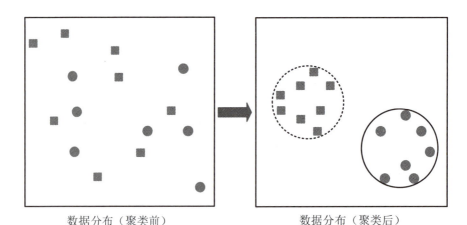

图7-20 聚类任务

添砖加瓦

> 由于聚类任务中的数据没有标签,所以不知道输入数据的输出结果是什么,但是可以清晰地知道输入数据属于数据的哪一类。

聚类任务的求解过程可简化为以下 5 步。

(1)数据预处理,包括选择数量、类型和特征的标度。

(2)定义一个衡量数据点间相似度的距离函数。

(3)进行聚类或分组,即将数据对象划分到不同的类中。

(4)评估聚类结果。一般来说,通过几何性质来评价聚类结果的质量,包括类间的分离和类内部的耦合。

聚类任务中常用的方法有很多,如划分聚类方法、层次聚类方法、基于密度的方法、基于网格的方法和基于模型的方法等,它们的简介如表 7-8 所示。

表 7-8 常用聚类方法

聚类方法	简　介	代表算法
划分聚类方法	根据某特征向量将含有 N 个样本或示例的数据集划分成 K($K<N$)个分组,每一个分组就代表一个聚类	K 均值聚类算法、K-MEDOIDS 算法、CLARANS 算法等
层次聚类方法	对给定的数据集进行类似层次的分解,直到满足某种条件为止。根据层次分解的顺序可分为自底向上和自顶向下两种	BIRCH 算法、CURE 算法、CHAMELEON 算法等
基于密度的方法	只要一个区域中点的密度大过某个阈值,就把它加到与之相近的聚类中	DBSCAN 算法、OPTICS 算法、DENCLUE 算法等
基于网格的方法	将数据空间划分成有限个单元的网格结构,所有的处理都以单个的单元为对象	STING 算法、CLIQUE 算法、WAVE-CLUSTER 算法等
基于模型的方法	给每一个聚类假定一个模型,然后去寻找能够很好地满足这个模型的数据集	基于统计的模型、基于神经网络的模型等

下面详细介绍划分聚类方法中的 K 均值聚类算法。

K 均值聚类算法(K-means clustering algorithm)也称为 K-means 算法,是很典型的基于距离的聚类算法,它采用距离作为相似性的评价指标,即认为两个样本数据的距离越近,其相似度就越大。而且,该算法认为类是由距离靠近的对象组成的,因此其最终目标是获得紧凑且独立的类。

K 均值聚类算法的基本思想是基于给定的聚类目标函数,采用迭代更新的方法,按照数据对象间的距离大小,将数据集划分为 K 类。每一次迭代过程目标函数都是向减小的方向进行,最终聚类结果使目标函数取得极小值,因此获得较好的聚类效果。

K 均值聚类算法是一种已知聚类类别数的划分算法,其算法实现流程可用图 7-21 描述。

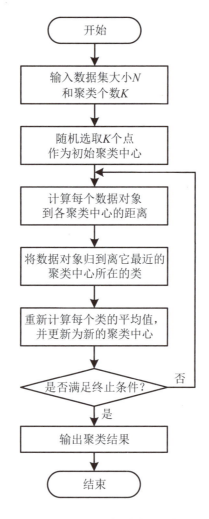

图 7-21　K 均值聚类算法实现流程

(1) 输入数据集大小 N 和聚类个数 K。

添砖加瓦

一般来说,K 值是根据对数据的先验知识选择的,但是若没有什么先验知识,则可以通过交叉验证法选择合适的 K 值。

（2）随机选取 K 个数据点作为初始聚类中心。

提示

K 个初始聚类中心的位置选择对最终的聚类结果和运行时间有很大的影响。因此，选取的初始聚类中心之间距离不宜太近。

（3）计算每个数据对象到各聚类中心的距离。

添砖加瓦

K 均值聚类算法中利用数据对象到各聚类中心的距离衡量两者之间的相似度，常用的距离计算方法有欧几里得距离、曼哈顿距离、闵可夫斯基距离和皮尔逊系数等。

（4）将数据对象归到离它最近的聚类中心所在的类。聚类中心和分配给它的数据对象就代表一个聚类。

（5）重新计算每个类的平均值，并更新为新的聚类中心。

提示

在每次迭代中都要考察每个样本的分类是否正确，若不正确，就要及时调整。在全部数据调整完后，再修改聚类中心，进入下一次迭代。

（6）判断是否满足终止条件，若满足，则继续；否则，转向（3）。

添砖加瓦

K 均值聚类算法的3种终止条件如下。

（1）聚类中心不再发生变化。如果相邻两次的聚类中心没有任何变化，说明数据对象调整结束，聚类函数已经收敛，算法结束。

（2）没有数据对象重新分配给不同的聚类。如果在一次迭代算法中，所有数据对象都正确分类，则数据对象不会再做调整，聚类中心也不会有任何变化，这标志着聚类函数已经收敛，算法结束。

（3）新计算出来的聚类中心和原来聚类中心之间的距离小于某个设置的阈值。

（7）输出聚类结果，聚类结束。

K 均值聚类算法凭借原理简单、实现容易和收敛速度快等优点在多个领域有着广泛的应用，如发现不同的客户群（商业领域）、对基因进行分类（生物领域）、向客户提供更合适的服务（电子商务）等。

7.3.3 案例：数据划分

某保险公司计划统计上个月购买保险的客户年龄数据，并将这些数据划分为 3 类，已知客户的年龄数据如表 7-9 所示。请帮助该公司完成数据划分。

扫一扫

数据划分

表 7-9 客户年龄数据

客户	1	2	3	4	5	6	7	8	9	10	11	12	13	14	15
年龄	10	29	34	55	56	71	65	8	3	54	48	26	66	68	51

【解】（1）由题意可知，数据集大小 N=15，聚类个数 K=3。

（2）随机选取 3 个数据点作为初始聚类中心，如选择 3、34 和 55 作为类别的初始聚类中心。

（3）采用欧几里得距离公式计算每个数据对象到各聚类中心的距离，计算结果如表 7-10 所示。

表 7-10 数据对象到聚类中心的距离

年龄			10	29	34	55	56	71	65	8	3	54	48	26	66	68	51
距离	聚类中心	3	7	26	31	52	53	68	62	5	0	51	45	23	63	65	48
		34	24	5	0	21	22	37	31	26	31	20	14	8	32	34	17
		55	45	26	21	0	1	16	10	47	52	1	7	29	11	13	4

添砖加瓦

欧几里得距离公式为 $d = sqrt(\sum_{i=1}^{n}(x_{i1} - x_{i2})^2)$。由于该数据集中特征变量只有年龄，所以 $n=1$，即 $d = sqrt((x_1 - x_2)^2)$。

（4）将数据对象归到离它最近的聚类中心所在的类，得到的聚类结果如表 7-11 所示。

（5）重新计算每个类的平均值，并更新为新的聚类中心，如表 7-11 所示。

表 7-11　聚类结果和新的聚类中心

聚类中心	聚类结果	类的平均值	新的聚类中心
3	10、8、3	7	7
34	29、34、26	30	30
55	55、56、71、65、54、48、66、68、51	59	59

（6）判断是否满足终止条件，即聚类中心是否不再发生变化。若满足，则继续；否则，转向（3）。第 1 次迭代结束后，聚类中心由原来的 3、34 和 55 转变为 7、30、59，继续进行第 2 次迭代。

第 2 次迭代后发现，聚类中心不再发生变化，因此满足终止条件。

拓展训练

请计算第 2 次迭代过程中每个数据对象到各聚类中心的距离，以及新的聚类中心。

（7）输出聚类结果，聚类结束。聚类结果将数据划分为 3 类，每一类中包含的数据如表 7-12 所示。

表 7-12　聚类结果

编　号	聚类结果
1	10、8、3
2	29、34、26
3	55、56、71、65、54、48、66、68、51

7.4　本章实训：人脸识别

1．实训目的

（1）熟悉机器学习的概念、分类和应用场景。
（2）理解有监督学习和无监督学习的学习过程。
（3）掌握分类任务、回归任务和聚类任务的原理与实现方法。

2．实训内容

查阅有关人脸识别技术的资料并完成实验报告。

3．实训要求

人脸识别是人工智能的一项重要研究，它在当前社会中有着广阔的应用前景。请查阅资料，了解人脸识别技术，掌握其实现原理，总结其算法模型，同时探索它在当前社会中的应用领域。

4．实训步骤

（1）查阅资料，了解当前的人脸识别技术。

（2）分析人脸识别技术的实现方法及其原理。

（3）总结人脸识别技术的算法模型。

（4）总结人脸识别技术在当前社会中的应用领域，并分析其优缺点。

5．实训报告要求

（1）简述人脸识别技术的实现方法。

（2）总结人脸识别技术的模型结构并画出模型图。

（3）论述人脸识别在当今社会中的应用领域。

（4）总结实训的心得体会。

本章小结

本章主要介绍了机器学习的相关知识。通过本章的学习，读者应重点掌握以下内容。

（1）机器学习是通过各种算法从数据中学习如何完成任务，并获得完成任务方法的一门学科。它可以对数据进行自动分析，并从中获得规律或模型，然后利用规律或模型对未知数据进行预测。它是人工智能的核心，是使计算机具有智能的重要途径。

（2）有监督学习是利用含有标签的数据集对学习模型进行训练，然后得到预测模型，最后利用测试集对预测模型的性能进行评估的学习方法。

（3）基于有监督学习方法建模的任务有分类任务和回归任务。分类任务通常用于将事物打上一个标签，其结果为离散值。回归任务常用来预测一个值，其结果为连续值。

（4）无监督学习是在没有标签的数据集里发现数据之间潜在关系的学习方法。

（5）聚类任务是指根据输入的特征向量寻找数据（没有标签）的规律，并将类似的样本汇聚成类，它的实现过程是典型的无监督学习。

思考与练习

1．选择题

（1）利用含有标签的数据集对学习模型进行训练的学习形式是（　　）。

  A．有监督学习　　　　　　　　B．无监督学习

  C．A、B 两者都是　　　　　　D．A、B 两者都不是

（2）采用有监督学习方法建模的任务有（　　）。

  A．分类任务和聚类任务　　　　B．聚类任务和回归任务

  C．分类任务和回归任务　　　　D．分类任务、回归任务和聚类任务

（3）预测房价或股票属于什么任务？（　　）

  A．分类任务　　　　　　　　　B．回归任务

  C．聚类任务　　　　　　　　　D．A、B、C 都不是

（4）决策树回归算法的核心问题是（　　）。

  A．选择切分点　　　　　　　　B．确定输出值

  C．确定输入值　　　　　　　　D．选择切分点与确定输出值

2．填空题

（1）K 近邻分类算法的 3 个基本要素是_____、_____和_____。

（2）决策树分类算法主要包含两部分，即_____和_____。

（3）无监督学习是在_____的数据集里发现数据之间潜在的关系。

（4）聚类任务是指根据输入的_____寻找数据（没有标签）的规律，并将类似的样本汇聚成类。

3．简答题

（1）简述机器学习的基本思路。

（2）简述分类任务与回归任务的联系与区别。

（3）简述有监督学习和无监督学习的区别。

第 8 章
专家系统

本章导读

专家系统是计算机实现智能的一项重要技术，它应用于医学、地质、气象、教育、机械、交通运输和计算机等多个领域。可见，随着专家系统的迅速发展，不同的应用领域逐渐走向智能化，同时还带来了巨大的社会效益和经济效益，为社会的发展提供了良好的助力。

本章先对专家系统的概念、特点、发展、类型、应用等进行概述，然后详细介绍专家系统的基本结构和开发过程，最后对医学专家系统进行分析。

学习目标

- 熟悉专家系统的概念、特点、类型和应用。
- 掌握专家系统的基本结构。
- 掌握专家系统的开发过程。

素质目标

- 了解卓越创新科技，开阔视野，激发创新思维，增强科技兴国的理念。
- 关注科技民生新消息，坚持以人民为中心，培养爱国主义精神。

8.1　专家系统概述

8.1.1　专家系统的概念与特点

专家系统（expert system）是一个或一组能够在某些特定领域，应用大量的专家知识和推理方法解决复杂实际问题的计算机系统。换句话说，专家系统含有某领域内专家提供的大量专门知识与经验，根据这些知识和经验，通过人工智能理论进行推理和判断，解决某些需要人类专家处理的复杂问题。

专家系统是早期人工智能的一个重要分支，它的主要特点如表 8-1 所示。

表 8-1　专家系统的特点

特　点	介　绍
知识丰富	积累了大量专家的知识和经验
进行有效推理	专家系统能综合利用不确定的信息和知识进行推理，并得出结论
启发性	专家系统运用专门知识和经验进行推理、判断和决策
透明性	专家系统具有解释功能，不仅能回答用户提出的问题，还可以给出答案的依据，有利于提高用户与系统之间的透明度
灵活性	知识与推理机间既相互联系又相互独立，使专家系统具有良好的可维护性和可扩展性
交互性	专家系统一般都是交互式系统，具有较好的人机交互界面

8.1.2　专家系统的起源与发展

20 世纪 60 年代初，出现了一些运用逻辑学去模拟人类心理活动的通用问题求解程序，它们不仅可以证明定理，还可以进行逻辑推理。但是针对大的实际问题，这些通用方法很难把实际问题改造成适合于计算机解决的形式，并且对于解题所需的巨大搜索空间也难于处理。

1968 年，斯坦福大学费根鲍姆等人基于通用问题求解程序的成功与失败经验，结合化学领域的专业知识，研制了世界上第一个专家系统——DENDRAL 系统，用于推断化学分子结构。

专家系统实现了人工智能从理论研究走向实际应用、从一般推理策略探讨转向运用专业知识求解问题的重大突破。目前，专家系统的发展过程已经经历了 3 个阶段，并正向第 4 个阶段过渡和发展，每一阶段的专家系统都各具特色，如图 8-1 所示。

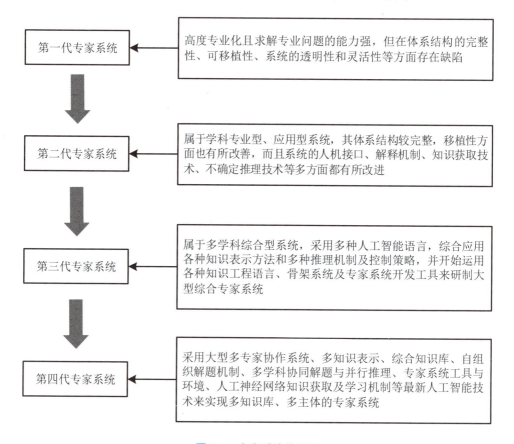

图 8-1　专家系统的发展

8.1.3　专家系统的类型

从不同的角度，根据不同的方式，可以将专家系统划分为不同的类型。

（1）按用途分类，专家系统可分为解释型、预测型、诊断型、设计型、规划型、监视型和教学型等多种类型。

（2）按输出结果分类，专家系统可分为分析型和设计型。

（3）按知识表示分类，专家系统可分为一阶谓词逻辑、产生式规则、语义网络和框架等。

（4）按知识的确定性分类，专家系统可分为确定性知识推理和不确定性知识推理。

（5）按采用的技术分类，专家系统可分为符号推理型和神经网络型。

（6）按规模分类，专家系统可分为大型协同式专家系统和微专家系统。

（7）按结构分类，专家系统可分为集中式和分布式，单机型和网络型。

其中，对不同用途专家系统的具体描述如表 8-2 所示。

表 8-2 不同用途的专家系统描述

专家系统	任务	特点	举例
解释型专家系统	通过对已知信息和数据的分析与解释，确定它们的含义	系统处理的数据量大，且数据往往是不准确的、有错误的或不完全的	语音理解、图像分析、系统监视、化学结构分析和信号解释等
		系统能够从不完全的信息中得出解释，并能对数据做出某些假设	
		系统的推理过程可能很复杂或很长，要求系统具备解释自身推理过程的能力	
预测型专家系统	通过对过去和现在已知状态的分析，推断未来可能发生的情况	系统处理的数据随时间变化，且数据可能是不准确和不完全的	天气预报、军事预测、人口预测、交通预测、经济预测等
		系统需要有适应时间变化的动态模型，能够从不准确和不完全的信息中获得推断，并快速响应	
诊断型专家系统	根据取得的现象、数据或事实推断出系统是否有故障，并找出产生故障的原因，同时提供排除故障的方案	系统能够了解被诊断对象或客体各组成部分的特性及它们之间的关系	医疗诊断、软件故障诊断、电子机械故障诊断和材料失效诊断等
		系统能够区分一种现象及其所掩盖的另一种现象	
		系统可以向用户提供测量的数据，并从不确切信息中得出尽可能正确的诊断	
设计型专家系统	根据设计要求，获得满足设计约束条件的目标设计	系统善于从多方面的约束中得到符合要求的设计结果	计算机结构设计、电路设计、土木建筑工程设计、机械产品设计和生产工艺设计等
		系统需要检索较大的可能解空间	
		系统善于分析各种子问题，并处理好子问题间的相互作用	
		系统能够试验性地构造出可能设计，并易于对所获得的设计方案进行修改	
		系统能够使用正确的设计来解释当前的新设计	

表 8-2（续）

专家系统	任务	特点	举例
规划型专家系统	寻找某个能够达到给定目标的动作序列或步骤	要规划的目标可能是动态的或静态的，因此，需要对未来动作做出预测	军事规划、城市规划、工程规划、生产规划和机器人动作控制等
		所涉及的问题可能很复杂，要求系统能抓住重点，处理好各子目标间的关系和不确定的数据信息，并通过试验性动作得出可行规划	
监视型专家系统	对系统、对象或过程的行为进行不断观察，并把观察到的行为与其应该具有的行为进行比较，一旦发现异常，及时发出警报	系统应具有快速反应能力，在造成事故之前及时发出警报	监视核反应堆
		系统发出警报的准确性高	
		系统能够随时间和条件的变化而动态地处理其输入信息	
教学型专家系统	根据学生学习过程中所产生的问题进行分析、评价，并找出原因，采用最适合的教学方法对学生进行教学和辅导	系统具有诊断和调试等功能	计算机辅助教学系统、聋哑人语言训练教学系统等
		系统具有良好的人机交互界面	

8.1.4 专家系统的应用

当前，专家系统已经在计算机、医学、地质学、化学、军事、工程和数学等多个领域有着广泛的应用，表 8-3 列举了不同领域的典型专家系统。

表 8-3 专家系统的应用

应用领域	典型专家系统	功能
计算机	DART	计算机硬件系统故障诊断
	RI/XCON	配置 VAX 计算机
	YES/MVS	监控和控制 MVS 操作系统
	PTRANS	管理 DEC 计算机系统的建造和配置
	IDT	定位 PDP 计算机中有缺陷的单元

表 8-3（续）

应用领域	典型专家系统	功　　能
医学	MYCIN	细菌感染性疾病诊断和治疗
	CASNET	青光眼的诊断和治疗
	PIP	肾脏病诊断
	INTERNIST	内科病诊断
	PUFF	肺功能试验结果解释
	ONCOCIN	癌症化学治疗咨询
	VM	人工肺心机监控
地质学	PROSPECTOR	帮助地质学家评估某一地区的矿物储量
	DIPMETER ADVISOR	油井记录分析
	DRILLING ADVISOR	诊断和处理石油钻井设备的"钻头粘着"问题
	MUD	诊断和处理同钻探泥浆有关的问题
	HYDOR	水源总量咨询
	ELAS	油井记录解释
化学	DENDRAL	根据质谱数据推断化合物的分子结构
	MOLGEN	分析并合成 DNA 分子结构
	CRYSALIS	通过电子云密度图推断一个蛋白质的三维结构
	SECS	帮助化学家制定有机合成规划
	SPEX	帮助科学家设计复杂的分子生物学实验
军事	AIRPLAN	用于安排航空母舰周围的空中交通运输计划
	HASP	海洋声呐信号识别和舰艇跟踪
	TATR	帮助空军制定攻击敌方机场的计划
	RTC	通过解释雷达图像进行舰船分类
工程	SACON	帮助工程师发现结构分析问题的分析策略
	DELTA	帮助识别和排除机车故障
	REACTOR	帮助操作人员检测和处理核反应堆事故
数学	MACSYMA	数学问题求解
	AM	从基本的数学和集合论中发现概念

> **卓越创新**
>
> 在2021年11月3日召开的2020年度国家科学技术奖励大会上，中国农业科学院主持完成的7项成果荣获国家科学技术进步二等奖。
>
> 其中，农业资源与区划研究所周某团队牵头完成的"主要粮食作物养分资源高效利用关键技术"，创建了基于产量反应和农学效率的推荐施肥新方法，研发了玉米、小麦和水稻推荐施肥养分专家系统（nutrient expert，NE），创建了水田秸秆粉碎翻埋/旱地灭茬还田结合氮素调控的高效还田技术，研制出基于固氮解磷功能菌的微生物肥料产品，集成了主要粮食作物化肥减施增效技术模式，全面构建了主要粮食作物养分资源高效利用的理论与技术体系，在大面积上实现了作物平均增产5%~10%，减施化学氮肥10%~30%，减施化学磷肥10%~20%，氮肥利用率提高10~15个百分点，大幅度提高了养分资源利用效率、作物产量和综合效益。

8.2 专家系统的基本结构

专家系统的基本结构包括6部分，即知识库、知识获取机构、推理机、综合数据库、人机接口和解释机构，它们之间的关系如图8-2所示。其中，知识库和推理机是专家系统的核心。

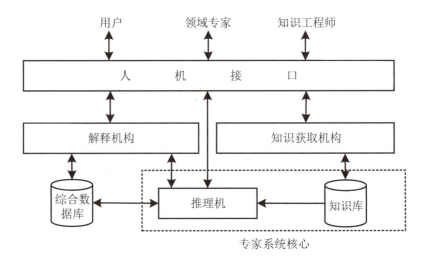

图8-2 专家系统的基本结构

8.2.1 知识库

知识库主要用于存储领域内专家提供的专业知识，包括事实、可行操作与规则等。建立知识库时，需要解决两个重要问题，即知识表示方法的选择和知识获取。

1. 知识表示方法的选择

选择合适的知识表示方法是建立知识库的首要任务。常用的知识表示方法有很多，如一阶谓词逻辑表示法、状态空间表示法、产生式表示法、语义网络表示法和框架表示法等，但是对于同一知识，不同的表示形式，对系统产生的效果不同。因此，选择知识表示方法时应从以下4个方面考虑。

（1）知识表示方法能充分表示领域知识。
（2）知识表示方法易于理解和实现。
（3）知识表示方法有助于专家系统进行推理。
（4）知识表示方法便于对知识进行组织、维护和管理。

2. 知识获取

知识获取是设计和建造专家系统的关键，其目的是为专家系统获取知识，并建立起完善、健全、有效的知识库，满足求解领域问题的需要，详见8.2.2节。

8.2.2 知识获取机构

知识获取通常由知识工程师和专家系统中的知识获取机构共同完成。知识工程师负责从领域专家提供的信息中抽取知识，同时用合适的方法表示这些知识。知识获取机构把知识转换为计算机可存储的形式，然后再把它们存储于知识库中。

知识获取机构

因此，知识获取也可理解为将用于问题求解的专业知识从某些知识源中提取出来，并转化为计算机可存储的表示形式存入知识库中。下面详细介绍知识获取的过程和不同的知识获取模式。

> **添砖加瓦**
>
> 知识源是指专家系统知识的来源，主要包括专家、数据库、书本、研究案例和个人经验等。

1. 知识获取的过程

目前，专家系统的知识源主要是领域专家，因此，知识获取的过程中需要知识工程师和领域专家进行反复交流，共同合作才能完成，如图8-3所示。

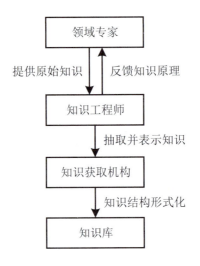

图8-3 知识获取的过程

高手点拨

知识工程师的主要任务如下。
（1）与领域专家进行交流，获取专家系统所需要的原始知识。
（2）对原始知识进行分析、整理和归纳等，形成自然语言描述的知识原理，并反馈给领域专家检查。
（3）将确定的知识原理用知识表示方法表示出来。

知识获取过程中主要需要做4项工作，即抽取知识、转换知识、输入知识和检测知识。

（1）抽取知识是通过筛选、识别、归纳、理解等操作将蕴含在知识源中的知识抽取出来，便于建立知识库。例如，某气象专家观察发现几乎每次下雨天空中都会乌云密布，则可归纳出知识"天空中乌云密布时，便会下雨"。

（2）转换知识是指将知识从一种表示形式转换为另一种表示形式。例如，可用产生式表示法将知识"天空中乌云密布时，便会下雨"表示为"IF 天空中乌云密布 THEN 会下雨"。

 **提示**

抽取知识和转换知识都是由知识工程师完成的。

（3）输入知识是指知识经过适当的编译之后存入知识库中的过程。目前，输入知识一般有两种途径，即利用计算机系统提供的编译软件或利用知识编译器（专门编制的知识编译系统）输入知识。

（4）检测知识是指检测知识的一致性、冗余性和完整性等，尽量避免建立知识库过程中出现的失误影响专家系统的性能。

提示

输入知识和检测知识由知识获取机构完成。通常情况下，建造专家系统时会根据实际需要编制知识编辑器。

2．知识获取的模式

不同专家系统的知识获取模式不同，根据知识获取的自动化程度，可将知识获取分为非自动知识获取、自动知识获取和半自动知识获取。

（1）非自动知识获取也称为人工移植，其获取过程可用图8-4表示。

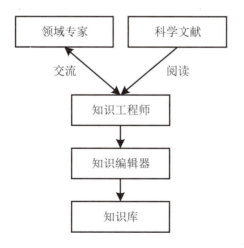

图 8-4 非自动知识获取过程

① 知识工程师通过与领域专家交流或阅读相关科学文献获取知识。

② 知识工程师用某种知识编辑器将知识输入到知识库中。

（2）自动知识获取是指专家系统具有自动获取知识的能力，即专家系统可直接与领域专家对话，获取系统所需要的知识，并从系统自身的运行实践中总结、归纳新的知识，不断进行自我完善，建立知识完善、性能优良的知识库。

总之，在自动知识获取过程（见图 8-5）中，系统的语音识别和文字、图像识别等替代了知识工程师与领域专家的交流和对科学文献的阅读，系统的自我归纳理解翻译替代了知识工程师对知识的抽取和转化。

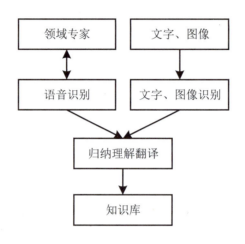

图 8-5　自动知识获取过程

指点迷津

从图 8-5 中发现，自动知识获取过程中没有知识编辑器，其原因是系统在执行语音识别或文字、图像识别时已经将知识编译成可存储于计算机的形式，因此，经过归纳理解翻译后的知识可直接存储于知识库中。

（3）半自动知识获取是指在非自动知识获取的基础上增加部分学习功能，使系统可以从大量原始知识中归纳出某些专业知识。

8.2.3　推理机

推理机是专家系统中实现基于知识推理的部件，也是基于知识的推理在计算机中的实现机构，主要包括推理和控制两个方面，如图 8-6 所示。知识推理就是针对当前问题的条件或已知事实，反复匹配知识库中的规则，获得新的结论，直至得到问题的结果为止。

第8章 专家系统

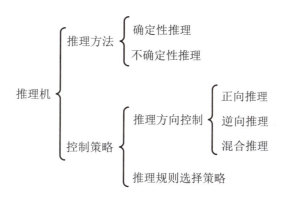

图 8-6 推理机的主要组成部分

8.2.4 综合数据库

综合数据库又称为动态数据库，主要用于存放初始事实、问题描述和系统运行过程中得到的中间结果和最终结果等信息。它是推理机工作必不可少的部分，同时它还记录了推理过程中的有关信息，为解释机构回答用户咨询提供依据。

综合数据库中必须具有相应的数据库管理系统，负责对数据库中的知识进行查询、更新、维护和检查等操作。

> **学有所获**
>
> 知识库和综合数据库都属于数据库，但两者间也存在着差异。
>
> 知识库的内容在专家系统运行过程中是不改变的，只有知识工程师可通过人机接口和知识获取机构对其进行管理。
>
> 综合数据库的内容在专家系统运行过程中是动态变化的，不仅用户可以通过人机接口输入数据，推理过程中的中间结果也会存入其中。

8.2.5 人机接口

人机接口是专家系统与用户、领域专家、知识工程师之间进行交互的界面，它由一组程序和相应的硬件设备组成，主要用于完成输入和输出工作。在输入和输出过程中，人机接口需要实现信息内部表示形式与外部表现形式的相互转换。

8.2.6 解释机构

解释机构用于回答用户提出的问题，并向用户解释专家系统的行为，包括解释推理结论的正确性和系统输出某个解的原因等。

8.3 专家系统的开发过程

专家系统是一个计算机软件系统，但与传统的软件又有一定的区别，因此，专家系统的开发过程与传统软件的开发过程既有联系，又有区别。专家系统的开发过程可分为5个阶段，如图8-7所示。

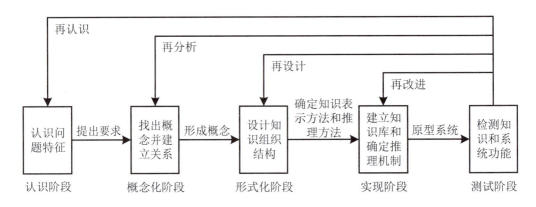

图 8-7 专家系统的开发过程

1．认识阶段

知识工程师通过与领域专家的交流合作或阅读相关科学文献等方式，认识问题特征，包括问题范围、类型等。同时，确定领域专家提供的知识类型结构，以及系统开发需要的各种资源，如软件、硬件、人员、时间和经费等。

2．概念化阶段

把问题求解所需要的各种专业知识概念化，确定概念之间的关系，并对任务进行划分，确定求解问题的控制流程和约束条件。

3．形式化阶段

该阶段利用适合于计算机表示和处理的形式化方法描述整理好的知识概念及它们间的关系，选择合适的系统构造技术、确定数据结构、推理规则及控制策略，建立问题求解模型。

4. 实现阶段

基于前一阶段确定的形式化知识和问题求解模型开发计算机软件，即建立知识库、实现推理机、设计人机接口等，构建原型系统。

5. 测试阶段

通过运行实例测试原型系统的性能和知识表达形式的实用性，从而发现知识库和推理机存在的缺陷。其中，测试的主要内容包括知识的一致性、结论的可靠性、运行效率、解释能力和人机交互的便利性等。

专家系统的开发过程中，根据测试的结果对原型系统进行反复修改，直到系统达到预期的性能为止，这种开发方法称为增量式开发，如图 8-8 所示。

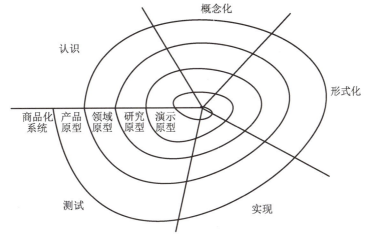

图 8-8　增量式开发方法

从图 8-8 中可以看出，整个开发过程分为 5 个层次，其中每个层次的原型系统介绍如表 8-4 所示。

表 8-4　原型系统介绍

系统类型	介绍
演示原型	解决应用中的部分问题，主要用于系统方案的可行性论证
研究原型	在主要的应用领域内实现可靠运行，但未进行全面的测试，系统的行为显得有些脆弱
领域原型	已经在大量测试的基础上进行了修改，具有较好的性能
产品原型	在用户环境下运行，具有较高的运行效率和可靠性
商品化系统	在产品原型的基础上，进一步提高系统的性能，改善人机接口，降低成本，并可将系统投入商业应用

8.4 案例分析：医学专家系统

MYCIN 系统是由美国斯坦福大学研制的医学专家系统。它的功能是帮助内科医生诊断血液感染患者所感染的细菌种类，并给出治疗方案。MYCIN 系统主要由知识库、综合数据库、知识获取模块、咨询模块和解释模块组成，如图 8-9 所示。

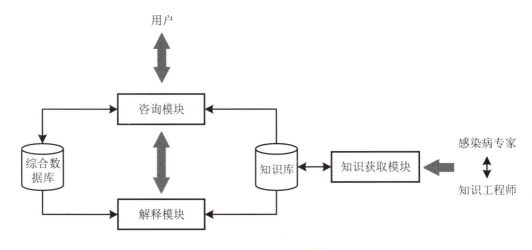

图 8-9　MYCIN 系统结构

1．知识库

MYCIN 系统的知识库主要存放诊断和治疗感染性疾病的专门知识，还有推理所需要的静态知识，如临床参数的特征表、字典等。该系统采用产生式表示知识。其中，专门知识属于规则知识，采用"如果……那么……"的形式表示；临床参数属于事实知识，可采用三元组（上下文，属性，值）表示。

2．综合数据库

MYCIN 系统的综合数据库用于存放与患者有关的数据、化验结果和系统推出的中间结论等。综合数据库中数据间的关系可组成一棵上下文树，如图 8-10 所示。

树中节点称为上下文。每个节点对应一个具体的对象，描述该对象的所有数据存储于对应节点上。每个节点旁注明节点名，如 CULYURE-1、ORGANISM-1、DRUG-1 等；括号中内容表示该节点的上下文类型，如当前培养物、当前细菌、药物等。上下文的类型可用于指导调用哪些规则。

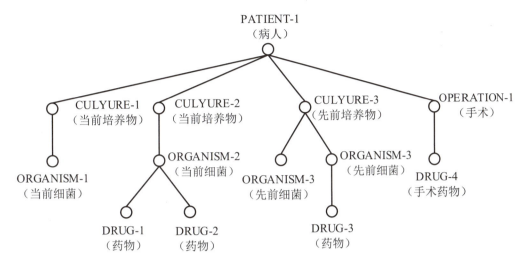

图 8-10 上下文树

📖 添砖加瓦

上下文树是对病人的完整描述。例如，图 8-10 表示当前从病人 PATIENT-1 身上提取了两种培养物 CULYURE-1 和 CULYURE-2，先前已经提取过一种培养物 CULYURE-3，从这些培养物中分别分离出相应的细菌，每种细菌有相应的治疗药物。对病人进行手术治疗时使用药物 DRUG-4。

可见，上下文树清晰地描述了病人的相关培养物，指出了每个培养物对应的细菌，并给出了每种细菌所应使用的药物。

3. 知识获取模块

MYCIN 系统的知识获取模块用于获取知识，且当发现知识有更新或遗漏时，该模块可增加或修改知识库。

4. 咨询模块

MYCIN 系统的咨询模块包含了人机接口和推理机的功能。在使用系统过程中，首先启动该模块，用户（医生）根据系统给出的提示输入相关的信息（病人的数据）即可。该模块会利用知识库中的知识进行推理，诊断出患者的病症并给出治疗方案。

5. 解释模块

MYCIN 系统的解释模块用于回答用户的询问。在咨询模块运行的过程中，可以随时通过解释模块了解得出结论的依据。

 科技民生

  2020 年，新冠肺炎病毒挑战人类医学知识极限。人类科技文明发展的两座顶峰——现代医学和人工智能，联合抵御未知病毒的入侵。

  在医院的放射科室、在远程协作的移动屏幕前、在医患集中的方舱医院，医疗机器人忙不更迭的身影，记录着人工智能在医疗领域踏过的足迹。从用作虚拟助理的语音电子病历、智能导诊、智能问诊；到实现病灶识别与标注、三维重建、靶区自动勾画与自适应放疗的 AI 医学影像和辅助诊疗的医疗大数据、医疗机器人；再到应用于新药研发、老药新用、药物筛选等药物挖掘的 AI 技术；以及到实现医院智能化管理的病历结构化、分级诊疗、DRGs 智能系统、专家系统……人工智能在医疗领域的应用遍地开花。

  中国工程院院士李某在 2020 年 8 月召开的 2020 全球人工智能产品应用博览会上表示，AI 在此次疫情防控中扮演了非常重要的角色，它广泛应用于疫情检测分析、病毒溯源、防控救治、资源调配、公共卫生等领域。可以说，AI 与大数据、5G、互联网一起全流程助力抗疫斗争的胜利。未来，AI 将从 4 个方面推动医疗健康新变革。

  一是 AI 在医疗健康方面发挥更大的作用，如智能医疗基础保障体系、知识引擎、核心方法平台等；二是 AI 在智能诊断、智能治疗、智能疾病预警预测干预、智能群体健康管理和智能医药监管等领域应用将会实现重大突破；三是 AI 在智能医疗跨媒体数据智能、人机混合智能医疗、医疗群体智能决策、智能手术机器人等领域会获得重大突破；四是在 AI 的不断促进下，我国将建立一批智能医疗国家重点科研基地和团队，建成一批应用示范基地。

本章小结

  本章主要介绍了专家系统的相关知识。通过本章的学习，读者应重点掌握以下内容。

  （1）专家系统是一个或一组能够在某些特定领域，应用大量的专家知识和推理方法解决复杂实际问题的计算机系统。换句话说，专家系统含有某领域内专家提供的大量专门知识与经验，根据这些知识和经验，通过人工智能理论进行推理和判断，解决某些需要人类专家处理的复杂问题。

  （2）专家系统的基本结构包括 6 部分，即知识库、知识获取机构、推理机、综合数据库、人机接口和解释机构。

(3) 专家系统的开发过程可分为 5 个阶段，即认识阶段、概念化阶段、形式化阶段、实现阶段和测试阶段。

思考与练习

1．选择题

（1）专家系统的核心是（　　）。

  A．知识库和知识获取机构 B．知识库和推理机

  C．知识库和综合数据库 D．综合数据库和推理机

（2）建立知识库时，需要解决的两个重要问题是（　　）。

  A．知识表示方法的选择和推理策略

  B．解释机制和知识获取

  C．知识表示方法的选择和知识获取

  D．推理策略和知识获取

（3）帮助内科医生诊断血液感染患者所感染的细菌种类，并给出治疗方案的专家系统是（　　）。

  A．MYCIN B．INTERNIST

  C．ONCOCIN D．A、B、C 都不是

2．填空题

（1）专家系统的基本结构包括知识库、＿＿＿＿＿＿、推理机、＿＿＿＿＿＿、人机接口和＿＿＿＿＿＿。

（2）知识获取过程中主要需要做 4 项工作，即＿＿＿＿＿＿、转换知识、输入知识和＿＿＿＿＿＿。

（3）知识获取分为＿＿＿＿＿＿、＿＿＿＿＿＿和半自动知识获取。

（4）专家系统的开发过程可分为 5 个阶段，即＿＿＿＿＿＿、＿＿＿＿＿＿、形式化阶段、＿＿＿＿＿＿和测试阶段。

3．简答题

（1）简述什么是专家系统。

（2）简述专家系统的特点及分类。

第 9 章

自然语言处理

本章导读

随着信息技术的发展,以及智能设备在实际生活中的广泛应用,自然语言处理技术迅速升级为人工智能必不可少的研究热点之一。自然语言处理技术实现了人与机器之间的自然语言交流,为人们的生活带来了诸多便利。

本章首先介绍自然语言处理的基本概念、发展历程、研究方向和基本框架,然后详细介绍自然语言处理的层次化过程和基本流程,最后分析自然语言处理技术的某一应用方向,即情感分析。

学习目标

- 熟悉自然语言处理的基本概念和基本框架。
- 理解自然语言处理的过程划分。
- 掌握自然语言处理的基本流程。

素质目标

- 熟悉技术应用新领域,开阔视野,激发创新思维,培养钻研精神。
- 了解国家政策,增强合理使用人工智能技术的意识,加强法律意识,树立正确的价值观。

9.1 自然语言处理概述

9.1.1 自然语言处理的基本概念

语言是思维的载体,是交际的主要媒介,包括口语、书面语和形体语(如哑语)等。自然语言是指人们生活中使用的语言,如汉语、英语、德语等。

自然语言处理(natural language processing,NLP)主要研究用电子计算机模拟人的语言交际过程,使计算机能理解和运用人们生活中使用的自然语言,并实现人机之间的自然语言通信,从而进一步实现计算机代替人进行部分脑力劳动的目标。其中,部分脑力劳动主要包括查询资料、解答问题、摘录文献、汇编资料,以及一切与自然语言信息有关的加工处理。

自然语言处理是计算机科学领域与人工智能领域中的一个重要方向,它主要包括自然语言理解和自然语言生成两方面内容。

自然语言理解又称为计算语言学,是指将自然语言转化成易于计算机程序理解和处理的形式。自然语言生成则是将存储于计算机中的数据转化为人们能够理解的自然语言。

自信中国

2021年7月29日,"2021智能经济高峰论坛"在北京举行。论坛上,百度展示了在多个领域的产业智能化落地成果。其中,在智慧媒体领域,基于百度的自然语言处理、知识图谱、语音、视觉等AI技术,百度与人民日报等新闻单位和机构合作,赋能媒体行业全链条,覆盖从策划、采编、内容审校,到分发和评估的全流程,助力媒体行业数智化升级。

9.1.2 自然语言处理的发展历程

自然语言处理的发展历程可分为5个时期,如图9-1所示。

9.1.3 自然语言处理的研究方向

自然语言处理的应用——搜狗汪仔

自然语言处理的研究和应用是人工智能领域的一项重大突破,必将为科学技术的发展做出重要贡献,同时促进其他学科的进一步发展,并对人们的生活产生深远的影响。随着计算机技术和硬件设备的大幅度提升,自然语言处理的研究方向也越来越广阔。表 9-1 列举了自然语言处理的部分研究方向。

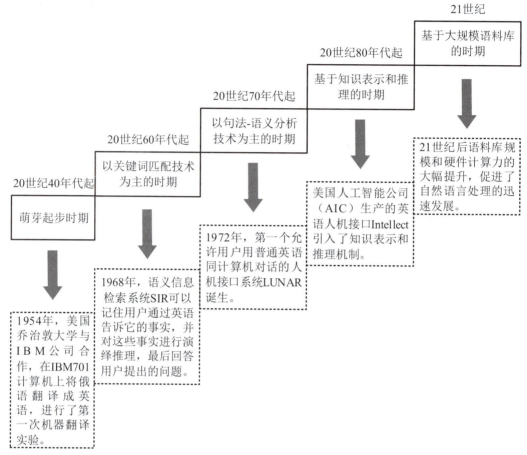

图 9-1 自然语言处理的发展历程

表 9-1 自然语言处理的研究方向

研究方向	简　介
机器翻译	借助计算机把文字或演讲从一种自然语言自动翻译成另一种自然语言,如将汉语翻译成英语
文字识别	借助计算机自动识别印刷体或手写体文字,将它们转化为可供计算机处理的电子文本,如字符的图像识别
语音识别	将人类语音中的词语内容转换为计算机可读的书面语,如语音拨号、语音导航等
自动文摘	利用计算机提炼指定文章的摘要,即自动归纳原文档的主要内容和含义,提炼并形成摘要,如机械文摘
句法分析	运用自然语言的句法和其他相关知识确定输入句中各成分的功能,建立一种数据结构,用于获取输入句子的意义

表 9-1（续）

研究方向	简　介
文本分类	在给定的分类体系和分类标准下，根据文本内容利用计算机自动判别文本类型，实现文本自动归类
信息检索	利用计算机从海量文档中查找用户需要的相关文档
信息获取	利用计算机从大量的文本中自动抽取待定的一类信息（如事件和事实等），并形成结构化数据，填入数据库中供用户查询使用
信息过滤	利用计算机自动识别和过滤满足特定条件的文档信息
中文自动分词	使用计算机对中文文本进行词语的自动切分
语音合成	将书面文本自动转换成对应的语音

此外，还有自然语言生成、问答系统、语言教学等也都是自然语言处理的研究方向。

9.1.4　自然语言处理的基本框架

自然语言处理不是一个独立的技术，它受到大数据、云计算、机器学习等多方面理论的支撑。自然语言处理的基本框架可用图 9-2 表示。

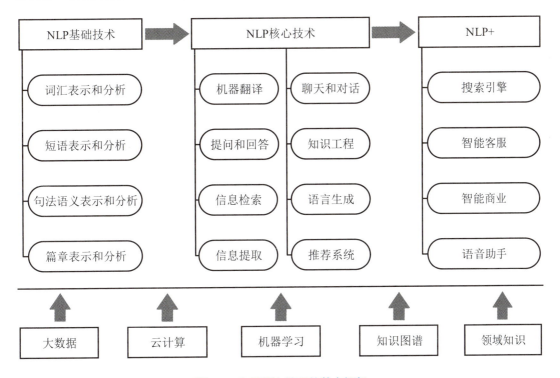

图 9-2　自然语言处理的基本框架

9.2 自然语言处理的过程划分

自然语言是由字成词，由词成句，由句成段的一个层次化过程。因此，完整的自然语言处理也是一个层次化的过程。许多现代语言学家将这个过程划分为 5 个层次，如图 9-3 所示。

图 9-3 自然语言处理的过程

9.2.1 语音分析

语音分析是根据音位规则，从语音流中区分出独立的音素，再根据音位形态规则找出音节及其对应的词素或词语的过程。

指点迷津

音素是最小且可独立的声音单元。

语音以声波的形式传送，语音分析系统接收声波（模拟信号），并从中抽取频率、能量等特征，之后，将这些特征映射为音素（单个声音单元），最后将音素序列转换成单词序列。

语音的产生是将单词映射为音素序列，然后传送给语音合成器，单词的声音通过说话者（机器人或语音助手等）从语音合成器发出。

9.2.2 词法分析

词法分析是从句子中切分出单词，找出词语的各个词素，从中获得单词的语言学信息并确定单词的词义。不同的语言（如英语、汉语等）对词法分析的要求是不同的。

在英语中，由于单词之间是以空格自然分割开的，因此，很容易从句子中切分出单词。但是，英语单词有词性、时态、数量和派生等变化，无疑是增加了找出词素的复杂性。要想找出词素，通常需要对词尾或词头进行分析。例如，importable 可以是 im-port-able 或 import-able，其中 im、port 和 able 都是词素。词法分析可以从词素中获得许多有用的语言学信息，这些信息有助于进行句法分析。例如，英语中构成词尾的词素 s 通常表示复数或第三人称单数。

在汉语中，每个字都代表一个词素，因此找出词素是非常容易的，但是要切分出词是困难的。切分词不仅需要构造词的知识，还需要解决切分歧义的问题。例如，"我们研究所有东西"可切分为"我们—研究所—有—东西"或"我们—研究—所有—东西"，两者之间存在切分歧义问题。

9.2.3 句法分析

句法分析是对句子或短语结构进行分析，其目的是确定构成句子的词、短语等之间的相互关系，以及它们在句子中的作用等，并将这些关系以一种层次结构表达，最后对句法结构进行规范化。句法分析的最大单位是一个句子。

文法是用于描述句子语法结构的形式规则，任何一种语言都有它自己的文法。最常见的文法类型有 4 种，即无约束短语结构文法（0 型文法）、上下文有关文法（1 型文法）、上下文无关文法（2 型文法）和正则文法（3 型文法）。

> **提示**
>
> 文法型号越高所受约束越多，生成能力就越弱，能生成的语言集也越小，描述能力就越弱。

9.2.4 语义分析

语义分析是通过找出词义、结构意义及不同词结合的意义，确定语言所表达的真正含义或意思。常用的语义分析方法有语义文法和格文法。

语义文法是将文法知识和语义知识组合起来，并以统一方式定义的文法规则集。它可以排除无意义的句子，且能够忽略对语义没有影响的句法问题，还具有较高的效率。但同样也存在一定的不足，即在实际应用中需要大量的文法规则，因此，只适用于受到严格限制的领域。

格文法允许以动词为中心构造分子结构，其目的是找出动词和名词（与动词都处于结构关系中）的语义关系。格文法是一种有效的语义分析方法，有助于删除句法分析的歧义性，且易于使用。

9.2.5 语用分析

语用分析就是研究语言所在的外界环境对语言使用产生的影响。例如，人在恐慌时的表达方式与平时生活中的表达方式具有很大的差异性，这是由环境变化引起的。语用分析是自然语言处理中更高层次的研究。

9.3 自然语言处理的基本流程

虽然自然语言处理技术可应用于多个不同的领域，但其基本流程大致相同，其中，基于语料库的自然语言处理技术的基本流程可用图9-4表示。

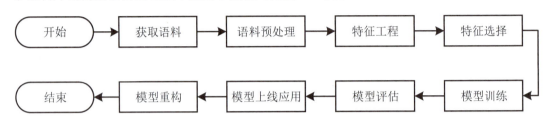

图 9-4 自然语言处理的基本流程

9.3.1 获取语料

语料是指语言材料，它是构成语料库的基本单元。通常，人们会简单地用文本表示语料，并把文本中的上下文关系作为现实世界中语言的上下文关系的替代品。通常将一个文本集合称为语料库，将多个这样的文本集合称为语料库集合。语料的获取途径有两种，即整理语料和抓取语料。

整理语料是指在已有语料的基础上，对很多业务部门、公司等单位积累的大量纸质或者电子文本资料稍加整合，并把纸质的文本全部电子化就可以作为语料库。

抓取语料是指在没有语料的情况下，可通过网络下载国内外公开的语料库或利用爬虫技术抓取网络的公开数据构建语料库。

9.3.2 语料预处理

语料预处理是自然语言处理流程中的关键步骤，语料预处理的好坏直接影响到自然语言处理技术的性能。语料预处理的基本过程可用图9-5描述。

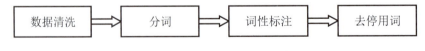

图 9-5 语料预处理的基本过程

1. 数据清洗

数据清洗是对数据进行重新审查和校验的过程，目的在于删除重复信息、纠正存在的错误，并保证数据一致性。在这里，数据清洗主要是在语料中找到感兴趣的内容，将不感兴趣和视为噪音的内容清洗删除。例如，对原始文本提取标题、摘要、正文等信息，而对爬取的网页内容，去除广告、标签、HTML、JS等代码和注释等。

常用的数据清洗方法有人工去重、标记、降噪和对齐等，规则提取内容、正则表达式匹配、根据词性和命名实体提取等，编写脚本或代码批处理等。

2．分词

分词是指将短文本和长文本处理为最小单位粒度（词或词语）的过程。常见的分词方法有基于字符串匹配的分词方法、基于理解的分词方法、基于统计的分词方法和基于规则的分词方法等。其中，每种方法下面对应许多具体的算法。

添砖加瓦

> 当前，中文分词算法的主要难点有歧义识别和新词识别。例如，"羽毛球拍卖完了"可以切分为"羽毛—球拍—卖—完—了"，也可切分成"羽毛球—拍卖—完—了"，如果不依赖上下文其他的句子，很难知道该如何理解该句子。

3．词性标注

词性标注就是给每个词或者词语打词类标签，如形容词、动词、名词等。它有助于让文本在后面的处理中融入更多有用的语言信息。

词性标注是一个经典的序列标注问题，不过对于某些基于自然语言处理的问题，词性标注不是必需的。例如，常见的文本分类问题不需要关心词性问题。但是，类似情感分析、知识推理等问题，词性标注却是必不可少的。

常见的词性标注方法有基于最大熵的词性标注、基于统计最大概率输出的词性标注和基于HMM（隐马尔可夫模型）的词性标注等。

4．去停用词

停用词一般指对文本特征没有任何贡献的字或词，如标点符号、语气、人称等。但是，在实际的操作中要根据具体的场景决定将哪些停用词去掉。例如，在情感分析中，由于语气词、感叹号等对表示语气程度、感情色彩有一定的贡献和意义，故应该保留它们。

9.3.3 特征工程

语料预处理结束后，首先要考虑的问题是如何将分词之后的字和词语表示成可供计算机计算的类型。因此，须将字和词语的字符串形式转化成向量形式。常用的表示模型有词袋模型和词向量。

词袋模型（bag of words，BOW）不考虑词语在句子中的原本顺序，直接将每一个词语或符号统一放置在一个集合（如 list）中，然后按照计数的方式对词语或符号出现的次数进行统计。

词向量是将字和词语转换成矩阵向量的计算模型。

目前，常用的词表示方法有 One-Hot、Word2Vec、Doc2Vec、WordRank 和 FastText 等。

9.3.4 特征选择

在实际问题中，为了构造好的特征向量，要选择合适的、表达能力强的特征。特征选择是一个很有挑战的过程，更多地依赖于经验和专业知识。目前，有很多现成的算法可以进行特征选择，如 DF、MI、IG、CHI、WLLR、WFO 等。

> **提示**
>
> 文本特征一般都是词语，还具有语义信息，使用特征选择能够找出一个特征子集，且仍然可以保留其语义信息；但通过特征提取找到的特征子空间，将会丢失部分语义信息。因此，在自然语言处理中常使用特征选择方法构造特征向量。

9.3.5 模型训练

特征向量已选好，接下来对模型进行训练。针对不同的应用需求，要使用不同的模型。传统的机器学习模型有 KNN、SVM、K-means 和决策树等；深度学习模型有 CNN、RNN、TextCNN 和 LSTM 等。

9.3.6 模型评估

模型训练好之后，需要对模型进行评估，目的是使模型对语料具有较好的泛化能力。常用的评价指标有错误率、准确率、精确度、召回率、F1 衡量、ROC 曲线和 AUC 曲线等。

9.3.7 模型上线应用

模型评估合格之后，模型上线，进入应用阶段。目前主流的应用方式有提供服务的方式和将模型持久化的方式。

提供服务的方式是在线下训练模型，然后将模型做线上部署，发布成接口服务，供业务系统使用。

将模型持久化的方式是在线训练模型，训练完成之后把模型 pickle 持久化，在线服务接口模板通过读取 pickle 实现改变接口服务。

9.3.8 模型重构

模型重构在自然语言处理中并不是必需的，而是当模型应用到其他领域效果不好时或需要增加其他业务需求时，才需要对模型的整体进行重构。根据业务的不同侧重点对自然语言处理流程中的每一步进行调整，并重新训练模型上线。

9.4 案例分析：情感分析

在信息时代，人们接触和获取的信息远远超过了他们自己的需要，且他们不完全具备处理大量信息的能力，这导致信息过载的现象出现。因此，计算机自动归纳文档和自主理解信息含义的能力就显得尤为重要。情感分析作为自然语言处理中常见的应用，可以从大量的文档数据中获取、识别并归纳有用的信息，而且它还可以理解这些信息中更深层次的含义。

在实际应用中，企业常通过情感分析了解消费者对产品的反馈情况，从而改善产品质量。例如，从送达时间、送餐员态度、菜品口感、菜品丰富度等多个维度对某平台的外卖评价进行情感分析，掌握用户的情感指数，并根据分析结果改进外卖服务。

由此可见，通过对用户评价的情感分析，可以挖掘产品在各个维度的优劣，从而有针对性地改进产品。

情感分析的实现方法有两种，即基于情感词典的方法和基于深度学习的方法。

9.4.1 基于情感词典的方法

基于情感词典的方法是传统的情感分析方法，其执行过程可用图 9-6 描述。首先，输入文本（短语或句子等）；然后，对文本数据进行预处理，包括数据清洗、分词、词性标注和去停用词等；接着，将获得的分词载入已经构建好的情感词典中；最后，利用判断规则确定文本分词后的词语属于情感词典中的哪一类，从而实现情感分类。

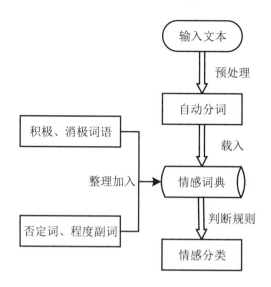

图 9-6 基于情感词典的情感分析

1. 情感词典

情感词典在整个情感分析中至关重要,其主要包含 4 种词语表,即积极情感词语表、消极情感词语表、否定词语表和程度副词表,如图 9-7 所示。

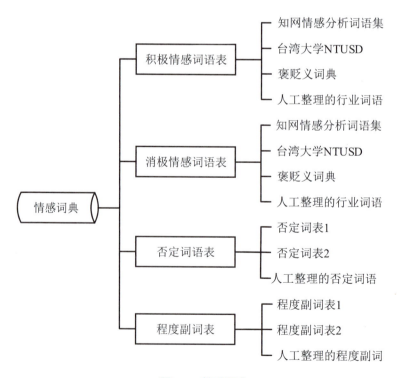

图 9-7 情感词典

> **添砖加瓦**
>
> 构建情感词典的方法有很多，可以自己利用语料进行训练获得情感词典，也可以使用目前已有的开源情感词典，如知网情感词典、BosonNLP 情感词典等。

2．情感词典文本匹配算法

基于情感词典的情感分析实现方法中，采用文本匹配算法确定文本分词后的词语所属情感类型。采用该算法对文本进行情感分析的整体框架可用图 9-8 描述。

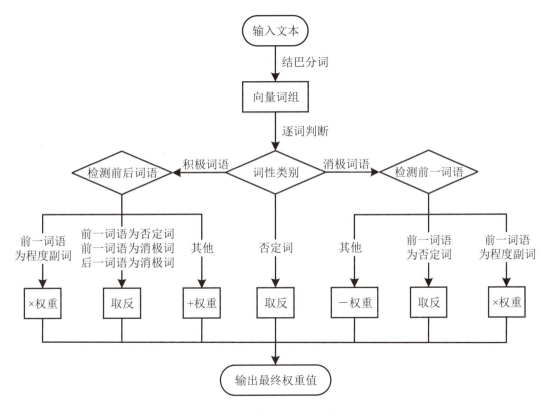

图 9-8　情感分析框架图

（1）采用结巴分词（一种分词方法）对输入文本进行分词，获取向量词组。

（2）对每个词语进行词性判别，如果词语命中词典，则进行相应权重的处理。

> **高手点拨**
>
> 积极词语权重为加法，消极词语权重为减法，否定词权重取相反数，程度副词权重和其修饰的词语权重相乘。

（3）输出最终权重值。利用权重值区分词语的情感类型。

例如，对文本"我特别喜欢北京，因为北京有很多非常著名的古代遗迹"进行情感分析，其分析过程如下。

（1）以","为分隔将该文本划分为两个分句，即"我特别喜欢北京"和"因为北京有很多非常著名的古代遗迹"。

（2）分别对它们进行分词，可得"我—特别—喜欢—北京"和"因为—北京—有—很多—非常—著名的—古代遗迹"。

（3）分析词性类别，计算最终权重值。分句"我—特别—喜欢—北京"中含有 1 个积极词语"喜欢"，其前面的词语"特别"属于程度副词（设权重为 5），无消极词语，则该分句的权重值为1×5=5。分句"因为—北京—有—很多—非常—著名的—古代遗迹"含有 1 个积极词语"著名的"，其前面的词语"非常"属于程度副词（设权重为 4），同样不含消极词语，则该分句的权重值为1×4=4。

综上所述，该文本的最终权重值为5+4=9，其表达的情感属于正面情感。

9.4.2　基于深度学习的方法

随着计算硬件设备的提升，基于深度学习的情感分类方法应运而生，其实现过程可用图 9-9 描述。

图 9-9　基于深度学习的情感分析

（1）输入文本进行情感分析。
（2）对文本进行数据清洗、分词、词性标注和去停用词等预处理。
（3）对预处理后的词语进行词向量编码。
（4）利用 LSTM 网络（长短期记忆网络）进行特征提取。

拓展阅读

> LSTM 网络是一种时间循环神经网络，是为了解决一般的 RNN（循环神经网络）存在的长期依赖问题而设计出来的。它是一种深度学习神经网络，普遍用于自主语音识别。

(5)通过全连接层和softmax输出每个分类的概率,从而得到情感分类。

拓展阅读

全连接层的每一个结点都与上一层的所有结点相连,用来把前面提取到的特征综合起来。由于其全相连的特性,一般全连接层的参数是最多的。

softmax 是深度学习中常用且比较重要的函数,其作用是将多个神经元的输出,映射到(0,1)区间内,可以理解为概率,从而来实现多分类。

居安思危

在人工智能产业逐渐扩大的同时,其发展的不确定性也带来了新的挑战。例如,情感运算和自然语言处理更易于操纵人类感情和提取敏感信息,可能会给社会和经济秩序带来冲击。

针对人工智能发展带来的挑战,我们要加强人工智能发展的潜在风险研判和防范,维护人民利益和国家安全,确保人工智能安全、可靠、可控。要整合多学科力量,加强人工智能相关法律、伦理、社会问题研究,建立健全保障人工智能健康发展的法律法规、制度体系、伦理道德。

本章小结

本章主要介绍了自然语言处理的相关知识。通过本章的学习,读者应重点掌握以下内容。

(1)自然语言处理主要研究用电子计算机模拟人的语言交际过程,使计算机能理解和运用人们生活中使用的自然语言,并实现人机之间的自然语言通信,从而进一步实现计算机代替人进行部分脑力劳动的目标。

(2)自然语言处理的过程可划分为 5 个层次,即语音分析、词法分析、句法分析、语义分析和语用分析。

(3)自然语言处理的基本流程可归纳为 8 步,依次为获取语料、语料预处理、特征工程、特征选择、模型训练、模型评估、模型上线应用和模型重构,其中模型重构是非必需的。

思考与练习

1. 选择题

（1）自然语言处理的核心技术不包括（　　）。

　　A．机器翻译　　　　　　　　　　B．信息检索

　　C．语言生成　　　　　　　　　　D．篇章表示与分析

（2）"从句子中切分出单词，找出词语的各个词素，从中获得单词的语言学信息并确定单词的词义"属于自然语言处理过程中的哪个层次（　　）。

　　A．语音分析　　　　　　　　　　B．词法分析

　　C．句法分析　　　　　　　　　　D．语义分析

（3）模型评估的指标不包括（　　）。

　　A．错误率、精度、准确率　　　　B．准确率、召回率、F1衡量

　　C．消耗率、成功率、失败率　　　D．ROC曲线和AUC曲线

2. 填空题

（1）自然语言处理的过程可划分为语音分析、_____、句法分析、_____和语用分析。

（2）常用的语义分析方法有_____和_____。

（3）语料预处理是自然语言处理流程中的关键步骤，它的基本过程包括_____、_____、词性标注和去停用词。

（4）模型上线应用的方式有_____的方式和_____的方式。

3. 简答题

（1）简述什么是自然语言处理。

（2）简述情感分析的实现方法。

第 10 章

分布式人工智能与 Agent

本章导读

在这个信息量剧增的时代,科学技术发展所需的计算复杂度也随之增加,集中式系统已经无法满足该需求,因此,分布式系统应运而生。计算机技术和人工智能技术的提升,以及互联网和万维网的出现与发展,推动了分布式人工智能技术的研究,使其成了人工智能的一个重点研究方向。其中,Agent 的研究为分布式人工智能的实现与应用开辟了新的道路,同时促进了人工智能和软件工程的发展。

本章首先介绍分布式人工智能的概念、特点和分类,然后介绍 Agent 的概念、特性、结构和类型,以及 Agent 通信,最后介绍多 Agent 系统的概念、特点、基本模型、体系结构,以及 Agent 间的协调、协作和协商。

学习目标

- 了解分布式人工智能的概念、特点及分类。
- 熟悉 Agent 的概念、特性、结构和类型,理解 Agent 的通信过程。
- 掌握多 Agent 系统的概念、特点、基本模型与体系结构等。

素质目标

- 熟悉技术原理,提升专业知识储备,培养钻研精神。
- 关注国家资讯,增强民族意识,培养爱国主义精神。

10.1 分布式人工智能

10.1.1 分布式人工智能的概念与特点

分布式人工智能（distributed artificial intelligence，DAI）主要研究逻辑上或物理位置上分散的智能系统如何并行地、相互协作地实现多任务问题求解。

分布式人工智能具有分布性、并行性、开放性、协作性、容错性、连接性和独立性等特点（见表10-1），可以有效地解决单个智能系统在功能上、空间分布上和资源上的局限性问题。

表10-1 分布式人工智能的特点

特 点	介 绍
分布性	整个系统中的信息，如数据、知识和控制等，在逻辑上或物理位置上都是分布式存储和控制的，不存在全局数据存储和全局控制
并行性	系统可以同时进行两种或两种以上的工作，并行地求解问题，提高子系统的求解效率
开放性	通过网络互连的方式将不同分布的系统联系在一起，不仅便于扩充系统规模，还使系统具备更强的开放性和灵活性
协作性	各个子系统协调工作，解决单个系统无法解决的复杂问题
容错性	系统具有较多的冗余处理节点、通信路径和知识，能够使系统在出现故障时，仅降低处理速度或求解精度，不影响系统正常工作，提高了系统工作的可靠性
连接性	在问题求解过程中，各个子系统可通过计算机网络进行相互连接，降低了求解问题的通信代价和求解代价
独立性	系统可把求解任务划分为多个相对独立的子任务，不仅降低了子系统求解问题的复杂程度，还降低了软件设计开发的复杂程度

自信中国

如今某网络购物平台在助力农产品上行方面的努力，获得了国际组织的关注。2021年7月15日，联合国粮农组织、世界粮食计划署、国际农业发展基金和联合国亚洲及太平洋经济社会委员会联合主办的"减少粮食损失和浪费"网络研讨会召开，科研机构和企业界代表获邀参会分享。

第 10 章 分布式人工智能与 Agent

会上,针对供应链环节的农产品损耗,该网络购物平台的副总裁表示:"该网络购物平台通过大数据、云计算和分布式人工智能等技术打造'农地云拼'模式,可以在短时间内汇聚大量消费者的需求,并将消费端的需求,快速传递给生产端。这个模式,能够快速消化丰收的农产品,避免农产品滞销、损耗的问题,让曾经不好卖的农产品,成为百姓餐桌上的'香饽饽'。"

科技创新、模式创新成为推动农业可持续发展的重要力量,我国正在这些方面加强和国际组织的合作。2021 年 6 月,粮农组织总干事屈某在联合国粮农组织第四十二届大会开幕上表示,农业的未来需要建立在科学、创新和数字应用之上。技术、政策、业务模式和思维方式的创新来之于民,也应用之于民。对于提高效率、促进供应链良好运作和增强可持续性,数字应用可大有裨益。

10.1.2 分布式人工智能的分类

分布式人工智能一般分为分布式问题求解(distributed problem solving,DPS)和多 Agent 系统(multi-agent system,MAS)两种类型,它们的详细介绍如表 10-2 所示。

表 10-2 分布式人工智能的分类

分类	分布式问题求解	多 Agent 系统
介绍	研究如何在多个合作和共享知识的模块、节点或子系统之间划分任务,并求解问题	研究如何在一群自主的 Agent 之间协调智能行为
共同点	都是研究如何划分资源、知识和控制等	
不同点	需要有全局的问题、概念模型和成功标准	包含多个局部的问题、概念模型和成功标准
	采用自顶向下的设计方法	采用自底向上的设计方法
	研究目标在于建立大规模的协作群体,通过各群体的协作实现问题求解	先定义各个分散自主的 Agent,然后研究求解问题的方法,各个 Agent 之间不一定是协作关系,也可能是竞争或对抗关系

添砖加瓦

对于分布式人工智能的分类,有些人持有不同想法,他们认为多 Agent 系统基本上就是分布式人工智能,而分布式问题求解是多 Agent 系统研究的一个子集。

> **指点迷津**
>
> Agent 在英语中有多个词义，国内学术界将其翻译为"智能体""艾真体""真体""主体""实体"等，目前尚无统一的译法。本书沿用了英文的原文，大家也可以将其理解为智能体。

目前，分布式人工智能中对 Agent 和多 Agent 系统的研究有增无减，主要研究的内容有 Agent 的概念、特性、结构、类型、通信，以及多 Agent 系统的概念、特点、基本模型和体系结构等。

10.2 Agent

10.2.1 Agent 的概念与特性

在人工智能领域中，Agent 是指能够自主地、灵活地与某一环境进行交互的程序或实体，如图 10-1 所示。其中，Agent 通过传感器感知环境，通过执行器作用于环境，并满足期望目标。

图 10-1 Agent 与环境的交互作用

例如，将人看作一种 Agent，其中，眼睛、鼻子、耳朵等器官如同传感器，可以感知环境；手、脚和嘴如同执行器，可作用于环境。又如，将扫地机器人看作一种 Agent，它利用摄像头、红外线等传感器设备感知外界环境，利用各种马达作为执行器作用于外界环境。

Agent 是独立的智能实体，其自身具备多种特性，如表 10-3 所示。

表 10-3 Agent 的特性

特　性	介　绍
行为自主性	Agent 可以控制自身的行为，其行为是自发的、主动的、有目标和意图的，并能够根据目标和环境要求规划短期行为
结构分布性	在逻辑上或物理上分布和异构的实体（如数据库、知识库、控制器、感知器和执行器等），在多 Agent 系统中具有分布式结构，有利于技术集成、资源共享、性能优化和系统整合

表 10-3（续）

特　性	介　绍
功能智能性	Agent 的功能具有较高智能性，这种智能是构成社会智能的一部分
作用交互性（反应性）	Agent 可以与环境进行交互，能够感知所处环境，并通过自己的行为结果作用于环境
工作协作性	各个 Agent 可以合作、协调工作，求解单个 Agent 无法处理的难题，提高处理问题的能力
运行持续性	Agent 的程序启动后，可以在长时间内维持运行状态，即使运算停止，Agent 也不会立即结束运行
系统适应性	Agent 在感知环境和作用环境的同时，可以将新建立的 Agent 直接集成到原有系统中，可见，Agent 具有很强的适应性和可扩展性
面向目标性	Agent 可以在某种目标指导下做出适当的行为，并为实现其内在目标采取主动行为
环境协调性	Agent 存在于环境中，感知环境并影响环境，与环境保持协调，两者之间相互依存、相互作用
存在社会性	社会是由多个 Agent 构成，每个 Agent 都不是孤立存在的，而是具有社会性的，它们通过社会规则进行社会推理，实现社会意向和目标

10.2.2　Agent 的结构与类型

人工智能的任务可理解为设计 Agent 程序，即实现 Agent 从感知到动作的映射。Agent 程序需要在某种计算机设备（称为结构）上运行。简单的 Agent 结构可能只是一台计算机，复杂的 Agent 结构可能包括用于某种任务的特定硬件设备，如图像采集设备、声音滤波设备等。

由此可见，Agent、程序和结构之间具有如下关系。

$$Agent=程序+结构$$

在计算机系统中，Agent 含有独立的外部设备、输入/输出驱动设备、各种功能操作处理程序、数据结构和相应的输出。

程序的核心部分是决策生成器或问题求解器，它接收全局的状态、任务和时序信息，指挥相应的功能操作模块工作，同时将内部的工作状态和所要执行的重要结果送至全局数据库。

📖 添砖加瓦

> Agent 的全局数据库中设有存放 Agent 状态、参数和重要结果的数据库，供整体协调使用。Agent 的运行是一个或多个进程，并接受整体调度。

结构为各个 Agent 在多个计算机上并行工作提供了运行环境支持，此外，它还提供了共享资源、Agent 间的通信工具和 Agent 间的整体协调，实现多个 Agcnt 在同一目标下并行、协调地工作。

根据人类思维的不同层次,可将 Agent 划分为 6 类,包括反应式 Agent、慎思式 Agent、跟踪式 Agent、基于目标的 Agent、基于效果的 Agent 和复合式 Agent。

1. 反应式 Agent

反应式 Agent 是一种对当时处境具备实时反应能力的 Agent,其结构如图 10-2 所示。

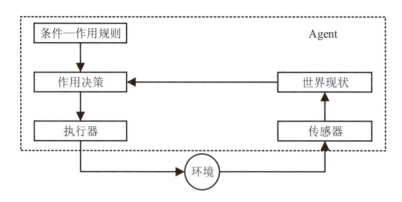

图 10-2 反应式 Agent 的结构

其中,条件—作用规则是反应式 Agent 内部提前设置的相关知识,如行为集和约束条件等。它将反应式 Agent 的感知和动作连接起来。当外界刺激符合一定的条件时,直接调用内部的相关知识,产生相应的输出。

由此可见,反应式 Agent 以感知外界信息作为激发条件,中间不需要逻辑表示和推理。因此,反应式 Agent 没有内部状态。

学有所获

反应式 Agent 能感知外来信息和环境的变化并及时做出响应,但其智能程度和灵活性较低,所以它只适用于任务简单的实时环境。

2. 慎思式 Agent

慎思式 Agent 又称为认知式 Agent,是一种基于知识的系统,主要包括环境描述和智能行为的逻辑推理,其结构如图 10-3 所示。

慎思式 Agent 通过传感器接收的外部环境信息,先依据内部状态进行信息融合,产生修改当前状态的描述;然后,在知识库的支持下制订规划;最后,在目标的指引下,形成动作序列,并对环境产生作用。

慎思式 Agent 具有较高的智能性,但仍然具有一定的局限性,如无法及时对环境的变化做出响应、执行效率较低等。

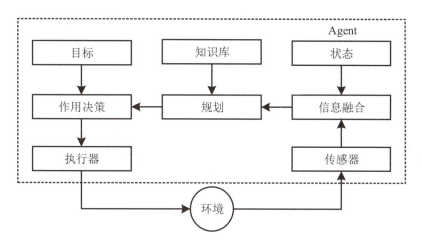

图 10-3　慎思式 Agent 的结构

指点迷津

慎思式 Agent 产生局限性的原因如下。

（1）慎思式 Agent 结构中的环境模型一般是提前预知的，对动态环境存在一定的局限性，不适用于未知环境。

（2）由于缺乏必要的知识资源，执行慎思式 Agent 时需要向模型提供有关环境的新信息，但该操作往往难以实现。

3. 跟踪式 Agent

跟踪式 Agent 也可称为跟踪世界 Agent，是在反应式 Agent 的基础上，增加内部状态获得的 Agent，其结构如图 10-4 所示。

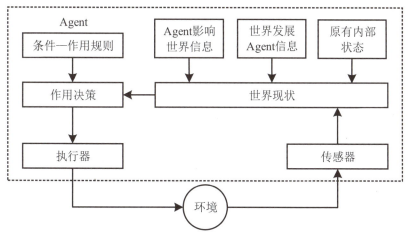

图 10-4　跟踪式 Agent 的结构

跟踪式 Agent 具有内部状态，包括原有的内部状态、世界如何独立发展 Agent 信息和 Agent 自身作用如何影响世界信息。跟踪式 Agent 通过将传感器感知的信息与原有的内部状态相结合的方式，产生对现有状态的更新描述，并通过找到一个条件与现有环境匹配的规则进行工作，最后执行与规则有关的作用。

4．基于目标的 Agent

基于目标的 Agent 做决策时不仅需要了解现有状态，还需要某种描述环境情况的目标信息，其结构如图 10-5 所示。

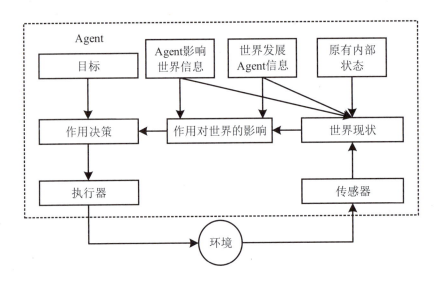

图 10-5　基于目标的 Agent 结构

基于目标的 Agent 程序能够与可能的作用结果信息结合起来，以便选择能够达到目标的行为。它可以灵活地实现目标，即只要指定新的目标，就能够产生新的作用。

5．基于效果的 Agent

仅有目标还不足以产生高质量的作用决策，若一个世界状态优于另一个世界状态，那么它对 Agent 就有更好的效果。因此，效果可理解为一种把状态映射到实数的函数，该函数描述了相关的满意程度。图 10-6 给出了一个完整的基于效果的 Agent 结构。

一个完整规范的效果函数允许对两类情况做出理性的决策。

（1）当 Agent 只有一些目标可以实现时，效果函数可指定合适的交替方法。

（2）当 Agent 存在多个瞄准目标，但不知道哪一个一定能够实现时，效果函数可提供一种根据目标的重要性估计成功可能性的方法。

由此可见，一个具有显式效果函数的 Agent 能够做出理性的决策，但是，在做决策之前必须比较由不同作用获得的效果。

第 10 章 分布式人工智能与 Agent

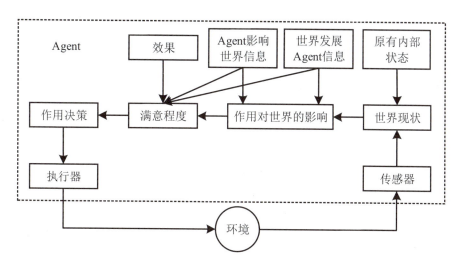

图 10-6 基于效果的 Agent 结构

6．复合式 Agent

复合式 Agent 是在一个 Agent 内组合多种相对独立和并行执行的智能形态，其结构包括感知器、反射、执行器、建模、决策生成、通信和规划等模块，如图 10-7 所示。

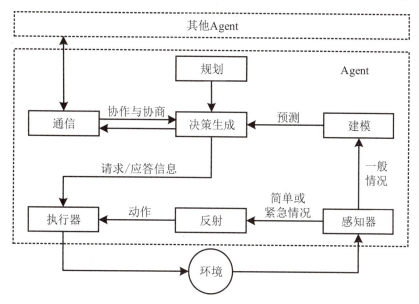

图 10-7 复合式 Agent 的结构

复合式 Agent 通过感知器模块感知外界环境，并对环境信息进行抽象后，送到不同的处理模块。若感知到简单或紧急情况，就将信息送入反射模块，做出决定，并把动作命令送到行动模块，产生相应的动作。

复合式 Agent 综合了其他 Agent 的优点，具有较强的灵活性和快速的响应性。

10.3　Agent 通信

合作可以实现共赢，且获得的整体利益远大于部分和的利益，而通信是实现合作必不可少的基础条件。如果 Agent 之间想实现信息交流与传递，就必须进行通信。通信是实现和提高 Agent 智能性的有效途径，是 Agent 社会性的体现，是增加 Agent 实用价值不可或缺的一部分。

10.3.1　Agent 通信的过程

Agent 之间进行通信就是改变信息载体，将载体发送到接收 Agent 的可观察环境中，其通信过程如图 10-8 所示。

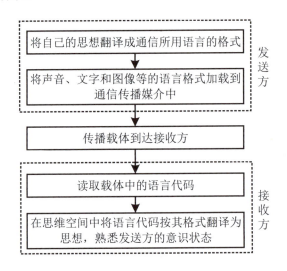

图 10-8　Agent 通信过程

10.3.2　Agent 通信的类型

Agent 之间进行通信时，被授权的 Agent 可以通过调用另一个 Agent 的方法向其发送信息。通常 Agent 通信的类型可分为两种，包括使用 Tell 和 Ask 通信，以及使用形式语言通信。

1．使用 Tell 和 Ask 通信

Agent 之间分享一个共同的内部表示语言，并通过通信界面 Tell 和 Ask 直接访问共享的知识库，如图 10-9 所示。

第 10 章 分布式人工智能与 Agent

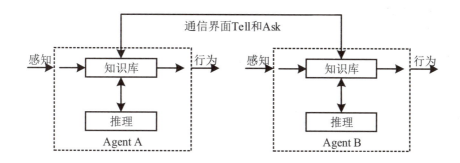

图 10-9 两个 Agent 通过 Tell 和 Ask 通信

由图 10-9 可知,两个共享内部语言的 Agent 使用 Tell 和 Ask 界面,并借助知识库进行直接通信,其中每个 Agent 除了具有感知和行为端口之外,还具有连接知识库的输入/输出端口。

添砖加瓦

该通信类型不需要任何外部语言,通信时 Agent A 可以使用 Tell（KB_B,"P"）通信把提议 P 传到 Agent B,就如同 Agent A 使用 Tell（KB_B,"P"）把提议 P 加到自己的知识库一样。还有,Agent A 可以使用 Ask（KB_B,"Q"）查出 Agent B 是否知道提议 Q。通常将这种通信称为灵感通信。

2. 使用形式语言通信

多数 Agent 的通信是通过语言实现的。图 10-10 描述了两个 Agent 使用语言通信的基本结构。其中,外部通信语言可以与内部表示语言不同,并且每一个 Agent 都可以有不同的内部语言。

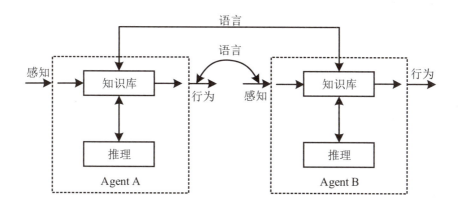

图 10-10 两个 Agent 使用语言通信

高手点拨

只要每个 Agent 能够可靠地实现从外部语言到内部语言的映射，它们就无须统一任何内部符号。

该通信类型需要外部语言，通信时，有些 Agent 可以执行表示语言的行为，有些 Agent 可以感知这些语言。

10.3.3 Agent 通信的方式

Agent 通信是多 Agent 系统实现问题求解的关键。通信方式可分为黑板系统和消息/对话系统。

Agent 通信的方式

1. 黑板系统

黑板系统采用合适的结构支持分布式问题求解。在多 Agent 系统中，黑板系统提供一处公共工作区，Agent 可以"看"到黑板上的问题、数据和求解记录等，并将对问题的求解结果"写"到黑板上，供其他 Agent 求解问题时参考、使用等。

高手点拨

在黑板系统模型中，Agent 之间不能直接通信，信息的交换都需要经过共享媒介（黑板）完成，但每个 Agent 可以独立完成各自求解的问题。

黑板系统可用于任务共享系统和结果共享系统中。由于黑板系统中 Agent 增加会引起数据增加，从而导致 Agent 访问黑板时效率下降，因此，黑板系统应为 Agent 提供不同的区域。

2. 消息/对话系统

消息/对话系统是实现协调策略的基础，各 Agent 使用规定的协议相互交换信息，用于建立通信和协调机制。

知识拓展

为了支持协调策略，通信协议必须明确规定通信过程、消息格式和通信语言。而且，Agent 间的通信是交换知识，参与通信的 Agent 都必须知道通信语言的语义。

在面向消息的多 Agent 系统中，发送 Agent 将特定的消息传送至接收 Agent。两 Agent 之间的消息是直接交换的，执行过程中没有缓冲。一般情况下，发送 Agent 要为特定消息指定唯一的地址，只有该地址的 Agent 才能读该条消息。

> **拓展阅读**
>
> 目前，国际上使用比较广泛的 Agent 通信语言有知识交换格式语言（KIF）和知识查询操纵语言（KQML）。
>
> 知识交换格式语言主要是基于谓词逻辑的知识表示工具，可描述专家系统、数据库、多 Agent 等所含有的知识。
>
> 知识查询操纵语言为多 Agent 通信定义了一套消息表达机制和消息传递格式，并提供了一套建立连接识别和交换消息的协议，构建了一种标准的通用框架。

10.4　多 Agent 系统

10.4.1　多 Agent 系统的概念与特点

多 Agent 系统（multi-agent system，MAS）是由分布在网络上的多个 Agent 松散耦合而成的系统，这些 Agent 不仅自身具有问题求解能力和行为目标，还能够相互协作，实现共同的整体目标，即解决现实中由单个 Agent 无法处理的复杂问题。

多 Agent 系统是由多个 Agent 组成，因此，它具有和 Agent 一样的特性。此外，它还具有如下特点。

（1）多 Agent 系统中数据分布或分散存贮。

（2）多 Agent 系统的执行过程具有并发性、并行性和异步性。

（3）多 Agent 系统中每个 Agent 都具有不完全的信息，同时还具有问题求解能力。

（4）多 Agent 系统不存在全局控制。

10.4.2　多 Agent 系统的基本模型与体系结构

多 Agent 系统的基本模型与其应用环境息息相关，它的体系结构更是直接影响系统异步性、一致性、自主性和自适应性的程度。

1. 多 Agent 系统的基本模型

针对不同的应用环境，从不同的角度提出了多种不同的多 Agent 系统，其基本模型包括 BDI 模型、协商模型、协作规划模型和自协调模型等，具体介绍如表 10-4 所示。

表 10-4　多 Agent 系统的基本模型

基本模型	介　　绍
BDI 模型	一个基于概念和逻辑的理论模型，它是研究 Agent 理论和推理机制的基础
协商模型	通过协商策略实现 Agent 的协作行为。例如，对资源缺乏的 Agent 动态环境进行任务分解、任务分配、任务监督和任务评价等
协作规划模型	主要用于规划多 Agent 系统的协调一致问题。Agent 之间的相互作用以通信规划和目标的形式抽象表达，以通信原语描述规划目标，相互告知自身的期望行为，利用规划信息调节自身的局部规划，达到共同目标
自协调模型	建立在开放和动态环境下的多 Agent 系统模型，它可以随环境变化自适应地调整行为，其动态性表现在系统组织结构的分解重组和多 Agent 系统内部的自主协调等方面

2．多 Agent 系统的体系结构

多 Agent 系统的体系结构决定信息的存储方式、共享方式和通信方式。因此，体系结构中必须有共同的通信协议或传递协议。

对于特定的应用，应选择与其能力要求相匹配的体系结构。常见的多 Agent 系统的体系结构有网络结构、联盟结构和黑板结构等。

（1）网络结构中，任何 Agent 之间都是直接通信的，通信和状态知识都是固定的。通信时，Agent 必须知道消息在何时送到何地，哪些 Agent 可以合作，以及 Agent 具备什么样的能力等。但是，当 Agent 数量增多时，将会导致这种一对一的直接通信方式效率低下。

（2）联盟结构中，若干近程 Agent 通过协助者 Agent 进行交互，而远程 Agent 之间的交互则由局部 Agent 群体的协助者 Agent 协作完成。这种结构中 Agent 不需要知道其他 Agent 的详细信息，因此具有较大的灵活性。

（3）黑板结构中，局部 Agent 将信息存放在可存取的黑板上，实现局部数据共享。但是，局部数据共享要求一定范围群体的 Agent 具有统一的数据结构或知识表示，因而限制了系统中 Agent 设计和建造的灵活性，从而导致黑板结构不易应用于开放的分布式系统。

10.4.3　多 Agent 系统的协调、协作和协商

协调、协作和协商都是多 Agent 系统研究的核心问题。协调是指一组 Agent 完成一些集体活动时可以和谐地进行相互作用。协作是非对抗的 Agent 之间保持行为协调的一个特例，它通过适当的协调，合作完成共同的目标。协商是多 Agent 系统实现协调、协作、冲突消解和矛盾处理的关键环节。

1. 多 Agent 系统的协调

多 Agent 系统的协调是指多个 Agent 为了共同合作解决复杂问题而进行交互的过程。进行协调是希望避免 Agent 间的负面交互关系导致冲突，一般包括资源冲突、目标冲突和结果冲突等。表 10-5 列举了当前主要的 4 种协调方法。

表 10-5 多 Agent 系统的协调方法

协调方法	介　　绍
基于集中规划的协调	多 Agent 系统中至少有一个 Agent 可作为主控 Agent 对该系统的目标进行分解，对任务进行规划，并指示或建议其他 Agent 执行相关任务，而且，该 Agent 具备其他 Agent 的知识、能力和环境资源知识等
基于协商的协调	通过 Agent 间交换信息、讨论和达成共识的方式进行分布式协调，其系统中没有主控 Agent
基于对策论的协调	该协调方法包括无通信协调和有通信协调。无通信协调是在没有通信情况下，Agent 根据对方及自身的效益模型，按照对策论选择适当行为。在无通信协调中，Agent 最多只能达到协调的平衡解。而在有通信协调中，则可得到协作解
基于社会规则的协调	该协调方法是以每个 Agent 都必须遵循的社会规则、过滤策略、标准和惯例等为基础，对 Agent 进行协调。这些规则对各 Agent 的行为加以限制，过滤某些有冲突的意图和行为，保证其他 Agent 必需的行为方式，从而确保本 Agent 行为的可行性，协调整个多 Agent 系统的社会行为

2. 多 Agent 系统的协作

协作行为是多 Agent 系统必不可少的行为。根据 Agent 之间目标的关系和协作的程度，可将协作分为 5 种类型，如表 10-6 所示。

表 10-6 多 Agent 系统的协作类型

类　型	介　　绍
协作型	系统中的 Agent 都具有一个共同的全局目标，同时各个 Agent 还具有与共同目标一致的局部目标
完全协作型	系统中的 Agent 都具有一个共同的全局目标，但是各个 Agent 没有局部目标
自私型	系统中不存在共同的全局目标，各个 Agent 都只为自己的局部目标工作，且目标之间还可能存在冲突
完全自私型	系统中不存在共同的全局目标，各个 Agent 都只为自己的局部目标工作，且不需要考虑任何协作行为
协作与自私共存型	系统中存在共同的全局目标，同时某些 Agent 也可能具有与全局目标没有直接关系的局部目标

多 Agent 系统的协作过程一般分为 6 个阶段，如图 10-11 所示。

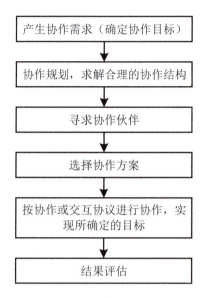

图 10-11　多 Agent 系统的协作过程

常用的协作方法有合同网协作方法、黑板模型协作方法和市场机制协作方法等。

（1）合同网协作方法是著名且应用广泛的一种协作方法，其基本思想来自商务过程中，管理商品和服务的合同机制。在该方法中，将所有的 Agent 分为管理者和工作者两种角色，每个角色依据自己的职能实现多个 Agent 间的协作。

（2）黑板模型协作方法的基本思想是多个专家通过黑板提供的共享工作空间相互协作，共同求解一个问题。

（3）市场机制协作方法的基本思想是针对分布式资源分配的问题，建立相应的通信消耗计算模型，实现以最少的直接通信协调多个 Agent 之间进行活动。

3．多 Agent 系统的协商

多 Agent 系统中协商的关键技术可归纳为 3 个方面，包括协商协议、协商策略和协商处理。

（1）协商协议是 Agent 之间进行交互的规则，可决定何方何时采用何种行为，是规范交互协商行为的基础。

知识拓展

协商协议主要研究 Agent 通信语言的定义、表示、处理和语义解释。协商协议最简单的形式为

协商通信消息：（<协商原语>，<消息内容>）

其中，协商原语代表消息类型，其定义一般以对话理论为基础；消息内容包括消息的发送者、接收者、消息编号、消息发送时间等固定信息，以及与协商应用的具体领域有关的信息描述。

（2）协商策略是 Agent 选择协商协议和通信消息的策略，主要包括两部分内容，即一组与协商协议相对应的原始协商策略和策略的选择机制。

知识拓展

策略对于协商的效率具有至关重要的作用，根据不同的应用领域应该选择不同的协商策略。协商策略可分为 5 类，包括单方让步策略、竞争型策略、协作型策略、破坏协议策略和拖延协商策略。

（3）协商处理包括协商算法和系统分析两方面的内容。其中，协商算法主要用于描述 Agent 在协商过程中的行为，包括通信、决策、规划和知识库操作等；系统分析常用于分析和评价 Agent 协商的行为和性能，并回答协商过程中的某些问题，如问题求解质量、算法效率和系统的公平性等。

学有所获

协商协议主要用于处理协商过程中 Agent 间的交互；协商策略主要用来修改 Agent 内的决策和控制过程；而协商处理侧重于描述和分析单 Agent 和多 Agent 协商的整体协作行为和性能。

本章小结

本章主要介绍了分布式人工智能与 Agent 的相关知识。通过本章的学习，读者应重点掌握以下内容。

（1）分布式人工智能主要研究逻辑上或物理位置上分散的智能系统如何并行地、相互协作地实现多任务问题求解，它可分为分布式问题求解和多 Agent 系统两种类型。

（2）在人工智能领域中，Agent 是指能够自主地、灵活地与某一环境进行交互的程序或实体，其结构类型包括反应式 Agent、慎思式 Agent、跟踪式 Agent、基于目标的 Agent、基于效果的 Agent 和复合式 Agent。

（3）Agent 之间进行通信就是改变信息载体，将载体发送到接收 Agent 的可观察环境中，其通信类型包括使用 Tell 和 Ask 通信和使用形式语言通信；通信方式可分为黑板系统和消息/对话系统。

（4）多 Agent 系统是由分布在网络上的多个 Agent 松散耦合而成的系统，这些 Agent 不仅自身具有问题求解能力和行为目标，还能够相互协作，达到共同的整体目标，即解决现实中由单个 Agent 无法处理的复杂问题。

思考与练习

1．选择题

（1）Agent 是独立的智能实体，其自身具备多种特性，不包括（　　）。
  A．行为自主性和结构分布性　　　　B．工作协作性和环境协调性
  C．知识综合性和运行间断性　　　　D．功能智能型和系统适应性

（2）用于任务共享系统和结果共享系统的通信方式是（　　）。
  A．黑板系统　　　　　　　　　　　B．消息/对话系统
  C．A、B 都是　　　　　　　　　　 D．A、B 都不是

（3）多 Agent 系统中，Agent 可直接进行通信的体系结构是（　　）。
  A．网络结构　　　　　　　　　　　B．联盟结构
  C．黑板结构　　　　　　　　　　　D．A、B、C 都不是

（4）多 Agent 系统实现协调、协作、冲突消解和矛盾处理的关键环节是（　　）。
  A．协调　　　　　　　　　　　　　B．协作
  C．协商　　　　　　　　　　　　　D．A、B、C 都不是

2．填空题

（1）在人工智能领域中，_____是指能够自主地、灵活地与某一环境进行交互的程序或实体。

（2）在计算机系统中，Agent 含有独立的外部设备、_____、各种功能操作处理程序、_____和相应的输出。

（3）通常 Agent 通信的类型可分为两种，包括_____和_____。

（4）针对不同的应用环境，从不同的角度提出了多种不同的多 Agent 系统，其基本模型包括_____、协商模型、_____和自协调模型等。

3．简答题

（1）简述分布式人工智能的概念、特点及分类。
（2）简述 Agent 的结构与分类。
（3）简述什么是多 Agent 系统。
（4）简述多 Agent 系统的协作过程和协作方法。

应用篇

第 11 章

人工智能在社会服务中的应用

本章导读

目前，人工智能已经深入到了人们生活的方方面面，如人脸识别、智能客服、医学影像和 VR 智慧课堂等。

本章将从智慧安防、智慧政务、智慧医疗和智慧教育这几个方面来介绍人工智能在社会服务中的应用。

学习目标

- 了解什么是智慧安防、智慧政务、智慧医疗和智慧教育。
- 了解智慧安防、智慧政务、智慧医疗和智慧教育的应用场景。

素质目标

- 关注国家行业发展，感受国家的发展、民族的强大，加深爱党、爱国的情感。
- 紧跟时代的发展，感受科技创新的乐趣，激发学习兴趣，增强创新意识。

11.1 人工智能+安防

11.1.1 智慧安防概述

智慧安防是指基于泛在监控、泛在网络和泛在计算机技术，实现全域监控、智能预警、安全防范和高效应急救援等功能的一体化综合实时智慧安防体系。

1. 智慧安防的特点

智慧安防为社会的安宁提供了保障，同时为世界科学技术的前进和发展保驾护航。它的主要特点可概括为以下 3 点。

（1）智慧安防能够实现多区域、多维度和多方面的监控，同时还可以进行智能信息共享和调度。

（2）智慧安防可以通过智能分析技术实时监测安全隐患，并在发现隐患时及时自主报警，实现智能预防功能。

（3）发生安全隐患时，智慧安防能够通过对医疗、消防和警力等多方资源的智能调度，进行高效地应急救援行动。

2. 智慧安防的发展历程

早期，安防行业并没有引起大家的重视，直到 1959 年，故宫盗宝案的发生才激发了人们的安防意识，该事件是当时安防行业萌动的起点，对安防行业的发展具有举足轻重的作用。

拓展阅读

1959 年，故宫发生了新中国成立后的第一起盗宝案，由于当时安防意识不强，皇帝订婚用的金册、玉册、玉雕花把金鞘匕首及金钗、佩刀等文物失窃。从那之后，故宫开始高度重视安防，于是采用了最原始最简单的晶体管监听报警设备。这也是全国第一个作为民用产品来使用的安防设备。

正是这个安防设备，在 1962 年故宫发生的一起盗宝事件中发挥了重要作用。当时，盗贼企图盗走珍妃印、48 斤黄金等贵重物品，可是盗贼万万没有料到，防盗监听报警器很清楚地将盗窃过程中撬展柜的声音传入了值班室，值班人员察觉到这一情况，并当场抓获了盗贼。

人工智能

从 1959 年至今，安防系统发生了翻天覆地的变化，除了声音监听、图像监测、红外报警、门禁识别外，各个系统联动的安防设备也已经覆盖到了多个常见场所。从最初故宫安装的监听报警系统到现在的民用安防开始普及，人们的安防意识不断加强。但对国内安防行业来说，1979 年才是中国安防一个公认的起点。其发展历程可用图 11-1 描述。

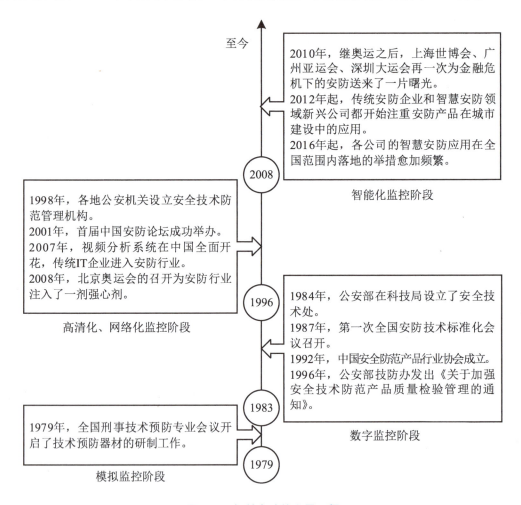

图 11-1　智慧安防的发展历程

11.1.2　智慧安防的应用场景

人们日常生活中，走过的大街小巷都安装着各种摄像头（见图 11-2），这些监控设备为维护社会治安、打击违法犯罪行为、降低安全隐患等做出了巨大的贡献。由此可见，智慧安防是维护社会安定必不可少的有效方法。

第 11 章　人工智能在社会服务中的应用

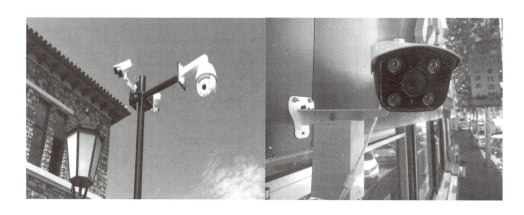

图 11-2　安装摄像头的场景

随着人工智能技术在安防领域中的大规模应用，基于活体检测、目标跟踪和图像识别 3 大主流方向的智慧安防产品应运而生。目前，智慧安防涉及的领域呈现多元化发展，其应用场景更是数不胜数。下面分别从警用、民用和金融这 3 个方向来介绍智慧安防的应用。

1. 警用智慧安防

警用智慧安防是指利用计算机硬件设备的强大计算能力及软件系统的智能分析能力，从海量的城市级信息中，实时分析嫌疑人的信息，并给出最可靠的线索建议，为侦破案件提供有效性的方案，节约破案时间。

智能巡逻机器人

目前，已经落地的警用智慧安防项目有智能巡逻机器人（见图 11-3）；基于热力分析的体温监测（见图 11-4）；能够实现 2 秒自动识别身份信息的智能眼镜（见图 11-5）；单兵作战设备（见图 11-6）等。

图 11-3　智能巡逻机器人　　　　图 11-4　体温监测　　　　图 11-5　智能眼镜

人工智能

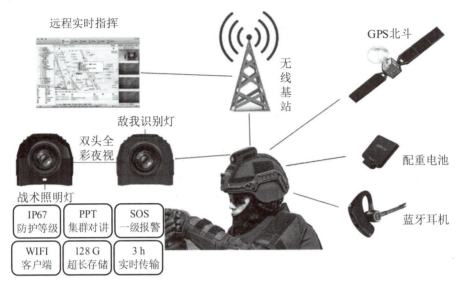

图 11-6　单兵作战设备

旗帜引领

公安部在《公安科技创新"十三五"专项规划》中提出了警用技术与装备智能化、数据化、网络化、集成化、移动化的要求,并强调研发智能单警装备,提升复杂情境下单警综合实战能力。由此可见,政府部门高度重视科技的发展,并紧跟时代的步伐,改革创新,将前沿技术赋能警务工作。

2. 民用智慧安防

民用智慧安防是指利用生物识别、图像识别和视频监控等技术设计具有高智能化、高便携性,同时还应用于生活中多个场景的系统和设备。

民用智慧安防包括对小区、楼宇、校园和房屋等的安全管理。目前,常见的安防设备有用于人员出入管理的人脸识别门禁设备(见图 11-7);用于车辆管理的车牌识别设备(见图 11-8);用于治安管理的视频监控设备(见图 11-9);用于房屋安全防范的可视门铃(见图 11-10)等。

3. 金融智慧安防

金融智慧安防是以维护金融机构公共安全为目的,借助安全防范技术,有效保障金融机构人员人身和财产安全,保证正常的工作秩序,为金融机构建立具有防盗窃、防入侵、防抢劫、防破坏等多种功能的安全防范系统。

第 11 章 人工智能在社会服务中的应用

图 11-7　人脸识别门禁设备

图 11-8　车牌识别设备

图 11-9　视频监控设备

图 11-10　可视门铃

金融智慧安防主要包括技术防范系统和实体防护设施。技术防范系统主要通过摄像头实现监控（见图 11-11），包括视频安防监控系统、出入口控制系统、入侵报警系统和监听对讲系统等；实体防护设施主要包括专用门体（金库门、防尾随联动安全门、防盗安全隔离门等）、防弹复合玻璃、提款箱、运钞车、保管箱和 ATM 自动柜员机等。

图 11-11　金融安防系统

 添砖加瓦

> 分析智慧安防不同的应用场景不难发现，目前智慧安防的实现普遍依赖于视频监控系统。

11.1.3 智慧安防的典型案例：智慧安防社区服务

随着社会的快速发展，农村进城务工人口数量增加，社区出租房的数量也随之增加。于是，出现了居民人口数量不清、信息采集率低、周边环境复杂等问题，这着实给社区管理带来了较大的难度。这些社会治安隐患给基层执法民警带来了较大的困扰。

为了解决这一系列的问题，云从科技设计了智慧安防社区系统，该系统可以构建一个实时监控、全域巡查、全民互动和多项管理的智慧安防体系。智慧安防社区系统的架构可用图 11-12 描述。

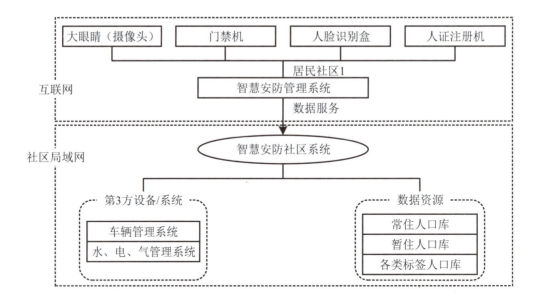

图 11-12　智慧安防社区系统架构

该智慧安防社区系统的主要功能包括一标三实、数据总览、构建全息档案、刻画轨迹和智能预警与侦查。

（1）一标三实是指通过统一的标准地址库，在地图上展示小区内对应的实有人口、实有房屋、实有单位的位置和信息。

第11章 人工智能在社会服务中的应用

📄 添砖加瓦

实有人口可通过分类统计和标记标签，对小区登记人员、流动人员的各类信息进行全面掌控及动态跟踪。

实有房屋可通过分层分户了解房屋属性，对小区内每户的信息进行详细查询和展示。

实有单位可通过查看社区内及周边详情，加强对社区周边单位及其从业人员的精准管理。

（2）数据总览是指以可视化方式展示系统整体建设情况，包括以"一标三实"数据为核心的基础数据统计、多元感知数据汇聚及GIS地图的相关操作，总体掌控系统在整个辖区的管控社区数、设备总数、重点关注人员数、抓拍总人数和登记总人数等信息。

（3）构建全息档案是指构建以一人一档、一车一档和一屋一档为核心的综合信息库。

📄 添砖加瓦

一人一档包含人员照片、基本信息、标签信息，以及与此人关联的房屋、车辆、人脸抓拍、开门记录、警告事件等，它可以有效协助社区民警对小区人员的各类信息进行全面掌控及动态跟踪。

一车一档将人、车信息相互关联，实现以车管人，可有效协助社区民警对小区关注人员的各类信息进行全面掌控及动态跟踪。同时，还可根据车牌号对车辆的档案进行搜索，结果包含车辆照片、与该车关联的车主信息、住户信息和过车信息等。

一屋一档将人、房信息相互关联，实现以房管人，可有效协助小区物业、居委、街道和社区民警等对所管理区域房屋、人员信息进行全面掌控。同时，还可根据小区、楼栋号、房间号等信息进行搜索，结果包含房屋内人员信息、车辆信息、水电煤信息等。

（4）刻画轨迹是指通过输入人脸图像或车牌号码，查询其在指定时间段内的通行记录，在地图上精准刻画目标的活动轨迹，并按时间先后顺序播放展示。

（5）智能预警与侦查是指通过大数据分析引擎进行自动分析，智能推送相关预警信息，并协助警务人员侦破案件。其中，人员管理、车辆管理、房屋管理、重点人员管理等模块，不仅为治安民警进行人员管控和分配治安力量提供了信息支撑，还可以辅助刑侦人员执行案件侦破工作。

综上所述，该智慧安防社区系统主要聚焦于社区场景，整合辖区内实有人口、实有房屋、实有单位、安防设备等基础数据，并汇聚社区内视频监控、人脸抓拍、车牌识别、门禁卡等多类设备获取的动态感知数据，围绕人、车、房、警情事件等要素，为公安、街道、物业等部门用户所需的实有人口管理、重点人员管控、潜在风险预控、警告闭环处置、人车轨迹研判等业务提供有效的数据基础。

11.2 人工智能+政务

11.2.1 智慧政务概述

智慧政务是利用物联网、云计算、移动互联网、人工智能、数据挖掘、知识管理等技术，开发高效、敏捷、便民的新型政务系统，以提高相关机构办公、监管、服务、决策的智能化水平。

1. 智慧政务的主要功能

在智慧城市的规划建设中，智慧政务无疑是其中的一个重要领域。它的主要功能可概括为以下4点。

（1）实现政府内部业务系统之间，以及与外部业务系统各职能部门之间的资源整合与系统集成。

（2）实现政府各部门流程、资源的重置与集成，为市民、公司等提供优质、便捷、低成本的一站式服务。

（3）实现跨职能部门的业务联动与系统集成，完成并联审批功能。

（4）实现网络行政监察和法制监督，使政务工作公开透明、廉洁高效地进行。

2. 智慧政务的发展历程

我国政府行业信息化起步于20世纪80年代末90年代初，智慧政务的发展也随着其技术复杂性、集成难度的增加，大致经历了办公自动化工程、"三金"工程、政府上网工程、电子政务工程和智慧政务工程5个阶段，如图11-13所示。

第 11 章 人工智能在社会服务中的应用

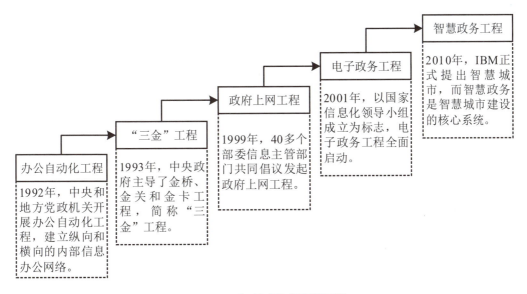

图 11-13 智慧政务的发展历程

> 2021 年 9 月 29 日，四川首个小区便民服务微中心在成都市某小区亮相。
> 该中心内的 AI 智慧政务服务空间站基于 AI 人工智能技术，将原有的政务大厅人工服务变为"7×24 小时"全天候机器自助服务。居民们可以轻松完成 470 项事务的自助办理，如办理商事登记、社保缴费查询、卫计等。同时，该中心依托互联网+、自助终端设备、手机 App 等，实行全程电子化审批，可以实现居民"随时办、随身办、马上办、就近办、一次办、一网办"，从而有效解决社区治理远端服务功能不足、居民满意度不高的问题。

11.2.2 智慧政务的应用场景

智慧政务的建设是实现电子政务升级发展的突破口，是政府从管理型走向服务型、从人工型走向智慧型的必然产物。2012 年以来，越来越多的城市启动智慧城市规划工作，更有一批经济发达的大中型城市进入智慧城市实施阶段。在智慧城市规划和建设中，智慧政务成了建设的重点。

目前，人工智能技术在智慧政务中的应用场景主要包括智能身份认证、智能客服和智能决策等。

1. 智能身份认证

身份认证是行政服务平台建设的重要部分之一，是确认用户身份和系统权限，阻止黑客等非法用户进入系统，保证系统数据安全及合法用户利益的有效方法。目前，智能身份认证方法主要是具有无接触、便携、快捷等特征的人脸识别方法。

在智慧政务中，常使用摄像头采集人脸图像，然后通过人工智能技术进行身份认证，如图 11-14 所示。

图 11-14 智能身份认证场景

2. 智能客服

智能客服采用了语音识别、自然语言处理、语义分析、知识检索和语音合成等多项人工智能技术，对用户咨询进行实时的语义分析，自主理解用户的意图，并基于政务知识库，进行精准回复。

政务智能客服
机器人——小笨

智能客服是人工智能技术在智慧政务领域中的一项重要应用，它能够有效地提升用户对在线客户服务的满意度，同时还可以降低人工成本。目前，常见的智能客服产品有可以自主回答用户咨询的在线智能客服、可以解答用户业务咨询并疏导服务大厅人流量的智能客服机器人等。其中，智能客服机器人的应用有税务局办事大厅使用的税务智能客服机器人、供电服务大厅使用的供电智能客服机器人等，如图 11-15 所示。

第 11 章 人工智能在社会服务中的应用

图 11-15　智能客服机器人

指点迷津

> 智能在线客服与人工客服系统、政务知识库相互连通,当智能客服无法满足用户需求时,则会自动转接人工客服,并根据用户的问答记录,通过精确的语义检索能力向人工客服进行关键词推送。同时,还通过在线编辑政务知识库,不断地更新政务知识库,供智能客服系统自主使用。

3. 智能决策

智能决策是指基于人工智能、大数据和计算机等技术,建立能够自主进行政务决策的系统。典型的智能决策系统是由决策数据分析系统、决策专家系统、决策模拟系统和追踪评估系统 4 个子系统组成的闭环结构,如图 11-16 所示。

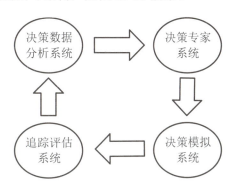

图 11-16　智能决策系统

人工智能

添砖加瓦

智能决策系统的自主决策过程如下。

（1）决策数据分析系统利用数据提取技术从海量的数据中提取出与制定决策相关的数据，并利用数据分析与数据挖掘技术，对数据采取进一步的分析和挖掘。

（2）决策专家系统是在数据分析系统的数据基础上，根据一定的专家规则，采用人工智能技术生成决策建议。

（3）决策模拟系统对决策的实际效果进行模拟评估。

（4）追踪评估系统收集决策实际执行的效果、民众对决策的评价等数据，对决策的实际效果进行评价。

11.2.3 智慧政务的典型案例：行政服务大厅

基于"以公众服务为中心"的服务理念，国家将人工智能、大数据、移动互联网、物联网、云计算和 5G 网络等多种技术应用于政府服务中，打造了智能化行政服务大厅，建设了"渠道多、办事易、效率高"的综合服务体系，为公众带来了全新的服务体验，同时，提高了公众对政府服务的满意度。

行政服务大厅为公众提供了一站式服务，其整体结构主要包括云计算基本框架、智能行政服务管理平台、智能行政服务平台、智能化渠道、行政部门用户和安全管理体系，具体如图 11-17 所示。

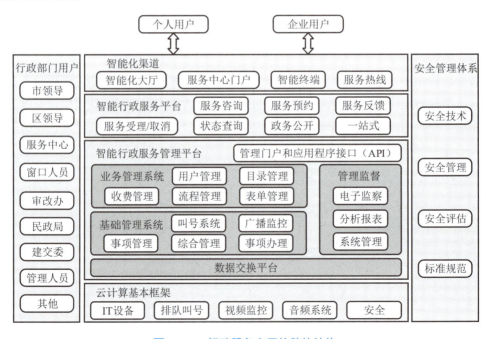

图 11-17 行政服务大厅的整体结构

第 11 章 人工智能在社会服务中的应用

人工智能技术在行政服务大厅中的应用不仅体现在智能行政服务管理平台和智能行政服务平台的后台开发中，还清晰地体现在用户使用的产品上，如智能化渠道中使用智能机器人进行业务咨询或调节用户情绪的智能化大厅（见图 11-18）、采用人工智能和计算机技术实现自主业务办理的智能终端（见图 11-19）、利用自然语言处理技术对来电咨询用户进行自主服务的服务热线等。

图 11-18　智能机器人

图 11-19　智能终端

11.3 人工智能+医疗

11.3.1 智慧医疗概述

智慧医疗是指在诊断、治疗、康复、支付、卫生管理等多个环节，利用计算机、物联网、人工智能等技术，建设医疗信息完整、跨服务部门且以病人为中心的医疗信息管理和服务体系，实现医疗信息互联、共享协作、临床创新、辅助诊断等多种功能，以提高治疗效率、减少医疗消耗、提升医疗服务。

1. 智慧医疗的优势

早期，医疗行业中存在 3 大痛点，包括碎片化的医疗系统（即多种数据间未连接在一起，存在"数据孤岛"的现象）、医疗资源供不应求（即医护人员供给不足、初级卫生保健体系欠缺、商保覆盖率低、严重依赖社保等）和城乡医疗资源配置不均衡。由此可见，传统的医疗服务已无法解决医疗行业的痛点。因此，在该背景的推动下，智慧医疗得到了快速的发展。

相较于传统的医疗服务模式，智慧医疗具备多个优势。

（1）智慧医疗可以利用多种传感设备和医疗仪器，自动或自助地采集人体生命的各类特征数据，这不仅减轻了医护人员的负担，还能够获取更丰富的数据。

（2）智慧医疗可通过无线网络将采集的数据自动传输至医院的数据中心。医护人员能够依靠数据提供远程医疗服务，有效地提升了用户体验感、就医便捷性、医疗诊断效率和准确率等，同时还可以缓解患者排队问题和减少交通成本。

（3）智慧医疗可以将数据集中存放管理，实现数据的广泛共享和深度利用，有助于缓解关键病例和疑难杂症带来的困扰。同时，能够以较低的成本对亚健康人群、老年人和慢性病等患者提供长期、快速、稳定的健康监控和诊疗服务，降低发病风险，还间接减少对稀缺医疗资源（如床位、血浆等）的需求。

2. 智慧医疗的整体结构

智慧医疗的整体结构主要由 8 部分组成，分别为基础层、数据库层、云层、管理服务层、服务层、安全保障体系、标准规范体系和管理保障体系，如图 11-20 所示。

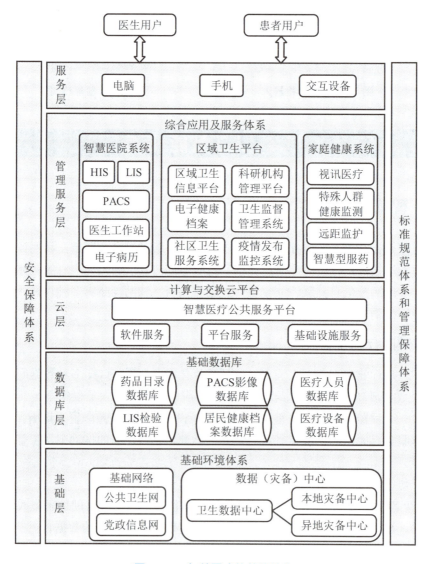

图 11-20　智慧医疗的整体结构

第 11 章 人工智能在社会服务中的应用

指点迷津

HIS 代表医院信息系统，LIS 代表实验室信息管理系统，PACS 代表医学影像的存储和传输系统。

11.3.2 智慧医疗的应用场景

随着智能技术的不断提升和应用系统的逐渐完善，智慧医疗在提高医疗效率、服务等方向都有着重要的作用。下面列举几个应用场景。

1. 医院管理系统

针对使用群体的不同，可将医院管理系统划分为面向公众的模块和面向内部员工的模块。面向公众的模块中提供了就医导航、诊疗中心、患者服务、医院新闻、健康科普等多种服务，如图 11-21 所示。面向内部员工的模块需要登录才可以使用（见图 11-22），它包含病理结构化、分级诊疗、诊断相关分类智能系统和支持医院决策的专家系统等模块，以此完成管理医院内部、医院之间等的各项工作。

图 11-21 面向公众的医院管理系统

273

人工智能

图 11-22　面向员工的医院管理系统

2．医学影像

医学影像（见图 11-23）是指基于图像数据集，采用计算机视觉、人工智能等技术识别并标注病灶，辅助医生诊断病情，以增强诊断的准确性。

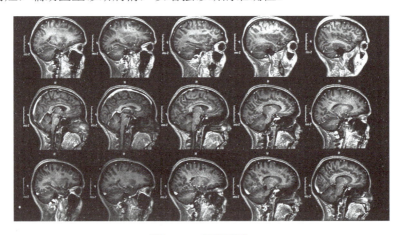

图 11-23　医学影像

3．辅助医疗

辅助医疗主要包括两类，即医疗大数据辅助诊疗和医疗机器人。其中，医疗大数据辅助诊疗是在大数据的支撑下，利用数据分析技术辅助医生诊断和治疗患者；医疗机器人主要是指针对诊断与治疗环节的机器人，包括手术机器人（见图 11-24）、康复机器人（见图 11-25）等。

第 11 章 人工智能在社会服务中的应用

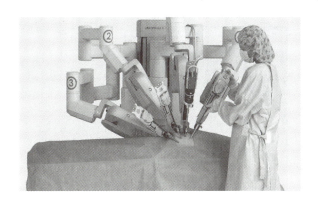

扫一扫

手术机器人

图 11-24 手术机器人

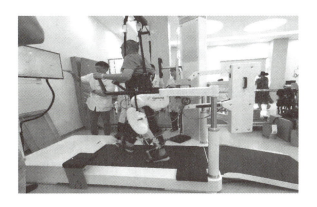

扫一扫

康复机器人

图 11-25 康复机器人

11.3.3 智慧医疗的典型案例：新冠肺炎智能问诊系统

2020 年突如其来的新型冠状病毒性肺炎疫情，让这个世界猝不及防。其中，智慧医疗在这场疫情中发挥了重要的作用。它实现了个人健康档案建立、数据共享、智能问诊、辅助诊断等多种功能，不仅有利于控制疫情，还减轻了医护人员的工作负荷。

当时，由于疫情形势严峻，疑似感染的患者大量涌入医院发热门诊，极大地增加了门诊医生的工作量，还挤占了医疗资源，同时医院内确诊的患者携带肺炎病毒，存在大面积交叉感染的风险。因此，在进入医院前有效地进行居家分诊对于疫情控制尤其重要。

朗通科技的新型冠状病毒性肺炎自诊系统（见图 11-26）提供了智能自诊筛查工具，能够有效地实现居家分诊。

275

图 11-26　新型冠状病毒性肺炎自诊系统

该系统基于医学专家对疫情症状的最新分析,通过医学推理引擎引导患者进行问诊,将常见的新冠肺炎症状、流行病学史及可能存在的情况进行梳理;然后,利用人工智能的机器学习技术对梳理的知识进行学习;最后,当用户自诊时,由机器大脑自主给出自诊结果,同时将信息同步给相关医院平台上的新冠肺炎人工专家进行咨询。该系统智能自诊的过程如图 11-27 所示。

图 11-27　智能自诊过程

该系统具备智能自诊的能力，不仅加强了居民对新冠肺炎的科学认知，还帮助居民及时获得健康评估结果和专业指导。同时，该系统还会将信息同步到相关医院平台上，可以指导人们有序就诊，缓解医院救治压力，提高医疗服务效率，降低交叉感染风险。

11.4 人工智能+教育

11.4.1 智慧教育概述

智慧教育是以数字化信息和网络为基础，利用计算机和互联网技术，对教学、科研、管理、技术服务、生活服务等校园信息进行收集、处理、整合、存储、传输和应用，以充分优化和利用数字资源。

智慧教育能够在传统校园的基础上构建一个数字空间，实现从环境（设备、教室等）、资源（图书、讲义、课件等）到应用（教、学、管理、服务、办公等）的全部数字化，这不仅拓展了现实教育的时间和空间维度，提升传统教育的管理、运行效率，还扩展了传统校园的业务功能，最终实现教育过程的全面信息化，从而达到提高管理水平、提升教学质量等多个目的。

> **旗帜引领**
>
> 智慧教育是教育现代化创新大势，是办好人民满意教育的必然要求。2021年5月28日，"智慧教育与新时代基础教育高质量发展论坛"在贵阳举行。
>
> 论坛上，贵州省教育厅副厅长级督学、省委教育工委委员何某表示，"十四五"期间，省教育厅将依托大数据战略行动，紧跟教育信息化2.0时代步伐，抢抓互联网、大数据、人工智能等新技术新业态的发展机遇，不断探索用智慧教育手段提升基础教育的新模式，打造"互联网+教育"升级版，为智慧教育全面赋能，努力推动人才培养模式的根本性转变，造就更多面向未来的拔尖人才和创新人才。

11.4.2 智慧教育的应用场景

智慧教育的应用体现了人工智能在教育行业的价值，开创了教育的新型模式。智慧教育结合教育行业的特性，运用关键技术和智慧教育平台，实现了人工智能与教育的深度融合，促进了教育信息化的变革。下面列举几个应用场景。

1. 精准教学

精准教学是从辅助教师教学的角度出发，涵盖了备课、授课、作业、辅导、教研等多个教学流程，实现了对学生学情的精准分析、教学资源的精准推送、课堂互动的即时反馈数据留存、智能辅导与答疑、课堂的录制与分析、网络协同教研等，较大程度地减轻了教师的教学负担，提高了教学的效率和针对性。

目前，常用的精准教学平台有腾讯课堂（见图 11-28）、新东方在线（见图 11-29）等。

图 11-28　腾讯课堂　　　　　　　　图 11-29　新东方在线

2. 智能学习

智能学习是学生在智能技术支撑下的新型学习模式，它通过学习路径规划的业务服务来制定学习的目标及学习步骤；通过个性化学习、协作式学习、沉浸式学习和游戏化学习等方式构建新型学习形态；通过对学习过程中的学习负担监测与预警来保障学生学习中的心理感受。其中，最具代表性的产品是百度 VR 智慧课堂，如图 11-30 所示。它不仅可以为学生提供良好的学习体验，还可以减轻学生的学习负担。

百度 VR 智慧课堂

图 11-30　百度 VR 智慧课堂

3. 智能考试与评价

考试与评价是衡量学生学习效果，促进学生全面发展的重要方法，也是学校教学的重要环节。通常，考试与评价工作涉及组卷、监考、阅卷、考试分析、综合素质评价等多项内容，往往会占用教师较多的时间和精力。而智能技术可以辅助教师进行科学、高效的考试与评价工作，这在一定程度上减轻了教师的工作负担，为教师布置下一步教学任务提供了较大的帮助。

目前，常用的智能考试与评价软件有可以自动批改作业的作业帮口算（见图 11-31）软件、用于各种大型考试的阅卷扫描仪（见图 11-32）设备等。

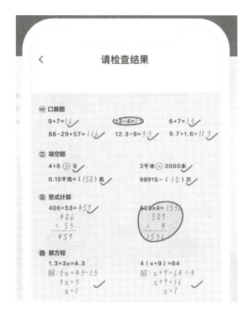

图 11-31　作业帮口算

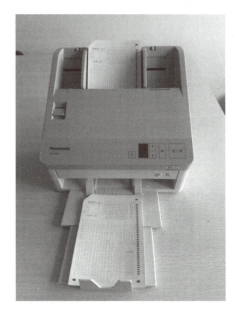

图 11-32　阅卷扫描仪

11.4.3　智慧教育的典型案例：VR 智能实验室

VR 智能实验室（见图 11-33）是由百度研发的一款智慧教育产品，它可以为高校搭建用于教学和科研的 VR 场景，同时可以为高校培养一站式"复合型"人才提供培养方案。

在高校教学方面，VR 智能实验室提供了全新的教学辅导工具和教学方式，且可还原经典理论模型，实现教学创新，助力于教育信息化。在高校科研方面，VR 智能实验室提供了全新的实验场景搭建方法和数据采集方法，可用于需要进行情景还原、变量控制和数据采集等操作的科学研究，科研流程如图 11-34 所示。

图 11-33　VR 智能实验室

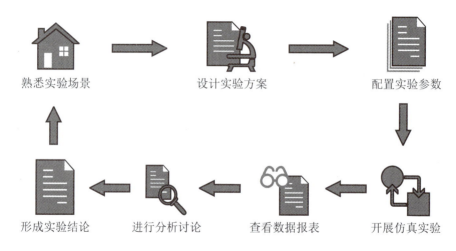

图 11-34　科研流程

相较于传统的实验室，VR 智能实验室具有如下优势。

（1）实验室利用率高。该 VR 智能实验室能够打破技术、平台、设备的瓶颈，为各学科提供联合实验场所，促进专业间的相互沟通协作，实现通用高校实验室。

（2）可以配置场景内容。该 VR 智能实验室可以提供灵活且自由配置的实验场景，打破固定场景的限制，更加符合教学和科研需求。

（3）积累真实教学数据。VR 智能实验室能够为学院构建自有的真实教学数据积累平台，可以长期有效地积累数据，形成特色数字资产，为学院的长期发展提供有力支撑。

（4）获得可靠的实验数据。VR 智能实验室便于获得可靠的实验数据。可靠的实验数据为教师的学术理论研究和教学效果评估提供了有效的支撑，还有利于提升教师的科研水平，促进科研成果的产出。

（5）配备专业眼动仪设备。VR 智能实验室配备的专业眼动仪设备可以自动检测、上报、采集眼动和点击选择数据，形成用于分析的数据报表，增加实用性和研究性。

（6）灵活可携带。VR智能实验室对场地要求低，不仅可以在教室和实验室使用，还可以外出携带使用，可随时随地进行实验操作。

本章小结

本章主要介绍了人工智能在社会服务中的应用。通过本章的学习，读者应重点掌握以下内容。

（1）智慧安防是指基于泛在监控、泛在网络和泛在计算机技术，实现全域监控、智能预警、安全防范和高效应急救援等功能的一体化综合实时智慧安防体系。其应用场景有警用智慧安防、民用智慧安防和金融智慧安防等。

（2）智慧政务是利用物联网、云计算、移动互联网、人工智能、数据挖掘、知识管理等技术，开发高效、敏捷、便民的新型政务系统，以提高相关机构办公、监管、服务、决策的智能化水平。其应用场景有智能身份认证、智能客服和智能决策等。

（3）智慧医疗是指在诊断、治疗、康复、支付、卫生管理等多个环节，利用计算机、物联网、人工智能等技术，建设医疗信息完整、跨服务部门且以病人为中心的医疗信息管理和服务体系，实现医疗信息互联、共享协作、临床创新、辅助诊断等多种功能，以提高治疗效率、减少医疗消耗、提升医疗服务。其应用场景有医院管理系统、医学影像和辅助医疗等。

（4）智慧教育是以数字化信息和网络为基础，利用计算机和互联网技术，对教学、科研、管理、技术服务、生活服务等校园信息进行收集、处理、整合、存储、传输和应用，以充分优化和利用数字资源。其应用场景有精准教学、智能学习和智能考试与评价等。

思考与练习

1. 填空题

（1）智慧安防是指基于＿＿＿＿＿＿、泛在网络和泛在计算机技术，实现全域监控、智能预警、安全防范和高效应急救援等功能的＿＿＿＿＿＿智慧安防体系。

（2）智慧安防的应用场景包括＿＿＿＿＿＿、＿＿＿＿＿＿和金融智慧安防等。

（3）智慧政务的应用场景主要包括＿＿＿＿＿＿、＿＿＿＿＿＿和智能决策等。

（4）智慧医疗的应用场景主要包括医院管理系统、＿＿＿＿＿＿和＿＿＿＿＿＿等。

2. 简答题

(1) 简述什么是智慧政务。

(2) 简述什么是智慧医疗,以及智慧医疗的整体结构。

(3) 简述什么是智慧教育,以及它的应用场景。

第 12 章

人工智能在经济生活中的应用

本章导读

　　人工智能在不同领域的广泛应用为人们的经济生活带来了诸多便利,如智能支付、智能劳作和无人驾驶汽车等。

　　本章将从智慧金融、智慧农业和智慧交通这几个方面来介绍人工智能在经济生活中的应用。

学习目标

- 了解什么是智慧金融、智慧农业和智慧交通。
- 了解智慧金融、智慧农业和智慧交通的应用场景。

素质目标

- 了解技术应用领域,加强对时代发展的了解,抓住机遇,展现新作为。
- 感受国家的强大,努力成为集智能型、创造型、复合型和社会型等多种素养于一体的全方位型人才。

12.1 人工智能+金融

12.1.1 智慧金融概述

智慧金融是依托于互联网技术，运用大数据、人工智能、云计算等科技手段，使金融行业在业务流程、业务开拓和客户服务等方面得到全面的智慧提升，实现金融产品、风控和服务的智能化。

1. 智慧金融的特点

智慧金融是金融行业未来的发展方向，它具有便携性、透明性、安全性、灵活性、即时性和高效性等特点。

2. 智慧金融的体现

人工智能与金融的完美融合加快了智慧金融的建设。智慧金融的智慧之处主要体现在以下 3 个方面。

（1）智慧体验。智慧金融给客户带来极致化的体验，它能够精准识别客户，敏锐感知客户需求，还可以使用先进技术手段去理解、服务和陪伴客户，将金融服务巧妙地融合在客户的生活场景之中。

（2）智慧决策。智慧金融建立了智能的风险防控体系，通过采用人工智能、大数据等技术，提高内部风险控制能力，将被动风控的状态转化为主动风控，满足全产品、全场景、全天候的风控需求，在提高风控实时性、全面性、准确性的前提下，使客户感受不到风控操作。

（3）智慧架构。智慧架构是指实现全面的数字化运营，打造坚实的技术架构体系，从而能够快速支撑金融新业务的发展，灵活支撑内部流程的快速提升，稳健支撑企业经营的迭代与创新。

> **自信中国**
>
> 2021 年 11 月，中国移动全球合作伙伴大会在广州琶洲保利世贸展馆召开。中国移动政企事业部，以"云×5G 百业绽放"为主题，围绕"5G+云"数智化双引擎驱动，向千行百业展现 5G 创新技术，彰显自身赋能智慧未来的新成果。

第 12 章　人工智能在经济生活中的应用

> 展馆内，中国移动通过多维独特的沉浸式场景，聚焦"数智化基础设施建设""传统产业数字再造""民生服务数智转型"和"新型业态赋能壮大"四大版块，展示百业数字化升级新趋势。
>
> 在"民生服务数智转型"板块的智慧银行展台，中国移动自研的OneFinT智慧金融平台，展示了3个核心产品线——智慧银行、金融大数据、产业金融。其中，智慧银行板块吸引了大量参观者在现场进行业务体验。

12.1.2　智慧金融的应用场景

金融是国民经济的命脉，在现代经济生活中处于核心的产业地位。在技术创新的持续引领下，智慧金融成为不可逆转的发展趋势，金融行业也逐步迈向智能化时代。

智慧金融在支付、风控、保险、银行、理财和证券等场景下有着广泛的应用。它不仅提高了金融服务供给的自动化水平，同时也拓展了金融服务的覆盖面，使大众共享智能金融的发展成果。下面列举几个应用场景。

1. 智能支付

智能支付不仅为多种支付方式提供了设备支持，还将结算支付、会员权益、场景服务等功能从多个角度呈现给消费者。同时，它可以将支付数据和消费行为及时反馈给系统后台，为商家核对账目、管理会员信息、分析营业额数据等提供强大的支撑。

目前，人们生活中常用的智能支付方式有扫码支付、NFC 支付、刷脸支付和指纹支付等，如图 12-1 所示。除此之外，还有基于车牌识别的停车场自动支付和高速自动收费等。

2. 智能风控

风控一般指风险控制，是金融领域的核心，它主要包括两方面内容：一是风险管理者采取各种措施和方法，以消灭或减少风险事件发生的各种可能性；二是风险控制者尽量减少风险事件发生时造成的损失。智能风控可理解为基于人工智能的风险控制。

智能风控的实现主要依托人工智能技术和大数据，开发神经网络、专家系统、支持向量机等人工智能模型，然后对风险进行及时有效地识别、预警和防范。其中，智能风控的流程主要包括数据搜集和处理、行为建模、用户画像和风险评定等。

图 12-1 智能支付方式

3. 智能理赔

智能理赔主要是利用人工智能、图像识别和数据分析等技术，缩短传统的保险理赔过程，节省时间和人力成本。

生活中，人们接触最多的保险类别大致可分为两类，即人身健康险和车险。它们的智能理赔方式分别如下。

（1）人身健康险的智能理赔方式主要是以医院的就诊记录为依据，利用文字识别技术智能识别用户上传的材料内容，自主审核材料的真实性，根据审核结果快速进行理赔工作。

（2）车险的智能理赔主要是通过快速核实身份、精准识别、一键定损、自动定价、科学推荐和智能支付这 6 个主要环节，实现车险理赔的快速处理，如图 12-2 所示。车险的智能理赔可减少勘查定损人员的工作量，缩短理赔时间，提升客户满意度。

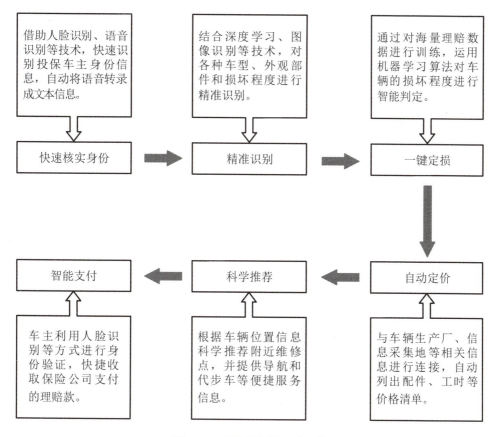

图 12-2 车险的智能理赔环节

12.1.3 智慧金融的典型案例：银行智慧网点

近年来，随着人工智能、互联网及金融科技的发展与深化，互联网金融、银行移动服务和自助服务日益普及。与此同时，银行网点也在悄然发生变化。一方面，国内各大银行在纷纷裁撤网点；另一方面，随着银行网点转型的深入开展，银行网点减少了人工服务窗口，增加了自助服务设备。这种变化促进了银行智慧网点的建设。

相较于传统银行网点，银行智慧网点更加智能化、轻型化，同时还具有更高的效率，其基本结构如图 12-3 所示。

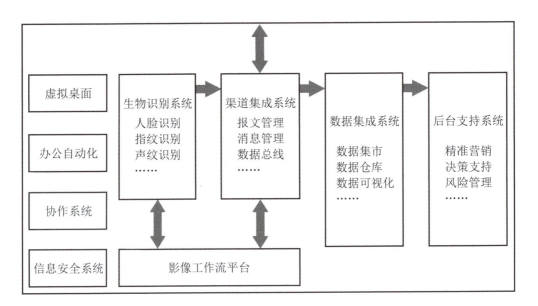

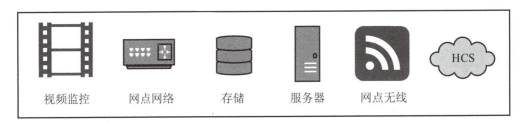

图 12-3　银行智慧网点的基本结构

目前，人工智能在银行智慧网点的应用有用于身份认证的人脸识别，用于开户和申请储蓄卡的银行多功能自助发卡机，用于自助转账、收款和查询账户明细等的网银系统和用于调节客户情绪、介绍银行业务的智能机器人等，如图 12-4 所示。

智能机器人

第 12 章 人工智能在经济生活中的应用

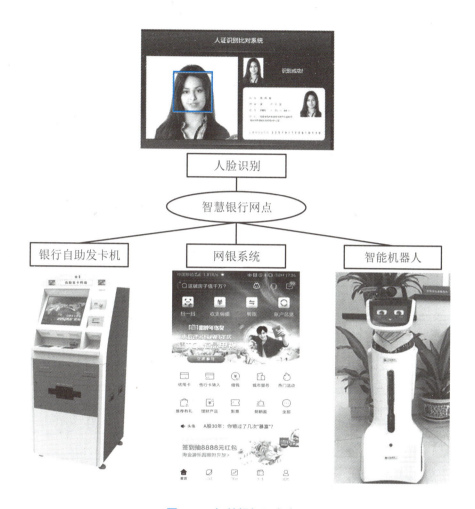

图 12-4 智慧银行网点产品

12.2 人工智能+农业

12.2.1 智慧农业概述

智慧农业是集人工智能、移动互联网、云计算和物联网等技术为一体，依托于农业生产现场的各种传感器节点（环境温湿度、土壤水分、二氧化碳含量、图像等）和无线通信网络，实现农业生产环境的智能感知、智能预警、智能决策、智能分析和专家在线指导等，为农业生产提供精准化种植、可视化管理和智能化决策等。简而言之，智慧农业就是现代科学技术与农业种植的结合，能够实现对农业的无人化、自动化、智能化管理。

智慧农业不仅包括农业生产环境的监控、农产品的监测，还包括食品溯源防伪、农业电子商务、农业休闲旅游、农业信息服务等多方面内容，其总体建设如图12-5所示。

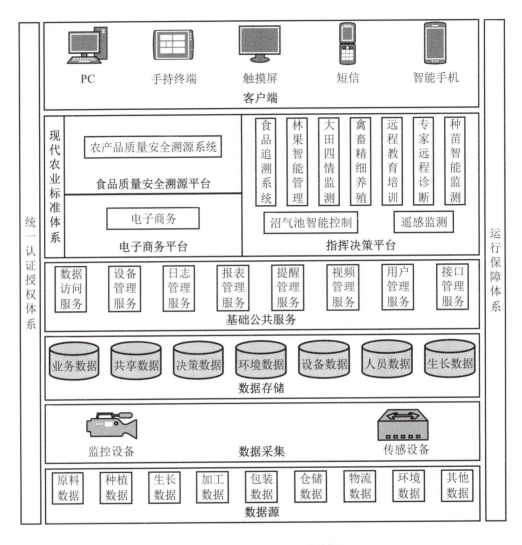

图12-5 智慧农业的总体建设

旗帜引领

伴随着互联网新技术的加速涌现，人工智能、物联网、云计算、大数据等技术逐步运用到农业生产各环节，智慧农业也应运而生。通过对农业生产数据的获取、收集、分析，农业生产、销售等各环节变得更加科学、精准。智慧农业也成为现代农业发展的新方向、乡村振兴的重要路径。

第 12 章 人工智能在经济生活中的应用

2019年重庆市出台了《重庆市智慧农业发展实施方案（试行）》，提出从生产智能化、经营网络化、管理数据化、服务在线化等方面，促进农业现代化快速发展，推动农业智能应用更加广泛。

12.2.2 智慧农业的应用场景

对于发展中国家而言，智慧农业是智慧经济的主要组成部分，是发展中国家消除贫困、实现后发优势、提高经济发展、实现赶超战略的主要途径。人工智能在智慧农业的应用场景包括智能劳作、智能监测和实时监控等。

智能播种机器人

1. 智能劳作

人工智能识别技术与智能机器人技术相结合，可实现智能播种、智能耕作和智能采摘等劳作，极大地提升了农业的生产效率，同时减轻了人们的劳作负担，并且降低了种子、农药和化肥等的消耗量。

（1）在播种环节，智能播种机器人（见图 12-6）可以通过探测装置获取土壤信息，然后通过算法得出最优的播种密度并且自动播种。

图 12-6 智能播种机器人

（2）在耕作环节，智能耕作机器人（见图 12-7）可以在耕作过程中为沿途经过的植株拍摄图像，利用人工智能的图像识别和机器学习技术判断植株是否为杂草，或长势不好和间距不合适的农作物，从而精准喷洒农药杀死杂草，或拔除长势不好和间距不合适的农作物。

图 12-7 智能耕作机器人

智能采摘机器人

（3）在采摘环节，采摘机器人可以在不破坏果树和果实的前提下实现快速采摘，大大地提升了工作效率，同时还降低了人力成本。其工作原理主要是通过摄像装置自动获取果树的图像，然后利用人工智能的图像识别技术识别适合采摘的果实，最后结合机器人的精准操控技术进行采摘。目前，已经研发成功的采摘机器人有番茄采摘机器人、甜椒采摘机器人和苹果采摘机器人等，如图 12-8 所示。

图 12-8 采摘机器人

2．智能监测

人工智能还可对农业领域的不同方面进行智能监测，如土壤探测、病虫害防护、产量预测等。

（1）在土壤探测方面，智能无人机设备（见图 12-9）拍下所需探测的土壤图像，利用人工智能技术对土壤状况进行分析，确定土壤的肥力，并精准判断适宜种植的农作物。

第12章 人工智能在经济生活中的应用

图12-9 智能无人机设备

（2）在病虫害防护方面，智能监测系统通过摄像头获取农作物的图像，并将其导入计算机中，采用机器学习方法对获得的数据进行自主学习，从而智能诊断农作物是否患有疾病，并识别所患疾病种类。目前，智能监测系统可以通过图像自主诊断多种农作物疾病，如小麦病虫害识别、玉米病虫害识别和苹果病虫害识别等，如图12-10所示。

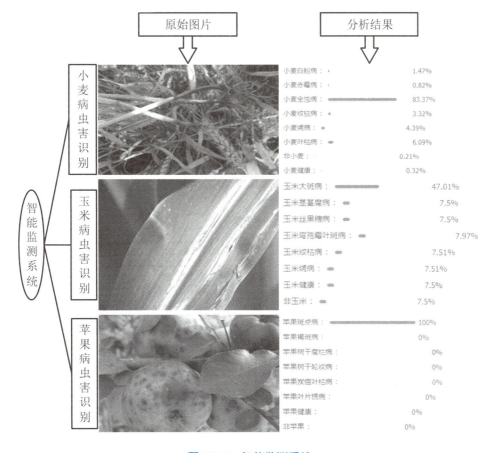

图12-10 智能监测系统

293

3. 实时监控

在农业领域的畜牧业方面，可利用人工智能技术对禽畜的各方面进行实时监控，全面了解禽畜的身体状况，有针对性地管理禽畜，实现智能化养殖。实现实时监控的方法有视频智能监控和禽畜智能穿戴监控等。

（1）视频智能监控是通过在农场安装摄像装置，获取禽畜的脸部和身体外部特征的图像，利用图像识别、机器学习等人工智能技术对禽畜的情绪、健康状态等进行智能分析，并将判断的将结果及时告知饲养员。例如，对摄像装置获取图像中的牛脸进行识别，进而分析牛的各项信息，如图 12-11 所示。

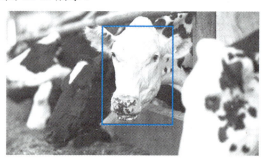

图 12-11　视频智能监控识别牛脸

（2）禽畜智能穿戴监控是在禽畜身上穿戴特定的监控设备，实时搜集畜禽的个体信息，然后通过人工智能、数据分析等技术智能分析畜禽的健康状况、喂养状况、发情期预测等多方面的情况，并及时推荐相应的处理措施。目前，已有的禽畜智能穿戴监控产品有基于行为模式和体温检测的鸡智能穿戴监控产品、用于收集和分析奶牛个体信息的智能穿戴监控产品等，如图 12-12 所示。

图 12-12　禽畜智能穿戴监控产品

12.2.3 智慧农业的典型案例：基于人工智能的草莓种植

历经 120 天的激烈竞争，首届"多多农研科技大赛"的决赛结果于 2020 年 12 月 16 日揭晓。最终，由中国农业科学院、中国农业大学、国家农业智能装备工程研究中心和比利时根特大学的青年科学家组成的 CyberFarmer·HortiGraph 联队获得了草莓种植 AI 组的冠军。

在比赛中，AI 队伍主要利用数字化设备和聚类、图像识别、碰撞算法、知识图谱等多种人工智能算法对大棚环境进行监控，并发出指令远程监管草莓的生长。草莓的种植场景如图 12-13 所示。

图 12-13　草莓种植场景

在颁奖仪式上，大赛评委会揭晓了各队的比赛结果（以草莓产量、投入产出比和甜度等为主要评价指标）。其中，AI 组的草莓产量平均值和投入产出比都高于传统人工组。可见，人工智能技术不仅有利于提高农作物的产量，还有助于减少资金和人员等的投入，从而进一步促进了智慧农业的发展。

12.3　人工智能+交通

12.3.1　智慧交通概述

智慧交通是在整个交通领域，充分利用人工智能、物联网、云计算和移动互联网等新一代技术，以全面感知、深度融合、主动服务、科学决策等为目标，建设实时的动态信息服务体系，深度挖掘交通的相关数据，形成问题分析模型，提升行业资源配置的优化能力、公共决策能力、行业管理能力、公众服务能力等，推动交通更安全、更高效、更便捷、更经济、更环保、更舒适地运行和发展，同时带动交通的相关产业实现转型和升级等。

自信中国

2021年6月30日，我国第一条"未来高速"——五峰山智慧高速公路建成通车。这条高速公路具有雾天行车诱导功能，车道两侧安装有诱导灯，车辆后方会形成行驶拖曳轨迹，提醒司机保持跟车距离，这样大雾天气不用封路了；大雪天行车很容易打滑，发生安全事故，智慧高速具有智能消冰除雪功能，一旦检测到路面积雪，自动喷淋系统就会喷洒融雪剂，达到除雪的效果。

12.3.2 智慧交通的应用场景

随着全球经济的发展，交通行业得到了迅速的发展，但同时也伴随着交通拥堵、交通事故频发和交通管理困难等多种问题的出现。

智慧交通作为将多种先进技术融为一体的交通管理体系，它可以有效解决交通行业中存在的问题，同时它还是实现创新型交通体系的具体形式。

人工智能在智慧交通中的应用数不胜数，如无人驾驶汽车、电子警察等。

1. 无人驾驶汽车

无人驾驶汽车是集人工智能、视觉计算、图像识别、自动控制等众多技术于一体，通过车载传感系统感知道路环境，自动规划行车路线并控制车辆到达预定目标的智能汽车。它是人工智能、计算机科学和智能控制等技术高度发展的产物，也是衡量一个国家科研实力和工业水平的重要标志，在国防和国民经济领域都具有广阔的应用前景。

百度 Apollo 无人车

目前，已经研发成功的无人驾驶汽车有国防科技大学自主研制的红旗 HQ3 无人车、中国移动与无人驾驶公司轻舟智航一起研制的无人驾驶公交、百度公司研发的百度 Apollo 无人车、百度和一汽联手打造的中国首批量产的 L4 级自动驾驶乘用车红旗 EV 等，如图 12-14 所示。

第 12 章 人工智能在经济生活中的应用

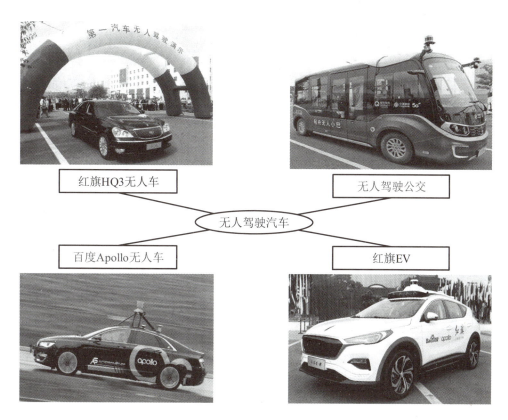

图 12-14 无人驾驶汽车

2. 电子警察

电子警察是指智能交通违章监摄管理系统,它通过图像识别、机器学习、车辆检测等人工智能技术,对大量的机动车行驶图像进行智能识别,并自主判断机动车的违章行为。

电子警察执法过程中,使用电子眼(见图 12-15)实现全天候监视,自主判断机动车闯红灯、逆行、越线行驶和未系安全带等违章行为,并捕捉违章车辆的图像(见图 12-16),智能识别车辆的信息和违章行为的类型,并根据违章信息进行事后处理。

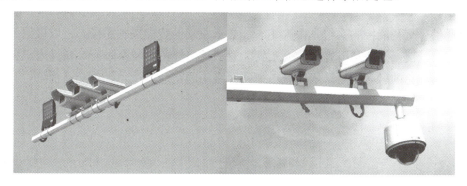

图 12-15 电子眼

297

人工智能

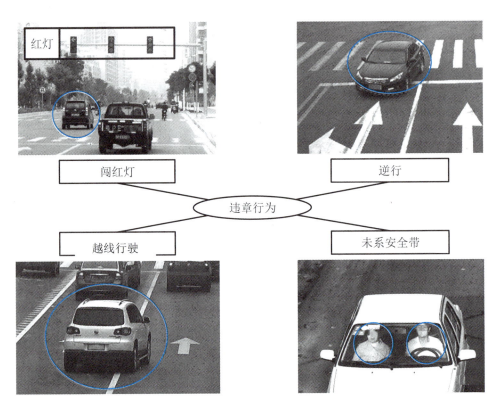

图 12-16 违章行为

12.3.3 智慧交通的典型案例：交通信号灯智能控制系统

交通信号灯是指挥交通运行的信号灯，一般由红灯、绿灯、黄灯组成。传统的交通信号灯控制方式是采用定时控制，即控制机均按事先设定的配时方案控制交通信号灯。但是，随着国家经济和人们生活水平的提升，车辆的数量越来越多，这无疑增加了交通管理的负担，同时交通拥堵的问题也随之出现。为了解决此问题，相关部门研发了交通信号灯智能控制系统。

交通信号灯智能控制系统是由人工智能技术驱动的智能控制系统，它以摄像头和传感器监控交通状况，然后利用先进的人工智能算法决定灯色的转换时间，通过人工智能理论与交通控制理论的融合应用，优化城市道路网络中的交通流量，避免交通拥堵。其整体流程如图 12-17 所示。

第 12 章　人工智能在经济生活中的应用

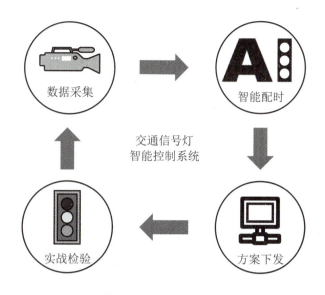

图 12-17　交通信号灯智能控制系统整体流程

（1）数据采集是借助摄像头对路口的实时监控，实现对路口车流量的数据采集。

（2）智能配时是对路口车辆的排队长度、不同时间段的交通流量、车辆的通行能力等数据进行分析，自主制定智能配时方案，实现动态分配每种信号灯的时长。

（3）方案下发是指将智能配时方案下发到信号灯的控制机，从而改变信号灯的配时方案。

（4）实战检验就是检验智能配时方案是否可以有效地解决交通拥挤的问题。

交通信号灯智能控制系统的应用不仅提升了车辆通行效率，还解放了警力资源。同时，基于人工智能强化学习理论的支撑，它还可以不断地提升自身性能，更加智能化、精准化地把控交通流量的密度。

本章小结

本章主要介绍了人工智能在经济生活中的应用。通过本章的学习，读者应重点掌握以下内容。

（1）智慧金融是依托于互联网技术，运用大数据、人工智能、云计算等科技手段，使金融行业在业务流程、业务开拓和客户服务等方面得到全面的智慧提升，实现金融产品、风控和服务的智能化。其应用场景有智能支付、智能风控和智能理赔等。

（2）智慧农业是集人工智能、移动互联网、云计算和物联网等技术为一体，依托于农业生产现场的各种传感器节点（环境温湿度、土壤水分、二氧化碳含量、图像等）和无线通信网络，实现农业生产环境的智能感知、智能预警、智能决策、智能分析和专家在线指导等，为农业生产提供精准化种植、可视化管理和智能化决策等。其应用场景有智能劳作、智能监测和实时监控等。

（3）智慧交通是在整个交通领域，充分利用人工智能、物联网、云计算和移动互联网等新一代技术，以全面感知、深度融合、主动服务、科学决策等为目标，建设实时的动态信息服务体系，深度挖掘交通的相关数据，形成问题分析模型，提升行业资源配置的优化能力、公共决策能力、行业管理能力、公众服务能力等，推动交通更安全、更高效、更便捷、更经济、更环保、更舒适地运行和发展，同时带动交通的相关产业实现转型和升级等。其应用场景有无人驾驶汽车、电子警察等。

思考与练习

1. 填空题

（1）智慧金融是依托于互联网技术，运用大数据、人工智能、云计算等_____手段，使金融行业在_____、_____和客户服务等方面得到全面的智慧提升，实现金融产品、风控和服务的智能化。

（2）智能金融的应用场景包括_____、_____和智能理赔等。

（3）智慧金融的智慧之处体现在_____、_____和智慧架构。

（4）智慧农业的应用场景主要包括_____、智能监测和_____等。

2. 简答题

（1）简述什么是智慧农业。

（2）简述什么是智慧交通，以及它的应用场景。

参考文献

[1] 莫少林,宫斐. 人工智能应用概论[M]. 北京:中国人民大学出版社,2020.

[2] 程显毅,任越美,孙丽丽. 人工智能技术及应用[M]. 北京:机械工业出版社,2020.

[3] 杨杰,黄晓霖,高岳,乔宇,屠恩美. 人工智能基础[M]. 北京:机械工业出版社,2020.

[4] 聂明. 人工智能技术应用导论[M]. 北京:电子工业出版社,2019.

[5] 贲可荣,张彦铎. 人工智能[M]. 第3版. 北京:清华大学出版社,2018.

[6] 王万良. 人工智能导论[M]. 第4版. 北京:高等教育出版社,2017.

[7] 蔡自兴,刘丽钰,蔡竞峰,陈白帆. 人工智能及其应用[M]. 第5版. 北京:清华大学出版社,2016.